国家自然科学基金（编号：61762043）赞助出版

张　勇　著

数字图像密码算法详解
——基于C、C#与MATLAB

清华大学出版社

北京

内 容 简 介

本书系统地研究了新型数字图像密码系统及其安全性能,重点阐述了基于 DES、AES 的图像密码算法和基于混沌系统的明文关联图像密码算法的 C、C♯ 与 MATLAB 语言实现技术及其安全性能。全书分为 7 章,第 1 章回顾了图像密码技术领域的研究历程,并为后续章节的学习打下了基础;第 2 章详细分析了 DES 算法及其数字图像加密应用技术;第 3 章探讨了 AES 算法实现及其数字图像加密应用技术;第 4 章以基于 AES 的图像密码系统为例,从加密/解密速度、密钥空间、信息熵、统计特性和敏感性分析等方面探讨了图像密码系统的性能分析方法;第 5 章阐述了明文关联的图像密码系统的实现算法与性能分析;第 6 章讨论了加密算法与解密算法相同的图像密码系统的设计方法与性能分析;第 7 章诠释了融合公钥与私钥的数字图像密码算法及其性能评价体系。

本书可作为高等院校信息安全相关专业的研究生教材或拓展阅读材料,也可作为信息安全专业高级工程技术人员的参考用书。

图书在版编目(CIP)数据

数字图像密码算法详解:基于 C、C♯ 与 MATLAB/张勇著. —北京:清华大学出版社,2019
ISBN 978-7-302-52595-0

Ⅰ. ①数… Ⅱ. ①张… Ⅲ. ①数字图像处理—密码算法—研究 Ⅳ. ①TN911.73

中国版本图书馆 CIP 数据核字(2019)第 044619 号

责任编辑:赵　凯　王一玲
封面设计:常雪影
责任校对:李建庄
责任印制:宋　林

出版发行:清华大学出版社
　　　　网　　　址:http://www.tup.com.cn, http://www.wqbook.com
　　　　地　　　址:北京清华大学学研大厦 A 座　　　　邮　　编:100084
　　　　社 总 机:010-62770175　　　　邮　　购:010-62786544
　　　　投稿与读者服务:010-62776969,c-service@tup.tsinghua.edu.cn
　　　　质量反馈:010-62772015,zhiliang@tup.tsinghua.edu.cn
　　　　课件下载:http://www.tup.com.cn,010-62795954
印 刷 者:北京鑫丰华彩印有限公司
装 订 者:三河市溧源装订厂
经　　销:全国新华书店
开　　本:185mm×260mm　　　印　　张:17.25　　　字　　数:421 千字
版　　次:2019 年 5 月第 1 版　　　印　　次:2019 年 5 月第 1 次印刷
定　　价:59.00 元

产品编号:078773-01

前言

　　1977年，美国国家标准局，即现在的美国国家标准与技术研究院(NIST)发布了数据加密标准(DES)，这是地球上第一个用于文本信息加密的标准(为美国政府服务)。由于DES的密钥长度仅为56位，20世纪末的个人计算机已经可以在有限的时间内借助穷举密钥方法破译DES。于是2002年，NIST发布了高级加密标准(AES)取代DES。AES的密钥长度可以取128位、192位或256位，至今仍然为文本信息的加密标准。

　　然而，在数字图像加密方面，全球仍然没有一个标准密码算法，同时也没有衡量图像密码算法优劣的一系列标准指标。有些学者认为基于文本数据的AES算法不适合于数字图像加密，由于数字图像具有数据量巨大、信息冗余度大、相邻像素点相关性强等特点，AES用于数字图像加密可能存在加密速度慢、加密效果差的缺点。事实上，这种观点忽视了AES的强大数据加密能力。本书首先从DES和AES算法的阐述开始，详细分析了这两种数据加密算法应用于图像加密时的性能特点；然后以基于AES的图像密码算法的性能为比较基准，研究了3种基于混沌系统的图像密码算法。

　　全书内容共分为7章。

　　第1章首先回顾了图像密码技术的研究历程，按时间顺序，从Shannon关于保密通信的杰作开始，一直阐述到本书截稿时图像密码算法的最新研究成果；然后展示了本书使用的灰度图像以及3个软件平台，即MATLAB、Eclipse C和Visual Studio。其中，Eclipse C用于C语言开发，第2章的DES使用了C语言；而Visual Studio用于C♯语言开发，全部章节的图像密码算法均使用了C♯语言。

　　第2章首先详细介绍了DES算法结构及其实现方法，然后介绍了TDES(三重数据加密标准)算法及其在图像加密方面的应用技术，并给出了MATLAB、C语言和C♯语言工程。一般地，由于MATLAB库函数丰富，所以MATLAB常用于图像密码算法快速实现，但是，MATLAB程序是解释执行的(MATLAB库函数除外)，故MATLAB程序不能用于客观地评价图像密码算法的执行效率；C语言是比较图像密码算法执行速度的最佳语言，但是C语言程序调试复杂且图形界面设计难度大；C♯语言的执行效率较C语言稍差，但是基于面向对象技术，程序健壮，本书借助C♯语言评价图像密码算法效率。

　　第3章首先深入分析了AES算法的实现技术，并设计了其MATLAB和C♯实现代码，接着，基于AES设计了两种图像密码系统，即AES-S和AES-D。AES-S系统是基于CBC模式使用AES加密大数据的标准结构。AES-D系统包含两个AES-S系统，实现了图像分块的双向加密处理。此外，附录B介绍了优化的AES图像加密MATLAB代码。

　　第4章在第3章的基础上，即以基于AES的图像密码系统(AES-S和AES-D系统)为例,从图像加密/解密速度、密钥空间、信息熵、统计特性(包括相关性分析与直方图分析)和敏感性分析(包括密钥敏感性分析、明文敏感性分析和密文敏感性分析)等方面讨论图像密码系统的性能评价方法,并在本书使用的计算机配置下给出"优秀最低速度标准"和"合格最低速度标准"的定义方法及其数值,以衡量图像密码系统的加密/解密速度。

第 5 章研究了一种典型的明文关联的图像密码系统(PRIC),其由两个明文无关的扩散模块和一个明文关联的置乱模块组成,采用了"扩散—置乱—扩散"的系统结构。通过设计 PRIC 系统的 MATLAB 程序和 C#程序,详细分析了 PRIC 的安全性能,并得出 PRIC 是一款优秀的图像密码系统的结论。

第 6 章研究了一种加密算法与解密算法共享的新型图像密码系统 EADASIC。在 EADASIC 系统中,加密算法(含密码发生器)与解密算法(含密码发生器)完全相同,因此, EADASIC 系统输入为明文图像和密钥时,输出为密文图像;而输入为密文图像和密钥时,输出为还原后的明文图像。在详细介绍 EADASIC 系统结构和算法的基础上,设计了其 MATLAB 程序和 C#程序,并详细分析了其安全性能。仿真结果表明,EADASIC 系统(含密码发生器)的执行速度高于"优秀最低速度标准",而 EADASIC 系统(不含密码发生器)的执行速度超过了 30Mb/s。EADASIC 系统是一种高速图像密码系统。

第 7 章介绍了一种重要的新型图像密码系统,即融合了公钥和私钥的新型图像密码系统 PKPKCIC,现有的图像密码系统大都隶属于对称密码系统,即通信双方共享相同的私钥(即私密钥),加密处理和解密处理均由私钥出发生成密码矩阵,然后进行加密和解密处理。一般地,通信双方约定的私钥将在一定时间内持续使用,这使得已知/选择明文或已知/选择密文攻击成为可能。融合公钥与私钥的新型图像密码系统中,每次加密使用不同的公钥,公钥与密文一起通过公共信道发送到接收方,公钥借助私钥生成密码矩阵,密文图像对公钥极其敏感,从而可以挫败各种被动攻击,或者说,使得各种密码分析方法的效率与穷举密钥方法相当。在详细介绍 PKPKCIC 系统算法的基础上,设计了其实现的 MATLAB 程序和 C#程序,详细分析了其安全性能(包括公钥敏感性分析),证实了 PKPKCIC 系统是一种优秀的图像密码系统。

本书是《混沌数字图像加密》(清华大学出版社,2016)的姊妹篇。在《混沌数字图像加密》中详细阐述了分级密钥图像密码算法、明文关联图像密码算法、明文关联置乱加密算法、加密与解密共享密码算法等,且算法均基于 MATLAB 语言实现。本书第 5 章基于《混沌数字图像加密》第 5.3 节的图像密码算法,并基于 C#语言进行了算法实现。本书第 6 章和第 7 章是全新的图像密码算法。值得一提的是,本书使用的具体的混沌系统只是代表,可以选用任何能产生优秀伪随机序列的混沌系统替代本书中算法使用的混沌系统(密码发生器算法需要做相应的调整)。此外,书中的 MATLAB 程序、C 语言工程和 C#程序都是完整的代码呈现,本书使用巧妙的方法组织各个程序,使其成为一个层层独立可运行又逐层关联叠加完整的工程。

需要强调的是:全书仿真使用的计算机配置为 Intel Core i7-4720HQ 四核处理器(主频为 2.60GHz)、32GB DDR3L 1600MHz 内存、128GB SSD 固态硬盘、Windows 10(64 位)操作系统,使用的软件包括 Eclipse C/C++(MinGW 编译器)、Visual Studio 2017(社区版)、MATLAB R2016a(版本号:9.0.0.341360,64 位)、Mathematica 11、Word 2017、Visio 2017 和福昕 PDF 阅读器等。书中的算法均由 MATLAB 和 C#语言实现,针对 DES 密码算法设

计了 C 语言的实现代码，由于篇幅所限，书中的 C♯ 项目仅包含算法的加密与解密处理部分（算法性能分析可参考 MATLAB 代码）。感谢这些优秀的数学软件、程序设计软件和文档编辑软件。数学家 C. Moler 的 *Experiments with MATLAB* 和程序设计大师 P. Deitel、H. Deitel 父子的 *Visual C♯ 2012 How to Program* 对作者也有很大的帮助。

　　本著作由国家自然科学基金（编号：61762043，61562035，61702238）、江西省自然科学基金（编号：20161BAB202058）和江西省教育厅科学技术研究项目（编号：GJJ160426）资助出版，特此真挚鸣谢。

　　特别感谢江西财经大学罗良清教授、江西财经大学钟元生教授、南昌大学周南润教授、华东交通大学汤鹏志教授、江西财经大学党建武教授、广东海洋大学叶国栋教授、湘潭大学李澄清教授，以及我的两位授业恩师洪时中教授与陈天麒教授，对我科研工作的指导和对本书出版的大力支持。我的两位授业恩师虽已退休多年，仍然时刻关注着科技发展和学术动态，是我从事科研工作的巨大精神支柱。感谢我的爱人贾晓天老师在烦琐的资料整理上为我节约了大量时间；感谢同事廖汉程博士、胡冬萍博士、唐颖军博士和吴文华副教授等在科研工作上的共识、讨论与支持；感谢清华大学出版社赵凯编辑的细致工作。

　　本书在回顾图像密码技术研究领域时引用了大量同行专家、学者的文献，这些参考文献均为该研究领域中颇有影响力且备受关注的研究成果，但是限于篇幅，相信仍有大量重要的文献资料被疏漏（特别是中文文献资料），敬请同行专家、学者谅解。

　　由于作者水平和能力有限，且该研究领域飞速发展，书中难免有不妥之处，恳请同行专家、学者和读者朋友批评指正。

张勇　于江西财经大学枫林园

2019 年 1 月

目录

第1章

绪　论

通信研究的根本问题在于如何以近似的或准确的方式在时空的某一点再现来自另一点的信息[1]，这里的"信息"是指从通信双方已知的某个消息集合中选取的有价值或有意义的消息及其组合。例如，以汉语进行网络通信（例如借助于"微信"聊天工具），就是从汉字集合中选取了要表达的思想内容的所需汉字组合，而在进行通信前，不能预知对方将使用哪些汉字组合。Shannon 指出，密码学和保密通信系统是通信理论的一个有趣的应用，同时，他指出真正意义上的保密通信系统在于信息加密，即通信信道是公有的和公用的，通信内容是透明的，甚至加密/解密算法也是公开的，只有密钥是私有的和受保护的[2]。本书研究的图像密码系统就是 Shannon 意义上的保密系统，可抽象地理解为从明文空间到密文空间的可逆变换，且明文空间与密文空间是相同的，均取为图像的有效像素值的集合。

1.1　图像加密的研究进展

本节按时间先后顺序，依次介绍那些为图像加密研究做出了重大贡献的专家和学者在密码学领域的杰出贡献，他们的研究成果推动了图像加密技术的发展和成熟（注：由于篇幅有限和作者能力有限，难免有些重大成果被疏漏）。

1949 年，伟大的信息论创始人 Shannon 在他的杰作中指出主要存在两种类型的加密处理，即乘积加密和加权加密[2]。假设两个加密变换分别记为 R 和 S，则乘积加密算子为 $T=RS$（系统输入赋给 S，S 的加密输出作为 R 的加密输入，R 的输出作为乘积加密的输出），加权加密算子为 $T=pR+qS$，其中，$p+q=1$（系统输入以概率 p 赋给 R，以概率 q 赋给 S，R 或 S 的输出作为加权加密的输出）。Shannon 列举了几种常用的文本密码技术，如有趣的 Vigenère 密码和 Playfair 密码。Vigenère 密码中，密钥取长度为 d 的字符序列 $\{k_i, i=0,1,2,\cdots,d-1\}$，加密长度为 n 的消息 $\{m_i, i=0,1,2,\cdots,n-1\}$，密文为 $e_i=(m_i+k_{i \bmod d}) \bmod 26$，$i=0,1,2,\cdots,n-1$。当 $d=1$ 时，Vigenère 密码退化为 Caesar 密码；当 $d=n$ 时，Vigenère 密码即为 Vernam 密码（即一次一密系统）。Shannon 在密码学上的重大贡献在于他提出了扩散（Diffusion）和置乱（Confusion）的加密方法[2]。扩散方法将明文信息的统计特性分散到尽可能多的密文信息中（从而明文中的冗余信息分散到密文信息中），例如，$y_n = \sum_{i=1}^{s} m_{n+i} (\bmod 26)$，其中,$m$ 表示明文字母;y 表示密文字母。置乱使密钥与密文的关系尽可能复杂,即从密文信息的统计量中无法反演密钥。扩散和置乱方法使得密码系统可以有效地对抗已知/选择明文攻击和唯密文攻击。

1989 年,Matthews 提出借助混沌系统产生大量伪随机数的方法[3],建议将混沌系统的参数和初始值用作密码系统的密钥,从而大大减小了密钥的长度,这是对一次一密系统(One-time Pad)的密钥管理的重大改进。Matthews 认为 Logistic 映射(即 $x_n = \lambda x_{n-1}(1-x_{n-1})$)的混沌区域内存在着大量周期窗口,并不适合用作密码发生器,他借助不动点分析方法设计了一种新型的混沌映射,这里称为 Matthews 映射,即 $g(x) = (\beta+1)(1+1/\beta)^\beta x(1-x)^\beta$,其中,$1 \leqslant \beta \leqslant 4, 0 \leqslant x \leqslant 1$。然后,Matthews 使用控制参数 β 和初始值 x_0 作为密钥,迭代 Matthews 映射得到密码流。

1998 年,Baptista 提出借助混沌系统的遍历性加密字符的算法[4],这里使用了一维 Logistic 映射,即 $x_{n+1} = b x_n(1-x_n)$,将状态空间的取值域等分为 256 个区间,每个区间对应一个字符,对应关系作为密钥。此外,控制参数 b 和初始值 x_0 也作为密钥。明文由字符组成,密文由表示迭代次数的整数组成。例如,从 x_0 开始迭代 Logistic 映射,当迭代的状态值落入第一个明文所在的小区间时,其迭代次数为第一个密文;以此时的迭代值作为新的初值,继续迭代到状态值落入第二个明文所在的小区间时,新的迭代次数为第二个密文;依此类推(参考文献[4]中,当发送方的控制参数 $\eta = 0$ 时,取大于 250 且小于 65532 的最小迭代次数;当 $0.99 \geqslant \eta > 0$,每次迭代到目标区间的同时发送方借助高斯分布的随机数发生器产生一个随机数 κ,如果 $\kappa \geqslant \eta$,则取大于 250 且小于 65532 的迭代次数,否则继续迭代。接收方无须知道 η)。这种方法可以用于加密数字图像,只是加密后的密文图像比原始明文图像体积稍大。同年,Fridrich 指出,图像数据量巨大使得公钥密码术不适用于图像加密,因此,她提出了基于扩展的二维混沌映射的私钥(对称)图像加密算法[5]。实际上,Fridrich 的突出贡献在于首次提出了借助离散化的 Baker 映射进行图像像素点位置扰乱的算法,有些学者甚至将"置乱—扩散"结构称为 Fridrich 结构(我们更倾向称之为 Shannon 结构)。

2004 年,Chen 等提出了图像密码系统对抗差分攻击能力的两个指标[6-7],即像素数改变率(Number of Pixels Change Rate, NPCR)和归一化像素值平均改变强度(Unified Average Changing Intensity, UACI)。这两个指标是作为明文敏感性测试指标提出来的,现在也广泛用于测试密钥敏感性和密文敏感性。

2005 年,Lian 等破译了 Fridrich 的图像密码算法[8],Wang 等破译了 Chen 等提出的基于三维猫映射的图像密码算法[9]。自此,选择明文攻击方法成为破译各种密码方案设计有缺陷的图像密码系统的最常用方法,涌现了大量破译图像密码系统的研究工作。

2006 年,Pareek 等提出使用 80 位长的"外部"密钥,而不是直接使用混沌系统初值和参数作为密钥,进行图像加密的算法[10];Pisarchik 等尝试借助单向耦合映像格子进行图像加密的算法[11];Li 等展示了选择明文攻击、选择密文攻击和已知明文攻击方法的典型应用方法[12];Gao 等在 Logistic 映射基础上提出了一种新的混沌映射,并证实了新映射可以产生随机特性更好的密码序列[13]。

2007 年,Xiang 等提出了只加密像素点高 4 位的选择图像加密算法[14];Kwok 等提出借助 Tent 映射和高维猫映射生成伪随机序列的方法,并使用 NIST 伪随机序列测试标准详细测试了这些伪随机序列的统计特性[15];Zeghid 等展示了 AES 可以用于图像加密[16];

Zhang 等提出了使用猫映射和单向耦合映像格子进行图像加密的算法,该算法结构与 Feistel 结构类似[17]。

2008 年,Massoudi 等综述了图像加密系统的选择加密算法,从 Shannon 密码理论中找到了理论依据[18];Arroyo 等分析了 Pisarchik 等[11]的图像密码系统的安全性问题[19],提出了一种所谓的时间攻击方法;Gao 等提出了一种借助混沌序列置乱图像像素点的方法[20];Behnia 等提出了借助混沌耦合映射和单混沌映射产生密码序列的算法[21];Tong 等进一步提出了借助复合混沌映射产生密码序列的算法[22];Wong 等提出了使用循环移位操作的扩散算法,循环移位在几乎不增加运算量的前提下,提高了扩散性能[23]。

2009 年,Wong 等提出了借助查找表实现扩散的算法[24];Wang 等提出了借助 Logistic 映射的状态更新标准映射(Standard Map)、Arnold 猫映射和推广的 Baker 映射控制参数的方法[25];Mazloom 等提出了一种借助耦合非线性混沌映射产生密码序列的方法[26];Gangadhar 等提出了一种基于超混沌的图像密码算法,并详细分析了其对抗唯密文攻击和已知/选择明文攻击的性能[27];Tong 等提出了一种明文关联的反馈型密码发生器,并对密文作了 NIST SP800-22 伪随机性测试[28];Wang 等提出了组合 4 个一维混沌映射产生密码序列的方法[29]。

1998—2009 年,图像密码系统研究的主要工作有 3 个方面:①研究新的混沌系统,评估其产生伪随机序列的统计特性及其在图像加密方面的应用;②研究已有的混沌系统的组合及其变种系统,评估其产生的伪随机序列的统计特性及其在图像加密方面的应用;③研究图像加密的新的置乱算法和/或扩散算法,提高图像密码系统对抗已知/选择明文攻击等被动攻击的能力。事实上,这一时期的大量研究工作偏重于前两方面的研究,而或多或少地忽视图像密码系统算法与结构设计方面的研究,导致这些研究成果被后来的学者们使用已知/选择明文攻击等方法逐一破译,就连早期 Fridrich 的工作也难于幸免。但是,在这种图像加密与图像破译的争鸣中,图像密码系统的研究工作持续高速发展。

2010 年,Wang 等提出了结合神经元模型的图像加密算法[30];Tong 等研究了一种新型组合混沌系统,并证实了该混沌系统的最大 Lyapunov 指数比 Logistic 的最大 Lyanpunov 指数大[31];Ye 提出了一位位置扰乱的图像加密算法[32];Liao 等提出了借助正弦波形离散值变换像素点灰度值的方法[33];Yang 等提出了图像加密和明文图像认证的算法,但是在密钥分配方面存在缺陷[34];Ye 提出了借助 Toeplitz 和 Hankel 矩阵进行像素位置置乱的算法[35];Wang 等提出了借助 DNA 编码变换进行图像加密的算法[36]。

2011 年,Zhang 等借助 Tent 映射实现了图像像素点的全置乱处理[37];Jolfaei 等提出了基于简化的 AES 的图像密码算法[38];Ye 提出了借助混沌小波函数进行图像加密的算法[39];Patidar 等提出借助图像整行和整列操作加快处理速度的方法[40];Ye 提出了融合异或运算和加模 256 运算的扩散算法[41];Fu 等提出了借助 Arnold 映射进行图像位位置置乱的方法[42];Rao 等提出了使用 Brahmagupta-Bhāskara 方程和 Logsitc 映射的图像加密算法,其同时使用了同或运算和异或运算[43];Zhu 等提出了一种新的借助猫映射进行位位置扰乱的算法[44]。

2012 年,Zhu 等提出了明文关联的密码序列生成方法[45],并改进了 Tent 映射,使其状态空间由 $(0,1)$ 缩小为 $(q,1-q)$,q 为小的正小数。例如,$q=0.1$;Akhshani 等引入了量子 Logistic 映射进行图像加密[46];Kanso 等提出了基于三维猫映射进行彩色图像加密的算法[47]；Wang 等提出了魔方置乱和动态查找表方法扩散的图像加密算法[48]；El-Latif 等提出了基于多项式混沌的图像像素位位置扰乱的算法[49]；Abdullah 等引入基因交叉算法进行图像加密[50]；Fu 等使用 Chirikov 标准映射和 Chebyshev 映射进行图像置乱和扩散，扩散中同时使用了异或运算以及求和取模运算[51]；Ye 等提出基于离散 Arnold 映射和行列循环偏移的图像加密算法[52]；Mirzaei 等提出将图像分成 4 幅子图像进行并行加密的算法[53]。

2013 年，Song 等构造了一种耦合映射格子并用于图像加密[54]；Zhang 等结合超混沌和 DNA 编码序列进行图像加密[55]；Zhou 等组合 Logistic 映射、Sine 映射和 Tent 映射成为一个参数可控系统作为密码发生器[56]；El-Latif 等借助量子混沌系统产生密码序列，并使用了提升小波变换进行变换域置乱[57]；Yang 等进行了量子 Fourier 变换下的图像加密预研工作[58]；Ping 等提出了使用二维元胞自动机的图像加密算法[59]；Behnia 等借助 Jacobian 椭圆混沌映射生成密码序列[60]；Zhang 等提出了一种明文关联的扩散算法[61]；Tong 分析了 $f(x)=0.5-4x^2$ 的混沌特性并用其产生密码序列[62]；Zhou 等设计了基于量子交换电路的量子图像扰乱算法[63]；Nandeesh 等提供了多种扫描方式下的位位置扰乱技术[64]。

2014 年，Fouda 等提出了基于分段线性混沌映射（PWLCM）和线性 Diophantine 方程（LDE）的图像加密算法，使用了 256 位长的外部密钥[65]；Zhang 等提出了基于位立方体旋转的置乱算法[66]；Wang 等提出基于 Brownian 运动的置乱算法[67]；Zhang 等提出基于时空混沌的图像加密算法[68]；Zhang 等[69]提出 Zhang 等[55]的图像密码方案的选择明文攻击方法；Zhou 提出了组合两种一维混沌映射得到新的混沌系统的方法，并将其用于图像加密[70]；Norouzi 等提出了基于 salsa20 Hash 函数的图像加密算法，使用了 512 位长的外部密钥[71]；Ye 提出了基于正弦波和混沌系统的图像加密算法[72]；Wang 等提出了基于动态 S 盒的图像加密算法[73]；Yang 等提出了基于混沌 Josephus 矩阵的图像置乱算法[74]；Hussain 借助 Tent 映射、时空混沌和 S 盒实现了图像加密处理[75]；Wu 等模拟水波纹实现了图像置乱与扩散算法[76]。

2015 年，Cheng 等提出了置乱与扩散同时进行的图像密码算法[77]；Hua 等提出了基于随机选择量子门电路的量子图像加密算法[78]；Wang 等提出了基于 Langton's Ant 元胞自动机的图像加密算法[79]；Zhou 等实现了 Arnold 映射的量子版本并用其进行图像加密变换[80]；Wang 等提出了基于行互换和列互换的图像加密算法[81]；Som 等提出了使用 4 个一维混沌映射（Logistic 映射、Tent 映射、正弦映射和立方映射）进行图像扩散的算法[82]；Murillo-Escobar 等提出了借助优化的一维 Logistic 状态序列进行图像加密的算法[83]；Hua 等提出了借助二维 Logistic 调制映射进行图像加密的算法[84]；Liu 等提出了借助 Hénon 映射产生密码序列的方法[85]；Khan 等提出了一种新型的 S 盒，并使用了 Tinkerbell 映射产生密码序列[86]；Tong 等提出了借助带扰动的混沌映射生成密码序列的方法[87]；Zhao 等进行了公钥与私钥融合加密光学图像的尝试[88]；Seyedzadeh 等提出了基于二维 Logistic 映射和量子 Logistic 映射进行图像加密的算法，其中，同时应用了异或运算以及求和取模 256 运算[89]；Chen 等使用了动态更新混沌状态序列作为密码序列的方法进行图像加密处理[90]。

2016 年，Hua 等提出了组合 Logistic 映射和正弦映射的新混沌映射，并用其产生密码序列[91]；Zhang 等提出了基于二维 Logistic 映射和可更新 S 盒的图像加密算法[92]；Assad

等提出了基于二维猫映射的图像像素位置乱算法[93]；Zhang 等提出了基于动态 DNA 编码算法的图像加密方法[94]；Murugan 等研究了基于 Henon 映射的置乱方法和基于 Lorenz 系统的扩散方法[95]；Diaconu 使用了一种新型的双变元混沌系统进行图像加密[96]；Guesmi 等提出了借助 SHA2 和 DNA 序列的图像加密算法，其中使用了 Lorenz 系统生成密码序列[97]；Parvin 等提出了一种密文有损情况下成功还原原始图像的图像密码算法[98]；Wu 等提出了一种基于二维离散小波变换和六维超混沌系统的图像加密算法[99]；Rostami 等提出了一种基于 DNA 序列和 Logistic 映射的图像加密算法[100]；Zhu 等提出了两个二维组合混沌系统，并将其用于产生密码序列[101]；Devaraj 等提出了基于变型标准映射和动态 S 盒进行图像加密的算法[102]；Li 等提出了基于混合元胞自动机的图像加密算法[103]；Liang 等提出了仿射变换的量子实现版本，并将其用于量子图像加密[104]；Yang 等提出了基于一维量子元胞自动机的量子图像加密算法[105]；Liu 等提出了基于 DNA 编码 S 盒的图像加密算法[106]；Ye 等提出了基于 SHA3 的块图像加密算法[107]。

2017 年，Chai 等提出了基于 DNA 序列和正弦波动的图像加密算法[108]；Çavuşoğlu 等提出了一种新的混沌系统，并用其构造了 S 盒[109]；Hu 等提出了基于 DNA 计算的图像加密算法[110]；Pak 等组合一维 Logistic 映射、正弦映射、Chebyshev 映射的新型混沌系统，并将其用于图像加密[111]；Chai 等提出了基于 Chua 混沌系统、元胞自动机和 DNA 编码的图像加密系统[112]；Wang 等提出了基于分段线性混沌映射（PWLCM）和 DNA 编码的图像加密系统[113]；Li 等提出了基于 Tent 映射的图像加密系统[114]；Li 等提出了一种量子彩色图像加密算法[115]；Zhu 等提出了一种二维组合超混沌系统及其图像加密应用方法[116]；Chai 等提出了加密过程中的动态等价密钥选择算法[117]；Chai 提出了基于 SHA2 和组合混沌系统的图像加密算法[118]；Hu 等提出了基于 Lorenz 系统、Chen 超混沌系统和 DNA 序列的图像加密算法[119]；Belzai 等提出了基于 S 盒和多个混沌系统的图像加密系统[120]。

2010 年至今，仍有大量图像密码系统方面的研究工作聚焦于混沌密码发生器的研究，可见密码序列在图像密码系统中的重要地位，现有的研究思路集中在发掘新型混沌系统上，这方面的未来研究工作可能需要深入考虑计算机的有限字长效应；一些学者在研究 S 盒构造方法及其非线性特性，这是一个重要的研究方向，S 盒和查找表是实时的图像密码系统必不可少的组成构件，这方面的工作可能需要基于有限域进行深入研究；一些学者提出了基于 DNA 序列的图像密码系统，这些工作正如 Rostami 等学者[100]指出的，实质上是一种模 4 的二进制序列运算，这方面的大量研究工作被证实是不安全的，可能需要结合未来 DNA 计算机的数据结构和遗传算法进行深入有效的研究；一些学者开始探索基于量子图像的量子加密算法，由于量子计算机仍处于萌芽阶段，所以这部分工作最近几年内都将属于预研性质的研究工作，可能需要投入更多的研究人员和研究资源；图像加密与解密系统结构方面的研究工作也取得了一定的进展，学者们普遍重视明文关联的等价密钥生成算法和明文关联的加密系统的设计，这方面的研究工作属于图像密码学的核心工作，如果致力于设计类似 AES 这类数据加密标准算法的图像加密标准算法，形成全球统一的图像加密标准，可能需要在图像加密系统结构与算法上进行深入的研究。显然，任何一个科学领域的研究工作都应该是有始无终的，即使未来产生了图像加密标准，图像加密研究工作也只是有了一个参照标准，相应的研究工作也会持续发展下去。

下面谈一下我们科研小组在图像密码学领域的粗浅认识和研究工作[121-139]。首先，在图像密码系统的系统结构研究方面,研究了基于"扩散—置乱—扩散"结构的图像密码系统,其中,两个扩散操作都是明文无关的,而置乱操作是明文关联的,以提高图像密码系统的处理速度,在最新的研究成果中,还研究了基于"遮盖—扩散—扩散—置乱"型的图像密码系统和欺骗性图像密码系统及其与遮盖性图像密码系统的关系。其次,在图像密码算法研究方面,研究了明文关联的置乱算法,研究了加密算法与解密算法相同的图像密码算法并给出了严格的证明,最新的一项研究工作实现了基于卷积运算的扩散算法。然后,在图像密码系统算法实现研究方面,研究了基于 MATLAB 语言、C 语言和 C# 语言进行图像密码系统实现的方法,形成了以 MATLAB 语言快速图像密码系统实现和统计特性分析以及敏感性分析、以 C 语言和 C# 语言进行加密效率与安全评价的体系方法,设计了 C 语言进行图像加密算法设计的框架工程,并开发了基于 C# 语言进行图像加密的工程项目。最后,在图像密码系统性能评价方面,研究了计算 NPCR 和 UACI 的理论值的统计方法和算法程序,不但计算出了两幅随机图像间的 NPCR 和 UACI 值,而且可以计算任意图像与随机图像间的 NPCR 和 UACI 值,从而使得密文敏感性分析和解密系统的密钥敏感性分析成为可能。此外,还研究了块平均变化强度(Blocked Average Changing Intensity,BACI)指标,理论上 BACI 指标比 NPCR 和 UACI 指标更具有说明性,同时,理论上给出了计算 BACI 的统计方法。

在未来的研究工作中,我们科研小组将继续使用 MATLAB 和 C# 语言作为研究工具,在图像密码系统的新型系统结构设计、新型密码发生器、新型加密算法设计、新型性能评价指标和图像加密应用技术等方面开展深入的研究,培养优秀的信息安全专业研究生,用更安全、更快速的图像密码系统服务于大众通信和国家安全。

1.2　准备工作

全书仿真使用的计算机配置为 Intel Core i7-4720HQ 四核处理器(主频为 2.60GHz)、32GB DDR3L 1600MHz 内存、128GB SSD 固态硬盘(＋1TB 机械硬盘)、Windows 10(64 位)操作系统,使用的软件包括 Eclipse C/C++(MinGW 编译器)、Visual Studio 2017(社区版)、MATLAB R2016a(版本号：9.0.0.341360,64 位)、Mathematica 11、Word 2017、Visio 2017 和福昕 PDF 阅读器等。由于篇幅限制,书中给出的算法程序主要是 MATLAB 代码和 C# 代码以及部分 C 代码。

1.2.1　常用的灰度图像

书中使用的图像来自 USC-SIPI 图像库(http://sipi.usc.edu/database/)。不失一般性,仿真实验仅使用了 USC-SIPI 中的 4 个灰度图像,即 Lena、Baboon、Pepper 和 Plane,以及全黑图像和全白图像,这些图像的大小均为 256×256 像素,如图 1-1 所示。

1.2.2　MATLAB R2016a 数学软件

仿真使用了 MATLAB R2016a 数学软件(在实际应用中,发现版本 R2016a 比 R2015a 和 R2017a 的运算速度都快一些),版本号为 9.0.0.341360。除了 Simulink 和 GUI 工作方式外,MATLAB 主要有命令行方式和程序代码方式。本书主要使用程序代码工作方式,即编写.m 文件形式的函数和程序代码。

(a) Lena   (b) Baboon   (c) Pepper

(d) Plane   (e) 全黑图像   (f) 全白图像(不含边框)

图 1-1 仿真实验使用的图像

下述程序绘制了图 1-1(a)～(d)所示的图像直方图,如图 1-2(a)～(d)所示。图 1-2(e)、(f)分别为全黑图像直方图和全白图像直方图。

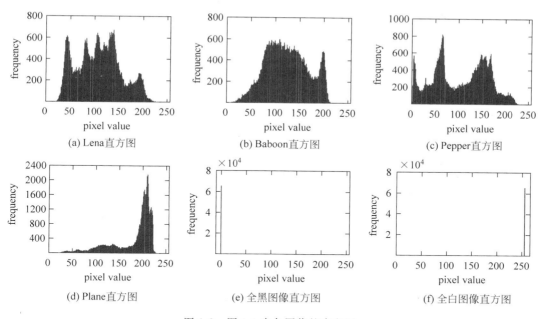

(a) Lena直方图   (b) Baboon直方图   (c) Pepper直方图

(d) Plane直方图   (e) 全黑图像直方图   (f) 全白图像直方图

图 1-2 图 1-1 中各图像的直方图

【程序 1-1】 绘制图像直方图函数 myDrawHistogram.m。

```
1    function y = myDrawHistogram(x)
2    x = double(x); p = x(:);
3    % %
4    y = hist(p,256); hist(p,256);
5    pm = myMax(y);
```

```
6       k = ceil((pm + 50)/200);
7       tk = 200;
8       if k > 10
9           tk = 400; k = ceil(k/2) * 2;
10      end
11      % %
12      xlabel('pixel value'); ylabel('frequency');
13      axis([0 256 0 k * 200]);
14      set(gca,'xtick',0:50:256,'ytick',0:tk:k * 200);
15      set(gca,'fontsize',12,'fontname','times new roman','tickdir','out');
16      set(gcf,'position',[400 100 300 220],'color','w');
17      % %
18          function mm = myMax(v)
19              mm = max(v);
20          end
21      end
```

【程序 1-2】 绘制图像直方图程序 pc001.m。

```
1       % pc001.m
2       clear; clc; close all;
3       % %
4       P1 = imread('Lena.tif');
5       P2 = imread('Baboon.tif');
6       P3 = imread('Pepper.tif');
7       P4 = imread('Plane.tif');
8       % %
9       figure(1); myDrawHistogram(P1);
10      figure(2); myDrawHistogram(P2);
11      figure(3); myDrawHistogram(P3);
12      figure(4); myDrawHistogram(P4);
```

程序 1-1 为自定义的 MATLAB 函数 myDrawHistogram,函数以 function 关键字开头（第 1 行）,函数名作为文件名,输入和输出参数均为矩阵或向量,以 end 关键字结尾（第 21 行）。第 2 行将输入图像 x 转化为 double 类型数据,然后按列排列成一个列向量 p;第 4 行将图像的直方图保存在 y 中,并绘制直方图;第 12~16 行设置直方图的坐标和样式;第 18~20 行为函数 myDrawHistogram 可调用的内部函数。"% %"表示该行为分隔线,"%"表示该行为注释。

程序 1-2 中,第 2 行的 clear 表示清除工作区的变量,clc 表示清除命令窗口显示的命令,close all 表示关闭图形输出窗口;第 4~7 行依次读入 Lena、Baboon、Pepper 和 Plane 图像;第 9~12 行依次调用 myDrawHistogram 函数绘制 Lena、Baboon、Pepper 和 Plane 的直方图,figure(1)表示创建标号为 1 的图形输出窗口。

由图 1-2 可知,这些图像的直方图具有明显的波动特征。一般地,由图像的直方图还原出原始图像是非常困难的,而当图像具有平坦的直方图时,还原操作几乎是不可能的。

1.2.3 Eclipse C 集成开发环境

Eclipse C/C++集成开发环境是目前 C/C++程序设计的最佳开发平台,可以免费从官方网址(https://www.eclipse.org/)上下载安装包,接着,还要从网址(http://www.mingw.org/)

上下载 MinGW 编译连接器安装包。然后,先安装 Eclipse C/C++ 集成开发环境,再安装
MinGW 编译连接器。下面给出本书使用的 C 工程框架,后续算法只在该 C 工程框架基础
上修改 algr.c、algr.h 和 main.c 文件即可。

　　启动 Eclipse C/C++ 集成开发环境,选择菜单命令 File|New|C Project,在弹出的对话
框中输入工程名 myCPFrame,选择 MinGW GCC 作为 Toolchains,如图 1-3 所示。在图 1-3
中单击 Finish 按钮进入 Eclipse 工作窗口。

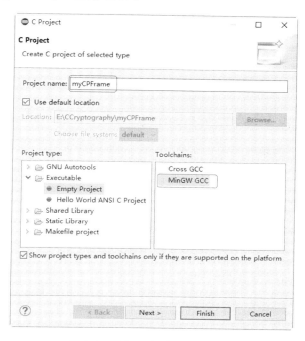

图 1-3　Eclipse 新建工程对话框

　　在 Eclipse 工作窗口中,通过菜单命令 File|New|Source File 和菜单命令 File|New|
Header File 可分别创建源代码文件和头文件。myCPFrame 工程包含的文件见表 1-1。

表 1-1　myCPFrame 工程包含的文件

序号	文件名	作　　用
1	main.c	主程序文件,实现图像的加密与解密
2	includes.h	总的头文件
3	imReadWrite.c	图像数据读写程序文件,实现从硬盘图像数据文件中读取图像数据至内存数组,或将内存数组写入硬盘图像数据文件
4	imReadWrite.h	图像数据读写头文件
5	algr.c	算法程序文件,实现图像的加密与解密算法
6	algr.h	算法头文件
7	zlxdatatype.h	自定义数据类型头文件
8	glena256x256.dat	Lena 图像数据文件,其数据为 256×256 矩阵,元素间由一个空格间隔,行间由一个回车符分隔
9	MyCipher.txt	密文图像数据文件(程序运行输出结果)
10	MyRecover.txt	解密的图像数据文件(程序运行输出结果)

【程序 1-3】 includes.h 头文件。

```
1    //Filename: includes.h
2    # ifndef _INCLUDES_H_
3    # define _INCLUDES_H_
4
5    # include "stdio.h"
6    # include "stdlib.h"
7    # include "string.h"
8    # include "math.h"
9    # include "time.h"
10   # include "algr.h"
11   # include "zlxdatatype.h"
12   # include "imReadWrite.h"
13
14   # endif /* _INCLUDES_H_ */
```

其中,第 5~9 行包括了需要的系统头文件,第 10~12 行包括了用户自定义的头文件。

【程序 1-4】 zlxdatatype.h 头文件。

```
1    //Filename: zlxdatatype.h
2    # ifndef _ZLXDATATYPE_H_
3    # define _ZLXDATATYPE_H_
4
5    # define   Int08U   unsigned char
6    # define   Int32U   unsigned int
7
8    # endif /* _ZLXDATATYPE_H_ */
```

其中,第 5~6 行依次宏定义了 8 位无符号整型 Int08U 和 32 位无符号整型 Int32U。

【程序 1-5】 main.c 文件。

```
1    //Filename: main.c
2    # include "includes.h"
3
4    # define   H   256          //行数
5    # define   W   256          //列数
6
7    clock_t st,et;
8    Int08U P[H][W];             //明文图像
9    Int08U C[H][W];             //加密图像
10   Int08U R[H][W];             //复原图像
11   Int08U K[32];               //密钥,密钥长度与选用的加密方法有关
12
13   int main(void)
14   {
15       imReadFile("glena256x256.dat",&P[0][0],H,W);
16       //加密
17       st = clock();
18       zyEnc(&P[0][0],&C[0][0],&K[0],H,W);
19       et = clock();
```

```
20      printf(" % .5lf sec.\n",(double)(et - st)/CLOCKS_PER_SEC);
21      imWriteFile("MyCipher.txt",&C[0][0],H,W);
22
23      //解密
24      st = clock();
25      zyDec(&R[0][0],&C[0][0],&K[0],H,W);
26      et = clock();
27      printf(" % .5lf sec.\n",(double)(et - st)/CLOCKS_PER_SEC);
28      imWriteFile("MyRecover.txt",&R[0][0],H,W);
29      return 0;
30   }
```

其中,第 4~5 行依次宏定义图像的行数和列数;第 8~10 行依次定义保存明文图像、密文图像和解密后的图像的二组数组 P、C 和 R。注意,这类变量必须定义为全局变量(作为局部变量时将导致 C 语言系统堆栈溢出!);第 11 行定义密钥 K,实际密码算法中,应根据具体的算法要求变更 K 的定义形式,并初始化 K。第 13~30 行为主函数 main,第 15 行读入 Lena 图像数据到内存变量 P;第 18 行调用加密函数 zyEnc 将 P 加密为 C;第 17、19 行记录第 18 行的运行时间,第 20 行显示运行时间,单位为秒;第 21 行将密文图像 C 写入硬盘文件 MyCipher.txt。第 25 行调用解密函数 zyDec 将 C 还原为 R;第 28 行将解密的图像 R 写入硬盘文件 MyRecover.txt。

在 MATLAB 中查看 MyCipher.txt 和 MyRecover.txt 文件,如程序 1-6 所示。

【程序 1-6】 MATLAB 下查看 C 程序输出的图像数据文件。

```
1    clear;  clc;  close all;
2    C = dlmread('MyCipher.txt');
3    figure(1); imshow(uint8(C));          % 显示密文图像
4
5    R = dlmread('MyRecover.txt');
6    figure(2); imshow(uint8(R));          % 显示解密后的图像
```

其中,第 2 行从文件 MyCipher.txt 中读入图像数据;第 3 行在标号为 1 的图形输出窗口显示密文图像 C。第 5~6 行的工作原理与第 2~3 行相似,用于显示解密后的图像。

【程序 1-7】 imReadWrite.h 头文件。

```
1    //Filename: imReadWrite.h
2    # ifndef _IMREADWRITE_H_
3    # define _IMREADWRITE_H_
4
5    # include "zlxdatatype.h"
6    int imReadFile(char * imFileName, Int08U * Arr, Int32U M, Int32U N);
7    int imWriteFile(char * imFileName,Int08U * Arr, Int32U M, Int32U N);
8
9    # endif / * _IMREADWRITE_H_ * /
```

其中,第 6~7 行依次声明了读图像函数 imReadFile 和写图像函数 imWriteFile,函数中 4 个参数的含义依次为图像文件名 imFileName、图像数据指针 Arr、图像行数 M 和图像列数 N。

【程序 1-8】 imReadWrite. c 文件。

```c
1    //Filename: imReadWrite.c
2    # include "includes.h"
3
4    int imReadFile(char * imFileName, Int08U * Arr, Int32U M, Int32U N)
5    {
6        int i,j;
7        FILE * fp = NULL;
8        fp = fopen(imFileName,"r");
9        for(i = 0; i < M; i++)
10       {
11           for(j = 0; j < N; j++)
12           {
13               fscanf(fp, "%d", (int * )(Arr + i * M + j));
14               fgetc(fp);
15           }
16       }
17       fclose(fp);
18       return 0;
19   }
20
21   int imWriteFile(char * imFileName, Int08U * Arr, Int32U M, Int32U N)
22   {
23       int i,j;
24       FILE * fp = NULL;
25       fp = fopen(imFileName,"w");
26       for(i = 0; i < M; i++)
27       {
28         for(j = 0; j < N - 1; j++)
29           {
30               fprintf(fp, "%d", * (Arr + i * M + j));
31               fputc(' ',fp);
32           }
33           fprintf(fp, "%d", * (Arr + i * M + j));
34           fputc('\n',fp);
35       }
36       fclose(fp);
37       return 0;
38   }
```

其中,第 4~19 行为读图像数据文件函数,从图像文件 imFileName 中读出 M 行 N 列的图像数据,存放在二维数组 Arr 中。注意:这个函数要求图像数据文件中,元素间用一个空格间隔,行间用一个回车符分隔。第 21~38 行为写图像数据文件函数,将 M 行 N 列的二维数组 Arr 中的图像数据写入到文件 imFileName。注意:第 31 行中,两个单引号间有一个空格。

【**程序 1-9**】 algr.h 头文件。

```
1    //Filename: algr.h
2    #ifndef _ALGR_H_
3    #define _ALGR_H_
4    #include "zlxdatatype.h"
5
6    void zyEnc(Int08U * P, Int08U * C, Int08U * K, Int32U M, Int32U N);
7    void zyDec(Int08U * R, Int08U * C, Int08U * K, Int32U M, Int32U N);
8
9    #endif /* _ZLXAES_H_ */
```

其中,第 6~7 行依次声明了加密函数 zyEnc 和解密函数 zyDec,4 个形参的含义依次为明文图像 P 或还原后的图像 R、密文图像 C、密钥 K、图像行数 M 和图像列数 N,这里密钥 K 的数据类型需根据具体的密码算法要求进行调整。

【**程序 1-10**】 algr.c 文件。

```
1    //Filename: algr.c
2    #include "includes.h"
3
4    void zyEnc(Int08U * P, Int08U * C, Int08U * K, Int32U M, Int32U N)
5    {
6      Int32U i,j;
7      for(i = 0;i < M;i++)
8      {
9          for(j = 0;j < N;j++)
10          {
11              C[i * N + j] = P[i * N + j];
12          }
13      }
14    }
15    void zyDec(Int08U * R, Int08U * C, Int08U * K, Int32U M, Int32U N)
16    {
17      Int32U i,j;
18      for(i = 0;i < M;i++)
19      {
20        for(j = 0;j < N;j++)
21        {
22            R[i * N + j] = C[i * N + j];
23        }
24      }
25    }
```

其中,zyEnc 和 zyDec 分别为加密函数和解密函数,这里给出了一些测试代码,并没有实现具体的任务,需要结合具体的密码算法修改这两个函数。

在基于 zyCPFrame 工程框架进行图像加密/解密设计时,结合具体的密码算法修改 main.c、algr.h 和 algr.c 文件中相应的代码即可,因此,在后续的 C 工程密码算法实例中,将只给出 main.c、algr.h 和 algr.c 文件的内容。

1.2.4 Visual Studio 2017 集成开发环境

Visual Studio 2017 社区版是微软公司最新的程序设计平台,注册之后可长期免费使用。打开 Visual Studio 后,进入菜单"文件|新建|项目",弹出如图 1-4 所示的界面。

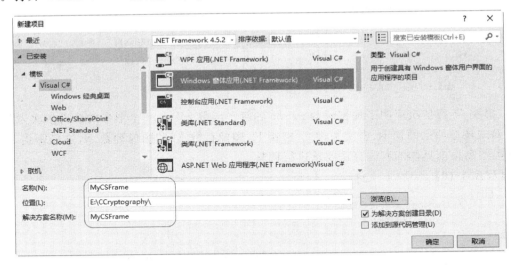

图 1-4　Visual Studio 新建项目视图

在图 1-4 中,输入项目名称 MyCSFrame,选择项目类型"Windows 窗体应用(.NET Framework)",单击"确定"按钮进入 Visual Studio 工作平台。项目 MyCSFrame 工作界面如图 1-5 所示。

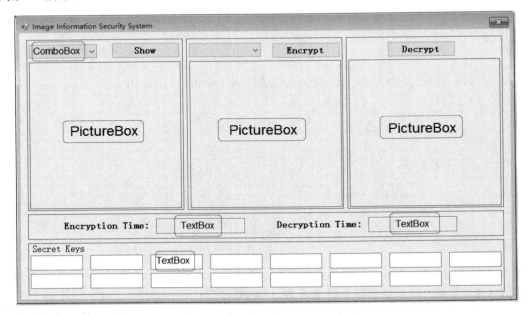

图 1-5　项目 MyCSFrame 工作界面

图 1-5 中,项目 MyCSFrame 工作界面包含的控件及其部分属性见表 1-2。

表 1-2 项目 **MyCSFrame** 工作界面中包含的控件及其部分属性

序号	控件类型	控件属性	属 性 值	方 法 名
1	Form	Name	MainForm	MainForm_Load
		Text	Image Information Security System	
2	Panel	Name	panel1	
		BorderStyle	FixedSingle	
3	Panel	Name	panel2	
		BorderStyle	FixedSingle	
4	Panel	Name	panel3	
		BorderStyle	FixedSingle	
5	Panel	Name	panel4	
		BorderStyle	FixedSingle	
6	Panel	Name	panel5	
		BorderStyle	FixedSingle	
7	ComboBox	Name	cmbBoxSelectPlain	
		DropDownStyle	DropDownList	
		Items	Lena Baboon Pepper Plane All-black All-white	
8	ComboBox	Name	cmbBoxSelectMethod	cmbBoxSelectMethod_SelectedIndexChanged
		DropDownStyle	DropDownList	
		Items	OneTimePad TDES AES	
9	Button	Name	btnShowPlainImage	btnShowPlainImage_Click
		Text	Show	
10	Button	Name	btnEncrypt	btnEncrypt_Click
		Text	Encrypt	
11	Button	Name	btnDecrypt	btnDecrypt_Click
		Text	Decrypt	
12	PictureBox	Name	picBoxPlain	
		BorderStyle	FixedSingle	
13	PictureBox	Name	picBoxCipher	
		BorderStyle	FixedSingle	
14	PictureBox	Name	picBoxRecovered	
		BorderStyle	FixedSingle	
15	Label	Name	label1	
		Text	Encryption Time：	
16	Label	Name	label2	
		Text	Decryption Time：	

续表

序号	控件类型	控件属性	属 性 值	方 法 名
17	Label	Name	label3	
		Text	Secret Keys	
18	TextBox	Name	txtEncTime	
		ReadOnly	True	
19	TextBox	Name	txtDecTime	
		ReadOnly	True	
20	TextBox	Name	txtKey01	
21	TextBox	Name	txtKey02	
22	TextBox	Name	txtKey03	
23	TextBox	Name	txtKey04	
24	TextBox	Name	txtKey05	
25	TextBox	Name	txtKey06	
26	TextBox	Name	txtKey07	
27	TextBox	Name	txtKey08	
28	TextBox	Name	txtKey09	
29	TextBox	Name	txtKey10	
30	TextBox	Name	txtKey11	
31	TextBox	Name	txtKey12	
32	TextBox	Name	txtKey13	
33	TextBox	Name	txtKey14	
34	TextBox	Name	txtKey15	
35	TextBox	Name	txtKey16	

按图 1-5 和表 1-2 设计项目工作窗体，然后向项目中添加类 MyImageData.cs 和 MyOneTimePad.cs，得到如图 1-6 所示的项目文件列表（称为解决方案资源管理器）。其中，MainForm.cs 是由默认创建的 Form1.cs 更名得到的。

图 1-6　解决方案资源管理器

项目 MyCSFrame 实现的功能为：在 cmbBoxSelectPlain（见表 1-2）组合选择框中选择一幅明文图像名，共有 6 幅图像 Lena、Baboon、Pepper、Plane、All-black 和 All-white 可选；然后，单击 Show 按钮（图 1-5）将显示选中的明文图像。在 cmbBoxSelectMethod（见表 1-2）组合选择框中选择一种图像加密算法，共有 3 种方法 OneTimePad、TDES 和 AES 可选；然后，单击 Encrypt 按钮（图 1-5）将显示加密后的图像，并在 txtEncTime（见表 1-2）中显示加密所需的时间。接着，单击 Decrypt 按钮（图 1-5）将显示解密后的图像，并在 txtDecTime（见表 1-2）中显示解密所需的时间。

项目 MyCSFrame 仅实现了 OneTimePad 加密算法，这里的 OneTimePad 加密算法类似于一次一密算法，需要提供两个双精度浮点数作为密钥，这两个双精度浮点数分别用作分段线性映射的初始值和控制参数。将分段线性映射循环迭代得到的状态值序列转化为 8 比特的伪随机字节数据流，与明文图像直接异或得到密文图像。项目 MyCSFrame 的运行结果如图 1-7 所示。在图 1-7 中，选择了 Lena 图像，密钥为 0.65 和 0.541。

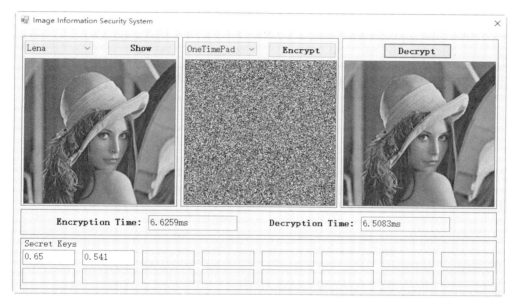

图 1-7　项目 MyCSFrame 的运行结果

下面给出项目 MyCSFrame 的代码。本书后续章节的密码算法只需要在项目 MyCSFrame 基础上添加新的密码算法类，并将新密码算法名添加到 cmbBoxSelectMethod（见表 1-2）组合选择框的 Items 属性中，然后修改文件 MainForm.cs 中的方法 btnEncrypt_Click 和 btnDecrypt_Click，添加相应的加密与解密方法的调用代码即可。因此，后续章节中，只需要给出新的密码算法类的代码。

【程序 1-11】　MainForm.cs 文件。

```
1    using System;
2    using System.Diagnostics;
3    using System.Drawing;
4    using System.Windows.Forms;
5
6    namespace MyCSFrame
7    {
8        public partial class MainForm : Form
9        {
10           public MainForm()
```

```
11          {
12              InitializeComponent();
13          }
14      private void MainForm_Load(object sender, EventArgs e)
15      {
16          btnEncrypt.Enabled = false;
17          btnDecrypt.Enabled = false;
18          KeyReadOnly();
19      }
20      void KeyReadOnly()
21      {
22          txtKey01.ReadOnly = true; txtKey01.Text = "";
23          txtKey02.ReadOnly = true; txtKey02.Text = "";
24          txtKey03.ReadOnly = true; txtKey03.Text = "";
25          txtKey04.ReadOnly = true; txtKey04.Text = "";
26          txtKey05.ReadOnly = true; txtKey05.Text = "";
27          txtKey06.ReadOnly = true; txtKey06.Text = "";
28          txtKey07.ReadOnly = true; txtKey07.Text = "";
29          txtKey08.ReadOnly = true; txtKey08.Text = "";
30          txtKey09.ReadOnly = true; txtKey09.Text = "";
31          txtKey10.ReadOnly = true; txtKey10.Text = "";
32          txtKey11.ReadOnly = true; txtKey11.Text = "";
33          txtKey12.ReadOnly = true; txtKey12.Text = "";
34          txtKey13.ReadOnly = true; txtKey13.Text = "";
35          txtKey14.ReadOnly = true; txtKey14.Text = "";
36          txtKey15.ReadOnly = true; txtKey15.Text = "";
37          txtKey16.ReadOnly = true; txtKey16.Text = "";
38      }
39      MyImageData myImageData = new MyImageData();
40      MyOneTimePad myOneTimePad = new MyOneTimePad();
41      private void btnShowPlainImage_Click(object sender, EventArgs e)
42      {
43          if(cmbBoxSelectPlain.Text!= "")
44          {
45              Bitmap img = (Bitmap)Image.FromFile(Application.StartupPath
46                  + "\\myImages\\" + cmbBoxSelectPlain.Text + ".tif");
47              picBoxPlain.Image = img;
48
49              myImageData.MyGetPlainImage(img);
50              btnEncrypt.Enabled = true;
51          }
52      }
53      private void cmbBoxSelectMethod_SelectedIndexChanged(object sender,
54          EventArgs e)
55      {
56          KeyReadOnly();
57          if(cmbBoxSelectMethod.Text.Equals("OneTimePad"))
58          {
59              txtKey01.ReadOnly = false;
60              txtKey02.ReadOnly = false;
61          }
```

```
62              }
63          private void btnEncrypt_Click(object sender, EventArgs e)
64          {
65              if(cmbBoxSelectMethod.Text.Equals("OneTimePad"))
66              {
67                  double x0, p;
68                  try
69                  {
70                      x0 = Double.Parse(txtKey01.Text);
71                      p = Double.Parse(txtKey02.Text);
72                      if (x0 > 0 && x0 < 1.0 && p > 0 && p < 1.0)
73                      {
74                          myOneTimePad.setPlainImage(myImageData);
75                          Stopwatch sw = new Stopwatch();
76                          sw.Start();
77                          myOneTimePad.MyRandomGen(x0, p);
78                          myOneTimePad.MyEncrypt();
79                          sw.Stop();
80                          TimeSpan ts = sw.Elapsed;
81                          txtEncTime.Text = ts.TotalMilliseconds.ToString() + "ms";
82                          myOneTimePad.getCipherImage(myImageData);
83                          picBoxCipher.Image =
84                              myImageData.MyShowCipherImage();
85                          btnDecrypt.Enabled = true;
86                      }
87                  }
88                  catch(FormatException fe)
89                  {
90                      string str = fe.ToString();
91                  }
92              }
93          }
94          private void btnDecrypt_Click(object sender, EventArgs e)
95          {
96              if (cmbBoxSelectMethod.Text.Equals("OneTimePad"))
97              {
98                  double x0, p;
99                  try
100                 {
101                     x0 = Double.Parse(txtKey01.Text);
102                     p = Double.Parse(txtKey02.Text);
103                     if (x0 > 0 && x0 < 1.0 && p > 0 && p < 1.0)
104                     {
105                         Stopwatch sw = new Stopwatch();
106                         sw.Start();
107                         myOneTimePad.MyRandomGen(x0, p);
108                         myOneTimePad.MyDecrypt();
109                         sw.Stop();
110                         TimeSpan ts = sw.Elapsed;
111                         txtDecTime.Text = ts.TotalMilliseconds.ToString() + "ms";
```

```
112                         myOneTimePad.getRecoveredImage(myImageData);
113                         picBoxRecovered.Image =
114                             myImageData.MyShowRecoveredImage();
115                     }
116                 }
117                 catch(FormatException fe)
118                 {
119                     string str = fe.ToString();
120                 }
121             }
122         }
123     }
124 }
```

在程序 1-11 中，第 14～19 行的方法 MainForm_Load 在窗体 MainForm 装入时（程序主界面显示前）被调用，第 16～17 行设置 Encrypt 和 Decrypt 命令按钮不可用，第 18 行调用方法 KeyReadOnly 将 Secret Keys 区域中的 16 个文本框设为只读属性。

第 39 行创建 MyImageData 类的实例 myImageData；第 40 行创建 MyOneTimePad 类的实例 myOneTimePad。

第 41～52 行为 Show 命令按钮的单击事件，当组合框 cmbBoxSelectPlain 为非空时，即选择了某个明文（第 43 行为真），第 45～46 行从硬盘中读入该图像，该图像存放在工程编译链接得到的可执行程序文件所在目录下的 myImages 子目录下，共有 6 幅明文图像，即 Lena. tif、Baboon. tif、Pepper. tif、Plane. tif、All-black. tif 和 All-white. tif。第 47 行在 picBoxPlain 图像框中显示选中的图像。第 50 行使得 Encrypt 命令按钮可用。

第 53～62 行为组合框 cmbBoxSelectMethod 选择不同加密算法时触发的方法。如果选取了 OneTimePad（第 57 行为真），则 Secret Keys 区域中的前 2 个文本框可以输入文本，如图 1-7 所示，依次输入了 0.65 和 0.541，分别用作分段线性映射的初始值和控制参数。

第 63 ～ 93 行为 Encrypt 命令按钮的单击事件。如果当前选中的加密算法为 OneTimePad（第 65 行为真），则第 70～71 行从文本框 txtKey01 和 txtKey02 中读取分段线性映射的初始值 x0 和参数 p，当 x0 和 p 合法（第 72 行为真）时，第 74 行从对象 myImageData 中读取明文数据（myImageData 对象中保存了明文、密文和解密后的图像），第 75～76、79～80 行统计第 77～78 行语句的运行时间，第 77 行调用动态方法 MyRandomGen 产生密码流，第 78 行调用方法 MyEncrypt 实现加密处理，第 81 行在文本框 txtEncTime 中显示加密耗费的时间，如图 1-7 所示，第 82 行将密文图像保存到对象 myImageData 中，第 83～84 行在 picBoxCipher 图像框中显示密文图像，第 85 行使 Decrypt 命令按钮可用。

第 94～122 行为 Decrypt 命令按钮的单击事件。其中，第 107 行生成解密用的密码流，第 108 行调用方法 MyDecrypt 进行解密处理，第 111 行在文本框 txtDecTime 中显示解密耗费的时间，第 112 行将解密后的图像保存到 myImageData 对象中，第 113～114 行在 picBoxRecovered 图像框中显示还原后的图像。

【程序 1-12】 MyImageData. cs 文件。

```
1       using System;
```

```
2        using System.Drawing;
3
4        namespace MyCSFrame
5        {
6            class MyImageData
7            {
8                private int height;
9                private int width;
10               public byte[,] PlainImage = new byte[256, 256];
11               public byte[,] CipherImage = new byte[256, 256];
12               public byte[,] RecoveredImage = new byte[256, 256];
13               public int Height
14               {
15                   get
16                   {
17                       return height;
18                   }
19                   set
20                   {
21                       if (value > 256)
22                           height = 256;
23                       else
24                           height = value;
25                   }
26               }
27               public int Width
28               {
29                   get
30                   {
31                       return width;
32                   }
33                   set
34                   {
35                       if (value > 256)
36                           width = 256;
37                       else
38                           width = value;
39                   }
40               }
41               public void MyGetPlainImage(Bitmap bmp)
42               {
43                   Color c;
44                   Height = bmp.Height;
45                   Width = bmp.Width;
46                   for (int j = 0; j < Width; j++)
47                   {
48                       for (int i = 0; i < Height; i++)
49                       {
50                           c = bmp.GetPixel(j, i);
51                           PlainImage[i,j] = c.R;
52                       }
```

```
53                             }
54                         }
55                     public Bitmap MyShowCipherImage()
56                     {
57                         Bitmap bitMap = new Bitmap(Width, Height);
58                         Color c;
59                         Byte r;
60                         for (int j = 0; j < Width; j++)
61                         {
62                             for (int i = 0; i < Height; i++)
63                             {
64                                 r = CipherImage[i, j];
65                                 c = Color.FromArgb(r, r, r);
66                                 bitMap.SetPixel(j, i, c);
67                             }
68                         }
69                         return bitMap;
70                     }
71                     public Bitmap MyShowRecoveredImage()
72                     {
73                         Bitmap bitMap = new Bitmap(Width, Height);
74                         Color c;
75                         Byte r;
76                         for (int j = 0; j < Width; j++)
77                         {
78                             for (int i = 0; i < Height; i++)
79                             {
80                                 r = RecoveredImage[i, j];
81                                 c = Color.FromArgb(r, r, r);
82                                 bitMap.SetPixel(j, i, c);
83                             }
84                         }
85                         return bitMap;
86                     }
87             }
88     }
```

程序 1-12 所示的 MyImageData.cs 文件中定义了类 MyImageData,该类中定义了 2 个私有数据成员行数 height 和列数 width(第 8~9 行),分别用于保存图像的行数和列数;第 13~26 的属性 Height 用于存取 height,第 27~40 行的属性 Width 用于存取 width。第 10~12 行依次定义了 3 个二维数组 PlainImage、CipherImage 和 RecoveredImage,分别用于保存明文图像、密文图像和解密后的图像。

第 41~54 行的方法 MyGetPlainImage 用于将图像 bmp 中的数据读到二维数组 PlainImage 中。需要注意的是,在第 50 行的 GetPixel 方法参数中,两个形参依次为列数和行数(即列在前,行在后),返回值为当前位置像素点的颜色。第 51 行将读出的像素点的颜色的 R 分量(即红色分量)赋给 PlainImage[i,j]。这是因为明文图像为灰度图像,读出的像素点的颜色的三个分量(R、G 和 B 分量)均相等,可任取一个分量,或者取三者的平均值。

第 55~70 行为由密文矩阵生成密文图像的方法 MyShowCipherImage。第 57 行创建

Bitmap 实例 bitMap，第 60～68 行为二重循环体，将二维数组 CipherImage 的元素填充到 bitMap 对象中。

第 71～86 行为由解密后的矩阵数据生成解密后的图像的方法 MyShowRecoveredImage，工作原理与方法 MyShowCipherImage 相似。第 73 行创建 Bitmap 实例 bitMap，第 76～84 行为二重循环体，将二维数组 RecoveredImage 的元素填充到 bitMap 对象中。

【程序 1-13】 MyOneTimePad.cs 文件。

```
1    using System;
2    using System.Collections.Generic;
3    using System.Linq;
4    using System.Text;
5    using System.Threading.Tasks;
6
7    namespace MyCSFrame
8    {
9        class MyOneTimePad
10       {
11           private byte[,] plainImage = new byte[256,256];
12           private byte[,] cipherImage = new byte[256,256];
13           private byte[,] recoveredImage = new byte[256,256];
14           private byte[,] randomDat = new byte[256, 256];
15           public void setPlainImage(MyImageData myImDat)
16           {
17               for (int i = 0; i < 256; i++)
18                   for (int j = 0; j < 256; j++)
19                       plainImage[i, j] = myImDat.PlainImage[i, j];
20           }
21           public void getCipherImage(MyImageData myImDat)
22           {
23               for (int i = 0; i < 256; i++)
24                   for (int j = 0; j < 256; j++)
25                       myImDat.CipherImage[i, j] = cipherImage[i, j];
26           }
27           public void getRecoveredImage(MyImageData myImDat)
28           {
29               for (int i = 0; i < 256; i++)
30                   for (int j = 0; j < 256; j++)
31                       myImDat.RecoveredImage[i, j] = recoveredImage[i, j];
32           }
33           public void MyRandomGen(double x0,double p)
34           {
35               for(int i = 0;i < 200;i++)
36               {
37                   x0 = PWLCM(x0, p);
38               }
39               for(int i = 0;i < 256;i++)
40               {
41                   for(int j = 0;j < 256;j++)
42                   {
```

```
43                      x0 = PWLCM(x0, p);
44                      randomDat[i, j] = Convert.ToByte((long)(x0 * 10e10) % 256);
45                  }
46              }
47          }
48          double PWLCM(double x0, double p)
49          {
50              double v;
51              if (x0 < p)
52                  v = x0 / p;
53              else
54                  v = (x0 - p) / (1.0 - p);
55              return v;
56          }
57          public void MyEncrypt()
58          {
59              for (int i = 0; i < 256; i++)
60              {
61                  for (int j = 0; j < 256; j++)
62                  {
63                      cipherImage[i, j] =
64                          Convert.ToByte(Convert.ToInt32(plainImage[i, j])
65                          ^ Convert.ToInt32(randomDat[i, j]));
66                  }
67              }
68          }
69          public void MyDecrypt()
70          {
71              for (int i = 0; i < 256; i++)
72              {
73                  for (int j = 0; j < 256; j++)
74                  {
75                      recoveredImage[i, j] =
76                          Convert.ToByte(Convert.ToInt32(cipherImage[i, j])
77                          ^ Convert.ToInt32(randomDat[i, j]));
78                  }
79              }
80          }
81      }
82  }
```

在 C# 工程中,每种密码算法都对应一个类,保存在一个单独的 .cs 文件中。一般地,类名和文件名相同。在文件 MyOneTimePad.cs 中定义的类 MyOneTimePad 实现了类似一次一密的密码算法。第 11～14 行依次定义了私有成员 plainImage、cipherImage、recoveredImage 和 randomDat,分别用于临时保存明文图像、密文图像、解密后的图像和密码矩阵。

第 15～20 行的方法 setPlainImage 用于从对象 myImDat 中获取明文图像。第 21～26 行的方法 getCipherImage 将加密得到的密文图像 cipherImage 赋给对象 myImDat 中的成员 CipherImage。第 27～32 行的方法 getRecoveredImage 将解密后的图像 recoveredImage 赋给对象 myImDat 的成员 RecoveredImage。

第 33 ～ 47 行为生成密码矩阵的方法 MyRandomGen,密码流保存在二维数组 randomDat 中。第 48～56 行的方法 PWLCM 为分段线性混沌映射,输入的形参 x0 和 p 分别为迭代初始值和控制参数。

第 57～68 行为加密方法 MyEncrypt,这里将密码矩阵 randomDat 与明文图像矩阵 plainImage 相异或得到密文矩阵 cipherImage。第 69～80 行为解密方法 MyDecrypt,是加密方法 MyEncrypt 的逆运算,即将密码矩阵 randomDat 与密文矩阵 cipherImage 相异或得到还原后的图像矩阵 recoveredImage。

1.3　本章小结

本章回顾了图像加密技术的发展历程。有史料记载的最早的密码术是公元前 5 世纪的古希腊人发明的 Scytale 密码,用于传递军事机密信息,将皮带呈螺旋形地缠绕到一根棍子上,在皮带上写下文本信息,收信方需要同样粗细的木棍就可以解密,而密码学 Cryptography 一词就来源于希腊语 kryptós(隐藏的)和 gráphein(书写)。一般认为,现代密码术起源于 1949 年 Shannon 关于密码学的经典论著,而关于图像加密方面的专业性研究始于 1998 年 Fridrich 基于混沌系统的对称密码技术。图像加密研究是密码学、数学、信息科学、物理学、数字图像处理技术和非线性科学交叉融合发展的重要科学技术研究,将伴随人类文明的进步持续快速发展。

本章还为后续章节的阅读提供了预备知识:首先,展示了全书要使用的明文图像,即 Lena、Baboon、Pepper、Plane、全黑图像和全白图像;然后,通过介绍 MATLAB 数学软件的程序代码工作方式,阐述了绘制图像直方图的方法;接着,基于 Eclipse C/C++ 集成开发环境详细介绍了一个完整的用于图像加密的 C 工程框架;最后,基于 Visual Studio 2017 集成开发环境,借助 C♯ 语言设计了一个具有图形用户界面的图像加密工程框架。全书的算法均用 MATLAB 和 C♯ 实现,为了节省篇幅,C♯ 工程仅给出了实现加密与解密算法的代码(算法性能分析部分可参考 MATLAB 代码);同时,为了使读者掌握使用 C 语言进行图像加密算法程序设计,在第 2 章的算法中使用了 C 语言,并且给出了完整的 C 工程代码。

第2章

数据加密标准

1977 年,美国国家标准局,即现在的美国国家标准与技术研究所(NIST)发布了数据加密标准(DES),作为美国政府的信息加密标准。DES 的设计寿命是 10 年,但是直到 2002 年,DES 才被高级加密标准(AES)取代。DES 是现代密码术的典型代表,是一种重要的对称密码算法,DES 的变种算法仍然被广泛使用。本章将介绍 DES 算法、TDES 算法以及 TDES 在图像加密方面的应用。

2.1　DES 算法

DES 算法基于 Feistel 结构(由密码学家 Horst Feistel 提出的分组密码结构),是基于硬件的可以快速实现的对称密码算法。从历史的视角看,DES 算法在一定程度上推动了 Feistel 结构的广泛应用。标准的 Feistel 结构如图 2-1 所示。

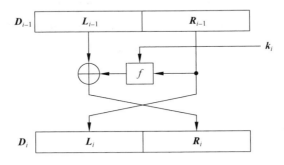

图 2-1　标准的 Feistel 结构

在图 2-1 所示的 Feistel 结构中,输入数据 D_{i-1} 分为左、右两部分,分别记为 L_{i-1} 和 R_{i-1},输出数据 D_i 也分为左、右两部分,分别记为 L_i 和 R_i。在 DES 中,每个 D_i 的长度为 64 位,L_i 和 R_i 的长度均为 32 位。

图 2-1 实现了如式(2-1)和式(2-2)所示的运算。

$$L_i = R_{i-1} \tag{2-1}$$

$$R_i = L_{i-1} \oplus f(k_i, R_{i-1}) = L_{i-1} \oplus f(k_i, L_i) \tag{2-2}$$

式(2-2)中的函数 f 可取任意输出为 32 位的函数(包括不可逆函数)。函数 f 具有两个输入参数,即 k_i 和 R_{i-1},这里的 k_i 为 48 位长的随机数序列,由密钥产生。

图 2-1 所示的 Feistel 结构将输入 D_{i-1} 变换为 D_i,实现了以下 3 个原则。

(1) 在密钥的作用下(体现为 k_i 的参与),将输入 D_{i-1} 变换为 D_i。

(2) Feistel 结构是可逆的,由 D_i 变换为 D_{i-1} 的运算如式(2-3)和式(2-4)所示。

$$R_{i-1} = L_i \tag{2-3}$$

$$L_{i-1} = R_i \oplus f(k_i, L_i) = R_i \oplus f(k_i, R_{i-1}) \tag{2-4}$$

(3) Feistel 结构是明文关联的,即如果伪随机序列 k_i 是相同的,微小变化的 D_{i-1}(实际上是微小变化的 R_{i-1})将使得 D_i 发生显著变化(实际上是 R_i 发生显著的变化)。

上述 3 个原则是设计密码系统的核心原则,即借助密码和加密算法将明文加密为密文,密文受到密钥的控制;加密算法是可逆的,解密算法是加密算法的逆过程;加密算法和解密算法都是明文关联的,即当密钥保持不变时,微小变化的明文将产生具有显著差异的密文,同时,微小变化的密文还原后的图像具有显著的差异,可以有效地对抗差分攻击。

由图 2-1 可知,这里的 D_i 分为 L_i 和 R_i 采取了等长分割,事实上,也可以采取不等长分割方法,如图 2-2 所示。

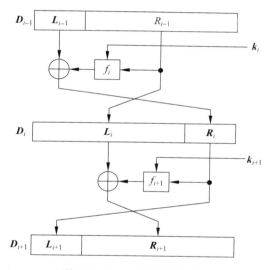

图 2-2　Feistel 结构的变种 I

图 2-2 为 Feistel 结构的变种形式 I,由于对 D_i 采取了不等长分割,所以在相邻的两级中,函数 f_i 与 f_{i+1} 是不同的(至少其函数的输出值的位数不同)。此时,运算公式如式(2-5)和式(2-6)所示,其中,每一级中的 f_i 都不尽相同。

$$L_i = R_{i-1} \tag{2-5}$$

$$R_i = L_{i-1} \oplus f_i(k_i, R_{i-1}) = L_{i-1} \oplus f_i(k_i, L_i) \tag{2-6}$$

显然,图 2-2 所示 Feistel 结构的变种 I 是可逆的,其逆运算如式(2-7)式(2-8)所示。

$$R_{i-1} = L_i \tag{2-7}$$

$$L_{i-1} = R_i \oplus f_i(k_i, L_i) = R_i \oplus f_i(k_i, R_{i-1}) \tag{2-8}$$

在图 2-2 中，D_i 的分割位置是固定的。事实上，在每一级中可以随意选定分割的位置，这样可得到 Feistel 结构的变种 II，如图 2-3 所示。

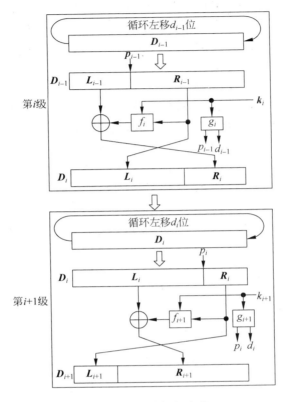

图 2-3　Feistel 结构的变种 II

在图 2-3 所示的 Feistel 结构的变种 II 中，每一级中的输入数据先进行循环左移操作，循环左移操作属于非线性运算，广泛应用于密码学中，然后，将输入数据分割为左、右两部分。其中，循环左移的位数和分割的位置由密钥决定。对于第 i 级而言，循环左移的位数 d_{i-1} 和分割的位置 p_{i-1} 由密钥 $\boldsymbol{k}_i$ 决定，即 $\{d_{i-1}, p_{i-1}\} = g_i(k_i)$，这里，函数 g_i 为非线性函数。此时，第 i 级的运算仍然与式(2-5)和式(2-6)相同。显然，图 2-3 所示 Feistel 结构的变种形式 II 是可逆的，在逆运算中，首先由密钥 $\boldsymbol{k}_i$ 和函数 g_i 生成循环右移的位数 d_{i-1} 和分割的位置 p_{i-1}，然后，由式(2-7)和式(2-8)计算 $\boldsymbol{L}_{i-1}$ 和 $\boldsymbol{R}_{i-1}$，最后，循环右移 d_{i-1} 位还原出 $\boldsymbol{D}_{i-1}$。

思考：Feistel 结构需要多少级才能达到满意的加密效果呢？在图 2-1 所示标准的 Feistel 结构中，假设每一级中 R_i 都充分体现了 $\boldsymbol{L}_{i-1}$、$\boldsymbol{R}_{i-1}$ 和 $\boldsymbol{k}_i$ 的共同作用，试着说明标准 Feistel 结构的最佳级数。同样，对于图 2-2 和图 2-3 中的两种变种形式，试着说明 Feistel 变种形式的最佳级数，并试着分析数据分割位置与加密效果的关系，当级数固定时，存在最佳的分割位置吗？在 DES 算法中，使用了 16 级 Feistel 结构，分割方式为中间位置等分，要求输入数据的长度必须为偶数位，DES 算法的输入数据位数为 64 位。

2.1.1 DES 加密算法

本小节内容参考了 NIST FIPS PUB46-3 标准。DES 加密算法使用了 16 级 Feistel 结构,密钥长度为 56 位,输入明文长度为 64 位,输出密文长度与明文长度相同,也是 64 位。DES 加密算法如图 2-4 所示,首先将输入的明文 x 进行位置乱处理,然后经过 16 级 Feistel 结构的运算处理,最后一级 Feistel 结构的输出还要经过一次位置乱处理(这次的位置乱处理是输入明文的位置乱的逆运算),最后将得到密文 y。这里的每级 Feistel 结构如图 2-1 所示,L_i 和 R_i 的长度均为 32 位,$i=0,1,2,\cdots,16$。

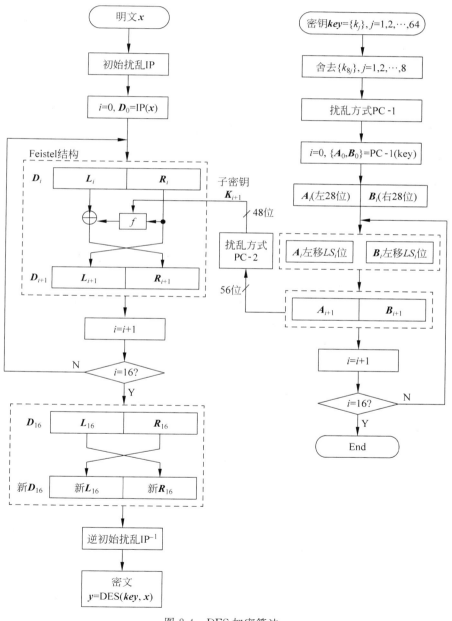

图 2-4 DES 加密算法

在图 2-4 中,输入长度为 64 位的明文 x 和长度为 64 位的密钥 key,将得到长度为 64 位的密文 y,即 $y=\text{DES}(key,x)$。

如图 2-4 所示,DES 加密算法的步骤如下所示。

Step 1. 明文 x 经过初始置乱 IP 后得到 D_0。初始置乱 IP 见表 2-1。表 2-1 的含义为: x 中第 58 位的位数据作为 D_0 的第 1 位,x 中第 50 位的位数据作为 D_0 的第 2 位,以此类推,x 中第 8 位的位数据作为 D_0 的第 64 位。

表 2-1　初始置乱 IP

58	50	42	34	26	18	10	2
60	52	44	36	28	20	12	4
62	54	46	38	30	22	14	6
64	56	48	40	32	24	16	8
57	49	41	33	25	17	9	1
59	51	43	35	27	19	11	3
61	53	45	37	29	21	13	5
63	55	47	38	31	23	15	7

Step 2. 令 $i=0$。

Step 3. 将 D_i 平分为左、右两部分,分别记为 L_i 和 R_i。

Step 4. 计算

$$L_{i+1} = R_i \tag{2-9}$$

$$R_{i+1} = L_i \oplus f(K_{i+1}, R_i) \tag{2-10}$$

得到 D_{i+1},即 L_{i+1} 为 D_{i+1} 的左 32 位,R_{i+1} 为 D_{i+1} 的右 32 位。其中,函数 f 的结构和子密钥 K_{i+1} 的产生方法将在下文介绍。

Step 5. $i=i+1$。如果 $i=16$,则继续到 Step 6;否则跳转到 Step 3。

Step 6. 将 L_{16} 和 R_{16} 互换位置得到新的 D_{16}。

Step 7. 将新的 D_{16} 进行逆初始置乱 IP^{-1},得到密文 y,即 $y=\text{IP}^{-1}(D_{16})$。其中,逆初始置乱 IP^{-1} 见表 2-2,IP^{-1} 是 IP 的逆变换。

表 2-2　逆初始置乱 IP^{-1}

40	8	48	16	56	24	64	32
39	7	47	15	55	23	63	31
38	6	46	14	54	22	62	30
37	5	45	13	53	21	61	29
36	4	44	12	52	20	60	28
35	3	43	11	51	19	59	27
34	2	42	10	50	18	58	26
33	1	41	9	49	17	57	25

图 2-4 中,函数 f 的结构如图 2-5 所示。

在图 2-5 中,输入 32 位的 R_i 和 48 位的子密钥 K_{i+1},输出为 $f(K_{i+1}, R_i)$,具体实现步骤如下。

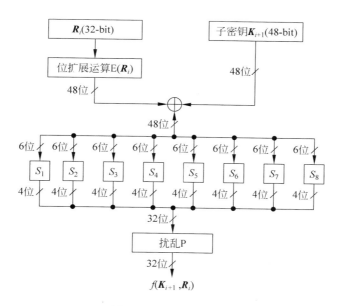

图 2-5 函数 f 的结构

Step 1. 将 R_i 作位扩展运算 E 扩展为 48 位。位扩展运算 E 见表 2-3。

表 2-3 位扩展运算 E

32	1	2	3	4	5
4	5	6	7	8	9
8	9	10	11	12	13
12	13	14	15	16	17
16	17	18	19	20	21
20	21	22	23	24	25
24	25	26	27	28	29
28	29	30	31	32	1

表 2-3 中的阴影部分为 R_i 的原始位的位位置,共 32 位,每行都做了头尾扩展,扩展后的表 2-3 中包含 48 位。扩展后,原 R_i 中位于第 32 位的位成为扩展后向量的第 1 位,原 R_i 中位于第 1 位的位成为扩展后向量的第 2 位,按表 2-3 继续下去,最后,原 R_i 中位于第 1 位的位成为扩展后向量的第 48 位。

Step 2. 将子密钥 K_{i+1} 按行折叠成 8 行 6 列的表格,与 R_i 作位扩展运算 E 后得到的 48 位(其位位置见表 2-3)作异或运算,其结果的第 1 行赋给 S_1,第 2 行赋给 S_2,以此类推,第 8 行赋给 S_8,即第 i 行赋给 S_i,下一步介绍 S_i 的处理方式,这里将第 i 行记为 $r_i = \{r_{i1}, r_{i2}, r_{i3}, r_{i4}, r_{i5}, r_{i6}\}$。

Step 3. 每个 S_i 都称作 S 盒子,是一个 4 行 16 列的二维数组,每行的 16 个元素是 0~15 的一个排列。对于 r_i 而言,将其二进制位 r_{i1} 和 r_{i6} 组合成行号,将 r_{i2},r_{i3},r_{i4} 和 r_{i5} 组合成列号,查 S_i 表得到的值为 S_i 盒子的输出,输出值为 4 位。8 个 S 盒子见表 2-4~表 2-11。

表 2-4　S_1 盒

行＼列	0	1	2	3	4	5	6	7	8	9	10	11	12	13	14	15
0	14	4	13	1	2	15	11	8	3	10	6	12	5	9	0	7
1	0	15	7	4	14	2	13	1	10	6	12	11	9	5	3	8
2	4	1	14	8	13	6	2	11	15	12	9	7	3	10	5	0
3	15	12	8	2	4	9	1	7	5	11	3	14	10	0	6	13

表 2-5　S_2 盒

行＼列	0	1	2	3	4	5	6	7	8	9	10	11	12	13	14	15
0	15	1	8	14	6	11	3	4	9	7	2	13	12	0	5	10
1	3	13	4	7	15	2	8	14	12	0	1	10	6	9	11	5
2	0	14	7	11	10	4	13	1	5	8	12	6	9	3	2	15
3	13	8	10	1	3	15	4	2	11	6	7	12	0	5	14	9

表 2-6　S_3 盒

行＼列	0	1	2	3	4	5	6	7	8	9	10	11	12	13	14	15
0	10	0	9	14	6	3	15	5	1	13	12	7	11	4	2	8
1	13	7	0	9	3	4	6	10	2	8	5	14	12	11	15	1
2	13	6	4	9	8	15	3	0	11	1	2	12	5	10	14	7
3	1	10	13	0	6	9	8	7	4	15	14	3	11	5	2	12

表 2-7　S_4 盒

行＼列	0	1	2	3	4	5	6	7	8	9	10	11	12	13	14	15
0	7	13	14	3	0	6	9	10	1	2	8	5	11	12	4	15
1	13	8	11	5	6	15	0	3	4	7	2	12	1	10	14	9
2	10	6	9	0	12	11	7	13	15	1	3	14	5	2	8	4
3	3	15	0	6	10	1	13	8	9	4	5	11	12	7	2	14

表 2-8　S_5 盒

行＼列	0	1	2	3	4	5	6	7	8	9	10	11	12	13	14	15
0	2	12	4	1	7	10	11	6	8	5	3	15	13	0	14	9
1	14	11	2	12	4	7	13	1	5	0	15	10	3	9	8	6
2	4	2	1	11	10	13	7	8	15	9	12	5	6	3	0	14
3	11	8	12	7	1	14	2	13	6	15	0	9	10	4	5	3

表 2-9　S_6 盒

行＼列	0	1	2	3	4	5	6	7	8	9	10	11	12	13	14	15
0	12	1	10	15	9	2	6	8	0	13	3	4	14	7	5	11
1	10	15	4	2	7	12	9	5	6	1	13	14	0	11	3	8
2	9	14	15	5	2	8	12	3	7	0	4	10	1	13	11	6
3	4	3	2	12	9	5	15	10	11	14	1	7	6	0	8	13

表 2-10 S_7 盒

行\列	0	1	2	3	4	5	6	7	8	9	10	11	12	13	14	15
0	4	11	2	14	15	0	8	13	3	12	9	7	5	10	6	1
1	13	0	11	7	4	9	1	10	14	3	5	12	2	15	8	6
2	1	4	11	13	12	3	7	14	10	15	6	8	0	5	9	2
3	6	11	13	8	1	4	10	7	9	5	0	15	14	2	3	12

表 2-11 S_8 盒

行\列	0	1	2	3	4	5	6	7	8	9	10	11	12	13	14	15
0	13	2	8	4	6	15	11	1	10	9	3	14	5	0	12	7
1	1	15	13	8	10	3	7	4	12	5	6	11	0	14	9	2
2	7	11	4	1	9	12	14	2	0	6	10	13	15	3	5	8
3	2	1	14	7	4	10	8	13	15	12	9	0	3	5	6	11

以 S_8 盒为例,设 $r_8 = 011011b$,则行号为 $01B = (1)_{10}$,列号为 $1101B = (13)_{10}$,即 S_8 盒中第 1 行第 13 列的元素 $(14)_{10} = 1110B$ 为 r_8 对应的 4 位输出。

Step 4. 8 个 S 盒的输出依次连接成 32 位长的数据,经过扰乱 P 后得到输出结果 $f(\boldsymbol{K}_{i+1}, \boldsymbol{R}_i)$。这里,扰乱 P 见表 2-12。

表 2-12 扰乱 P

16	7	20	21
29	12	28	17
1	15	23	26
5	18	31	10
2	8	24	14
32	27	3	9
19	13	30	6
22	11	4	25

表 2-12 表示,扰乱前的数据的第 16 位将成为扰乱后的数据的第 1 位,扰乱前的数据的第 7 位将成为扰乱后的数据的第 2 位,以此类推,扰乱前的数据的第 25 位将成为扰乱后的数据的第 32 位。

现在回到图 2-4,介绍子密钥 $\boldsymbol{K}_i, i = 1, 2, \cdots, 16$ 的生成方法。如图 2-4 的右半部分所示,输入 64 位长的密钥 $\boldsymbol{key}$,输出 16 个 48 位长的子密钥 $\boldsymbol{K}_i, i = 1, 2, \cdots, 16$。子密钥生成的步骤如下。

Step 1. 输入长为 64 位的密钥 $\boldsymbol{key} = \{k_j\}, j = 1, 2, \cdots, 64$。DES 算法中,密钥的有效长度为 56 位,64 位 $\boldsymbol{key}$ 中的 $k_8, k_{16}, k_{24}, k_{32}, k_{40}, k_{48}, k_{56}$ 和 k_{64} 8 个位为奇校验位,即 $k_{8j}, j = 1, 2, \cdots, 8$ 与各自前面的 7 个位组成奇校验,例如,$k_1, k_2, k_3, k_4, k_5, k_6, k_7$ 与 k_8 组成奇校验,k_8 取值为 0 还是为 1 取决于必须保证 $\{k_1, k_2, k_3, k_4, k_5, k_6, k_7, k_8\}$ 中 1 的个数为奇数个。如果密钥校验是正确的(预防存取或通信中发生错位),则可以直接将 $k_8, k_{16}, k_{24}, k_{32}, k_{40}, k_{48}, k_{56}$ 和 k_{64} 舍去。

Step 2. 对舍去 $k_8, k_{16}, k_{24}, k_{32}, k_{40}, k_{48}, k_{56}$ 和 k_{64} 的 $\boldsymbol{key}$ 中的剩余位按扰乱方式 PC-1 进

行位扰乱。扰乱方式 PC-1 见表 2-13。

表 2-13　扰乱方式 PC-1

57	49	41	33	25	17	9
1	58	50	42	34	26	18
10	2	59	51	43	35	27
19	11	3	60	52	44	36
63	55	47	39	31	23	15
7	62	54	46	38	30	22
14	6	61	53	45	37	29
21	13	5	28	20	12	4

表 2-13 表示扰乱前的 key 的第 57 位将成为扰乱后的数据的第 1 位,扰乱前的 key 的第 49 位将成为扰乱后的数据的第 2 位,按表 2-13 推理下去,扰乱前的 key 的第 4 位将成为扰乱后的数据的第 56 位。由于 key 中没有 k_8,k_{16},k_{24},k_{32},k_{40},k_{48},k_{56} 和 k_{64} 这些位,所以表 2-13 中也没有这些位的位置号,经表 2-13 扰乱后的数据的前 28 位赋给 A_0,其后 28 位赋给 B_0。

Step 3. $i=0$。

Step 4. 如果 $i=0,1,8$ 或 15,则 $LS_i=1$;否则,$LS_i=2$。

Step 5. 将 A_i 循环左移 LS_i 位得到 A_{i+1},同时,将 B_i 循环左移 LS_i 位得到 B_{i+1}。

Step 6. 将 A_{i+1} 与 B_{i+1} 连接成 56 位,各位的位置重新顺序编号,从 1 至 56。然后,经过扰乱方式 PC-2 的扰乱后,得到子密钥 K_{i+1}。扰乱方式 PC-2 见表 2-14。

表 2-14　扰乱方式 PC-2

14	17	11	24	1	5
3	28	15	6	21	10
23	19	12	4	26	8
16	7	27	20	13	2
41	52	31	37	47	55
30	40	51	45	33	48
44	49	39	56	34	53
46	42	50	36	29	32

表 2-14 表示连接 A_{i+1} 与 B_{i+1} 得到的 56 位长的数据中,第 14 位作为子密钥 K_{i+1} 的第 1 位,第 17 位作为子密钥 K_{i+1} 的第 2 位,按表 2-14 推理下去,第 32 位作为子密钥 K_{i+1} 的第 48 位。

Step 7. $i=i+1$。如果 $i=16$,则结束;否则,跳转到 Step 4。

2.1.2　DES 解密算法

DES 解密算法是 DES 加密算法的逆过程。仔细研究图 2-4 会发现,图 2-4 左半部分正向和逆向过程在形式上是相同的。因此,只把子密钥序列逆序输入就可以得到 DES 解密过程,即先使用子密钥 K_{16},再使用子密钥 K_{15},以此类推,最后使用子密钥 K_1。所以,可以先执行密钥发生器,由输入密钥 key 预先准备好全部的 16 个子密钥,这样,只需要逆序输入各个子密钥就可以实现 DES 解密过程。

另一种方法是直接逆序产生子密钥。仔细观察图 2-4 的右半部分,由于 16 次循环次数 $LS_0+LS_1+LS_2+\cdots+LS_{15}=28$,即全部循环结束后的 $A_{16}=A_0$,$B_{16}=B_0$。因此,可以直接由 A_0、B_0 得到 A_{16} 和 B_{16},然后,再进行相同次数的循环右移就可以得到 A_i、B_i,$i=15$,$14,\cdots,3,2,1$,这一过程如图 2-6 的右半部分所示。

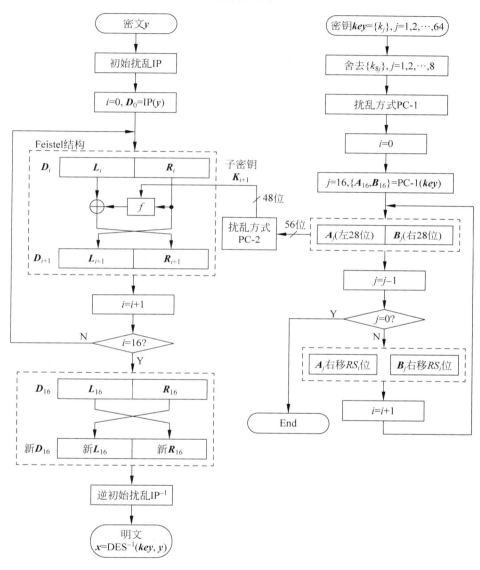

图 2-6　DES 解密算法

在图 2-6 中引入了两个循环控制变量 i 和 j,这样使得输入的子密钥的索引号(用 i 索引)仍然是顺序的(即从 1 至 16),这样编号是为了程序设计的方便。此外,在图 2-6 右半部分的子密钥发生器中,16 次循环体内均使用了向右循环移位,循环移动的位数用 $RS_i(i=0,1,2,\cdots,15)$ 表示。这里,当 $i=0,7$ 和 14 时,$RS_i=1$,其余情况下,$RS_i=2$。仔细对比图 2-4 和图 2-6 可知,图 2-6 是图 2-4 的逆过程。

2.2　TDES 算法

经过长期的实践应用,现在公认在安全性方面 DES 算法的唯一缺点是密钥太短,从而密钥空间太小,不能有效地对抗穷举攻击,特别是计算机高速发展的今天,56 位长的密钥使得 DES 已经不具备保密性了。一种常用的扩展 DES 密钥的方法是使用 3 个 DES 的串联,如图 2-7 所示。

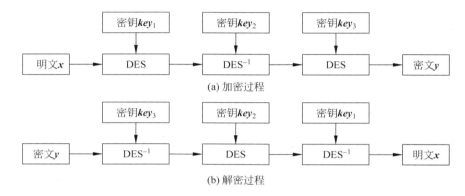

图 2-7　TDES 结构框图

图 2-7(a)中使用了 2 个 DES 加密过程和 1 个 DES 解密过程,完成 TDES 加密,即

$$y = \text{TDES}(key_1, key_2, key_3, x) = \text{DES}(key_3, \text{DES}^{-1}(key_2, \text{DES}(key_1, x))) \quad (2\text{-}11)$$

图 2-7(b)是 TDES 的解密过程,是图 2-7(a)的逆过程,即

$$x = \text{TDES}^{-1}(key_1, key_2, key_3, y) = \text{DES}^{-1}(key_1, \text{DES}(key_2, \text{DES}^{-1}(key_3, x))) \quad (2\text{-}12)$$

图 2-7 的优势在于当 $key_1 = key_2 = key_3 = key$ 时,相当于只使用一次 DES,这样可以兼容使用 DES 算法的陈旧设备。由于图 2-7 中使用了 3 个 DES,所以常被称为 TDES(Triple DES)或 3DES,或 TDEA(Triple Data Encryption Algorithm),本书中使用 TDES 这一说法。

由图 2-7 可知,TDES 具有 3 个 56 位的密钥,从而总的密钥长度达到 168 位,可以有效地对抗穷举攻击。

2.2.1　TDES 图像密码系统

TDES 的输入为 64 位(8B)的数据,输出也是 64 位(8B)的数据,数据间是按位异或(或称模 2 加)运算,特别适合于借助 FPGA 或 ARM 微处理器实现。TDES 用于图像加密时,需要将图像分割为 8B 一组的小数据块序列,如果图像不能实现整数分割,即灰度图像的像素点个数除以 8 的商不是整数,则在最后一组填充 0,以达到 8B。一般地,常使用密码分组链接(CBC)方式对图像的各个小数据块进行加密,如图 2-8 所示。

参考图 2-8(a),TDES 工作在 CBC 模式下加密数字图像的步骤如下。

Step 1. 设明文图像 P 的大小为 $M \times N$,不妨假设 8 能整除 MN,令 $n = MN/8$,将 P 逐行展开成一维行向量,然后,每 8B 一组,划分为 n 组,即 $\{P_i, i = 1, 2, \cdots, n\}$。

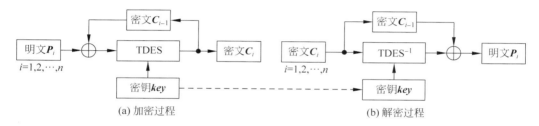

图 2-8　TDES 工作在 CBC 模式下的灰度图像密码系统

Step 2. 按 i 取 $1,2,\cdots,n$ 依次对于 P_i，经 TDES 加密后得到相应的密文块，记为 C_i，即

$$C_i = \text{TDES}(key, P_i \oplus C_{i-1}), \quad i = 1,2,\cdots,n \quad (2\text{-}13)$$

其中，C_0 可取任意 64 位的公开的常数，这里取 $C_0 = 0x0000\ 0000\ 0000\ 0000$。密钥 key 为 168 位，由图 2-7 中的 key_1、key_2 和 key_3 组成。

Step 3. 将 $\{C_i, i=1,2,\cdots,n\}$ 逐行填充为 $M \times N$ 的图像 C，C 为密文图像。

结合图 2-8(b)可知，图像解密过程是加密过程的逆过程，可借助式(2-14)由 C_i 还原出 P_i，即

$$P_i = \text{TDES}^{-1}(key, C_i) \oplus C_{i-1}, \quad i = 1,2,\cdots,n \quad (2\text{-}14)$$

$C_0 = 0x0000\ 0000\ 0000\ 0000$。

加密方通过"私有信道"与合法的收信方共享密钥 key，而通过公共信道将 C_0 和密文 C 传递到收信方，收信方借助密钥和解密算法即可还原原始图像。下面 3 个小节将依次使用 MATLAB、C 和 C♯ 编写 TDES 应用于灰度图像的加密算法，同时，考虑到 DES 的解密算法与加密算法相同（但子密钥输入顺序相反），为了节省篇幅，C 语言工程和 C♯ 工程分别在 MyCPFrame 工程和 MyCSFrame 工程的基础上仅介绍新添加的代码。

2.2.2　TDES MATLAB 程序

下面首先给出 DES 加密算法的 MATLAB 函数 myDES.m 和测试程序 pc002.m。由于 DES 解密算法的 MATLAB 函数 myDESinv.m 是在 myDES 的基础上倒置 16 个子密钥的输入顺序得到的，故这里不再赘述其代码。

【程序 2-1】　DES 加密函数 myDES.m。

```
1    function [y] = myDES(key, x)
2    % 密钥生成
3    k = zeros(1, 64);
4    K = zeros(16, 48);
5    for i = 1:8
6        for j = 1:8
7            k((i - 1) * 8 + j) = mod(floor(key(i)/pow2(8 - j)), 2);
8        end
9    end
10   A = k([57,49,41,33,25,17,9,1,58,50,42,34,26,18,10,2,59,51,43, ...
11       35,27,19,11,3,60,52,44,36]);
12   B = k([63,55,47,39,31,23,15,7,62,54,46,38,30,22,14,6,61,53, ...
13       45,37,29,21,13,5,28,20,12,4]);
14   for i = 1:16
```

```matlab
15          if (i == 1) || (i == 2) || (i == 9) || (i == 16)
16              LS = 1;
17          else
18              LS = 2;
19          end
20          A = [A(1 + LS:end), A(1:LS)];
21          B = [B(1 + LS:end), B(1:LS)];
22          AB = [A, B];
23          K(i, :) = AB([14,17,11,24,1,5,3,28,15,6,21,10,23,19,12,4,26,8, …
24                  16,7,27,20,13,2,41,52,31,37,47,55,30,40,51,45,33,48, …
25                  44,49,39,56,34,53,46,42,50,36,29,32]);
26      end
27      % 加密过程
28      xp = zeros(1,64);        % 输入数据
29      for i = 1:8
30          for j = 1:8
31              xp((i-1) * 8 + j) = mod(floor(x(i)/pow2(8 - j)),2);
32          end
33      end
34      xp = xp([58,50,42,34,26,18,10,2,60,52,44,36,28,20,12,4, …
35              62,54,46,38,30,22,14,6,64,56,48,40,32,24,16,8, …
36              57,49,41,33,25,17,9,1,59,51,43,35,27,19,11,3, …
37              61,53,45,37,29,21,13,5,63,55,47,39,31,23,15,7]);
38      L = xp(1:32);
39      R = xp(33:64);
40      for i = 1:16
41          [L,R] = myFeistel(L,R,K(i,:));
42      end
43      yp = [R,L];
44      yp = yp([40,8,48,16,56,24,64,32,39,7,47,15,55,23,63,31, …
45              38,6,46,14,54,22,62,30,37,5,45,13,53,21,61,29, …
46              36,4,44,12,52,20,60,28,35,3,43,11,51,19,59,27, …
47              34,2,42,10,50,18,58,26,33,1,41,9,49,17,57,25]);
48      y = zeros(1,8);        % 输出
49      for i = 1:8
50          for j = 1:8
51              y(i) = y(i) + yp((i-1) * 8 + j) * pow2(8 - j);
52          end
53      end
54      function [L2,R2] = myFeistel(L1,R1,Key)
55          S1 = [14,4,13,1,2,15,11,8,3,10,6,12,5,9,0,7
56                  0,15,7,4,14,2,13,1,10,6,12,11,9,5,3,8
57                  4,1,14,8,13,6,2,11,15,12,9,7,3,10,5,0
58                  15,12,8,2,4,9,1,7,5,11,3,14,10,0,6,13];
59          S2 = [15,1,8,14,6,11,3,4,9,7,2,13,12,0,5,10
60                  3,13,4,7,15,2,8,14,12,0,1,10,6,9,11,5
61                  0,14,7,11,10,4,13,1,5,8,12,6,9,3,2,15
62                  13,8,10,1,3,15,4,2,11,6,7,12,0,5,14,9];
63          S3 = [10,0,9,14,6,3,15,5,1,13,12,7,11,4,2,8
64                  13,7,0,9,3,4,6,10,2,8,5,14,12,11,15,1
65                  13,6,4,9,8,15,3,0,11,1,2,12,5,10,14,7
```

```
66                    1,10,13,0,6,9,8,7,4,15,14,3,11,5,2,12];
67              S4 = [7,13,14,3,0,6,9,10,1,2,8,5,11,12,4,15
68                    13,8,11,5,6,15,0,3,4,7,2,12,1,10,14,9
69                    10,6,9,0,12,11,7,13,15,1,3,14,5,2,8,4
70                    3,15,0,6,10,1,13,8,9,4,5,11,12,7,2,14];
71              S5 = [2,12,4,1,7,10,11,6,8,5,3,15,13,0,14,9
72                    14,11,2,12,4,7,13,1,5,0,15,10,3,9,8,6
73                    4,2,1,11,10,13,7,8,15,9,12,5,6,3,0,14
74                    11,8,12,7,1,14,2,13,6,15,0,9,10,4,5,3];
75              S6 = [12,1,10,15,9,2,6,8,0,13,3,4,14,7,5,11
76                    10,15,4,2,7,12,9,5,6,1,13,14,0,11,3,8
77                    9,14,15,5,2,8,12,3,7,0,4,10,1,13,11,6
78                    4,3,2,12,9,5,15,10,11,14,1,7,6,0,8,13];
79              S7 = [4,11,2,14,15,0,8,13,3,12,9,7,5,10,6,1
80                    13,0,11,7,4,9,1,10,14,3,5,12,2,15,8,6
81                    1,4,11,13,12,3,7,14,10,15,6,8,0,5,9,2
82                    6,11,13,8,1,4,10,7,9,5,0,15,14,2,3,12];
83              S8 = [13,2,8,4,6,15,11,1,10,9,3,14,5,0,12,7
84                    1,15,13,8,10,3,7,4,12,5,6,11,0,14,9,2
85                    7,11,4,1,9,12,14,2,0,6,10,13,15,3,5,8
86                    2,1,14,7,4,10,8,13,15,12,9,0,3,5,6,11];
87              L2 = R1;
88              RE = [R1(32) R1(1:5) R1(4:9) R1(8:13) R1(12:17) ···
89                    R1(16:21) R1(20:25) R1(24:29) R1(28:32) R1(1)];
90              RK = bitxor(RE,Key);
91              S = zeros(4,16,8);
92              S(:,:,1) = S1;
93              S(:,:,2) = S2;
94              S(:,:,3) = S3;
95              S(:,:,4) = S4;
96              S(:,:,5) = S5;
97              S(:,:,6) = S6;
98              S(:,:,7) = S7;
99              S(:,:,8) = S8;
100             FK = zeros(1,8);
101             for i1 = 1:8
102                 r = RK(6 * (i1 - 1) + 1) * 2 + RK(6 * (i1 - 1) + 6) + 1;
103                 c = RK(6 * (i1 - 1) + 2) * 8 + RK(6 * (i1 - 1) + 3) * 4 + ···
104                     RK(6 * (i1 - 1) + 4) * 2 + RK(6 * (i1 - 1) + 5) + 1;
105                 FK(i1) = S(r,c,i1);
106             end
107             FKB = zeros(1,32);
108             for i1 = 1:8
109                 for j1 = 1:4
110                     FKB(4 * (i1 - 1) + j1) = mod(floor(FK(i1)/pow2(4 - j1)),2);
111                 end
112             end
113             FKR = FKB([16,7,20,21,29,12,28,17,1,15,23,26,5,18,31,10, ···
114                 2,8,24,14,32,27,3,9,19,13,30,6,22,11,4,25]);
115             R2 = bitxor(FKR,L1);
116         end
117     end
```

程序 2-1 中,第 3～26 行用于产生子密钥,保存在二维数组 K 中,K 的第 i 行对应子密钥 K_i(图 2-4),$i=1,2,\cdots,16$。第 28～53 行为 DES 的加密过程。对于 DES 的解密函数 myDESinv 而言,除了将第 41 行改为[L,R]=myFeistel(L,R,K(16-i+1,:));外,其余代码与 myDES 完全相同。第 54～116 行为 Feistel 结构的实现函数。

【程序 2-2】 DES 测试程序 pc002.m。

```
1    % filename:pc002.m
2    clear; clc; close all;
3    % key = [0,0,0,0, 0,0,0,0];
4    % x = [0,0,0,0, 0,0,0,0];
5    key = [ hex2dec('0f'),hex2dec('15'),hex2dec('71'),hex2dec('c9'),hex2dec('47'),…
6            hex2dec('d9'),hex2dec('e8'),hex2dec('59') ];
7    x = [ hex2dec('02'),hex2dec('46'),hex2dec('8a'),hex2dec('ce'),hex2dec('ec'),…
8          hex2dec('a8'),hex2dec('64'),hex2dec('20')];
9    disp('Original text:');
10   disp(dec2hex(x));
11   disp('Encryption result:');
12   y1 = myDES(key,x);
13   y2 = dec2hex(y1);
14   disp(y2);
15   disp('Decryption result');
16   x1 = myDESinv(key,y1);
17   x2 = dec2hex(x1);
18   disp(x2);
```

程序 2-2 中,第 5～6 行为 64 位的输入密钥 key,第 7～8 行为 64 位的输入文本 x。第 10 行显示原始的输入文本 x(以十六进制方式),第 12 行调用 myDES 函数加密 x 得到密文 y1,第 13 行将 y1 转化为十六进制形式 y2,第 14 行输出 y2;第 16 行调用 myDESinv 函数解密 y1 得到还原后的文本 x1,第 17 行将 x1 转化为十六进制形式 x2,第 18 行输出 x2。

使用程序 2-2 测试的一组数组见表 2-15。

表 2-15 DES 测试结果(十六进制形式)

序号	密　　钥	明　　文	密　　文
1	00 00 00 00 00 00 00 00	00 00 00 00 00 00 00 00	8C A6 AD E9 C1 B1 23 A7
2	0F 15 71 C9 47 D9 E8 59	02 46 8A CE EC A8 64 20	DA 02 CE 3A 89 EC AC 3B
3	D3 61 F5 AD B3 CF E0 5C	67 B0 28 E9 63 F5 42 8A	9E 26 6A A7 86 85 6E D1
4	79 C5 F2 7A 9D 65 2B 7B	83 99 07 52 9A AF 94 3E	1F 74 E1 EB 7D 4F 33 42
5	D1 CD CB 2A 24 62 1E 58	23 E7 E7 0F 4C 21 67 3F	42 E6 76 E0 DE 59 4B 06
6	FF FF FF FF FF FF FF FF	FF FF FF FF FF FF FF FF	73 59 B2 16 3E 4E DC 58

备注:表 2-15 中的第 2 行测试文本引用自 W. Stallings 的 *Cryptography and Network Security：Principles and Practice*,*Sixth Edition*。

在上述 DES 加密算法的基础上,下面结合第 2.2.1 节设计 TDES 图像加密算法的函数,如程序 2-3 所示。为了叙述方便,这里仅对 256×256 像素大小的灰度图像进行加密与解密处理,而对于像素点总个数不能被 8 整除的图像,需要对其进行像素点填补(例如,补 255 或补 0 等),使得填补后的图像像素点总个数能被 8 整除,然后才能进行 TDES 解密处理。

【程序 2-3】 TDES 图像加密算法 myTDES.m。

```
1      function [C] = myTDES(key, P)
2      [M, N] = size(P);
3      P1 = transpose(P);
4      P2 = transpose(P1(:));
5      x = zeros(M * N/8, 8);
6      for i = 1:M * N/8
7          x(i, :) = P2(8 * (i - 1) + 1:8 * (i - 1) + 8);
8      end
9      C1 = zeros(M * N/8, 8);
10     for i = 1:M * N/8
11         if i == 1
12             C1(i, :) = myDES(key, x(i, :));
13         else
14             C1(i, :) = myDES(key, bitxor(C1(i - 1, :), x(i, :)));
15         end
16     end
17     C2 = zeros(1, M * N);
18     for i = 1:M * N/8
19         C2(8 * (i - 1) + 1:8 * (i - 1) + 8) = C1(i, :);
20     end
21     C = reshape(C2, N, M);
22     C = transpose(C);
23     end
```

程序 2-3 中，第 2 行获得明文图像 P 的大小，这里要求 M×N 能被 8 整除，然后，第 3～8 行将程序 P 按行展成一行，按 8 个像素点一组，分成 M×N/8 组，保存在二维数组 x 中。第 9～16 行按图 2-8(a)所示方法加密 x，得到密文分组 C1。第 17～22 行将密文分组 C1 连接成一行，然后按行填充得到 M 行 N 列的矩阵 C，C 即所求的密文图像。

【程序 2-4】 TDES 图像解密算法 myTDESinv.m。

```
1      function [P] = myTDESinv(key, C)
2      [M, N] = size(C);
3      C1 = transpose(C);
4      C2 = transpose(C1(:));
5      x = zeros(M * N/8, 8);
6      for i = 1:M * N/8
7          x(i, :) = C2(8 * (i - 1) + 1:8 * (i - 1) + 8);
8      end
9      P1 = zeros(M * N/8, 8);
10     for i = 1:M * N/8
11         if i == 1
12             P1(i, :) = myDESinv(key, x(i, :));
13         else
14             P1(i, :) = bitxor(myDESinv(key, x(i, :)), x(i - 1, :));
15         end
16     end
17     P2 = zeros(1, M * N);
18     for i = 1:M * N/8
19         P2(8 * (i - 1) + 1:8 * (i - 1) + 8) = P1(i, :);
20     end
21     P = reshape(P2, N, M);
```

```
22      P = transpose(P);
23      end
```

程序 2-4 为 TDES 的图像解密算法,工作原理如图 2-8(b)所示。

【程序 2-5】 TDES 加密与解密图像测试算法 pc003.m。

```
1       % filename:pc003.m
2       clear; clc; close all;
3       key = mod(floor(rand(1,8) * 10000),256);
4       P = imread('Lena.tif');
5       P = double(P);
6       tic;
7       C = myTDES(key,P);
8       toc;
9       figure(1);
10      imshow(uint8(C));
11      tic;
12      Pd = myTDESinv(key,C);
13      toc;
14      figure(2);
15      imshow(uint8(Pd));
```

程序 2-5 测试了 Lena 图像(第 4 行输入 Lena 图像),第 7 行调用 myTDES 得到图像 P 的密文图像 C,第 9~10 行显示密文图像 C,第 12 行调用 myTDESinv 解密密文图像 C 得到还原后的图像 Pd,第 14~15 行显示还原后的图像 Pd。

使用程序 2-5 测试了图 1-1 中的全部明文图像,为了节省篇幅,这里仅给出图 1-1(a)、(e)、(f)的测试结果,如图 2-9 所示。图 2-9 中的密钥使用了 key=[125,75,220,190,88,246,195,78];,即用该语句替换程序 2-5 中的第 3 行。测试全黑图像或全白图像时,使用 P=zeros(256,256);或 P=ones(256,256) * 255;替换程序 2-5 中的第 4~5 行。

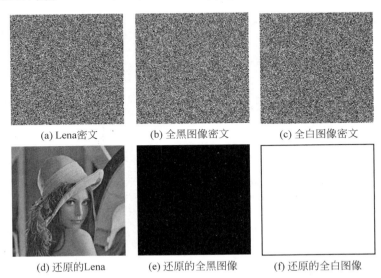

| (a) Lena密文 | (b) 全黑图像密文 | (c) 全白图像密文 |
| (d) 还原的Lena | (e) 还原的全黑图像 | (f) 还原的全白图像 |

图 2-9 TDES 加密与解密图像实例结果

图 2-9(a)~(c)依次为 Lena、全黑图像和全白图像的密文图像,图 2-9(d)~(f)依次为解密图 2-9(a)~(c)后的图像,与原始图像完全相同。在没有对 MATLAB 代码进行优化的条件下,MATLAB 执行 TDES 加密 256×256 像素大小的灰度图像所需的时间约为 7.5011s,解密相同大小的图像所需的时间约为 8.5629s。需要特别说明的是,因为 MATLAB 代码是解释方式执行的,一般地,MATLAB 下的加密与解密算法的执行时间仅用作算法复杂度的分析,加密与解密算法的执行速度需要借助 C 或 C♯语言程序评定。

2.2.3 TDES C 程序

这里在第 1.2.3 节介绍的 C 工程 myCPFrame 基础上,修改 main.c、algr.h 和 algr.c 文件实现 TDES 加密与解密数字图像的功能,因此,下文仅给出 main.c、algr.h 和 algr.c 文件的 C 代码,并简要做了分析,供钟爱使用 C 语言研究密码学的读者参考。C 语言是评价密码算法性能最好的语言之一。

【**程序 2-6**】 algr.h 头文件。

```
1    //filename: algr.h
2    # ifndef _ALGR_H_
3    # define _ALGR_H_
4
5    # include "zlxdatatype.h"
6
7    void zyEnc(Int08U * P,Int08U * C,Int08U * K,Int32U M,Int32U N);
8    void zyDec(Int08U * R,Int08U * C,Int08U * K,Int32U M,Int32U N);
9
10   # endif / *  _ZLXAES_H_  * /
```

第 7~8 行依次声明了加密函数和解密函数,4 个参数的含义分别为原始明文图像 P/解密的图像 R、密文图像 C、加密或解密密钥 K、图像的行数 M 和图像的列数 N。

【**程序 2-7**】 algr.c 文件。

```
1    //filename:algr.c
2    # include "includes.h"
3
4    Int08U S[8][4][16] = {{{14,4,13,1,2,15,11,8,3,10,6,12,5,9,0,7},
5        {0,15,7,4,14,2,13,1,10,6,12,11,9,5,3,8},{4,1,14,8,13,6,2,11,15,12,9,7,3,10,5,0},
6        {15,12,8,2,4,9,1,7,5,11,3,14,10,0,6,13}},
7        {{15,1,8,14,6,11,3,4,9,7,2,13,12,0,5,10},{3,13,4,7,15,2,8,14,12,0,1,10,6,9,11,5},
8        {0,14,7,11,10,4,13,1,5,8,12,6,9,3,2,15},{13,8,10,1,3,15,4,2,11,6,7,12,0,5,14,9}},
9        {{10,0,9,14,6,3,15,5,1,13,12,7,11,4,2,8},{13,7,0,9,3,4,6,10,2,8,5,14,12,11,15,1},
10       {13,6,4,9,8,15,3,0,11,1,2,12,5,10,14,7},{1,10,13,0,6,9,8,7,4,15,14,3,11,5,2,12}},
11       {{7,13,14,3,0,6,9,10,1,2,8,5,11,12,4,15},{13,8,11,5,6,15,0,3,4,7,2,12,1,10,14,9},
12       {10,6,9,0,12,11,7,13,15,1,3,14,5,2,8,4},{3,15,0,6,10,1,13,8,9,4,5,11,12,7,2,14}},
13       {{2,12,4,1,7,10,11,6,8,5,3,15,13,0,14,9},{14,11,2,12,4,7,13,1,5,0,15,10,3,9,8,6},
14       {4,2,1,11,10,13,7,8,15,9,12,5,6,3,0,14},{11,8,12,7,1,14,2,13,6,15,0,9,10,4,5,3}},
15       {{12,1,10,15,9,2,6,8,0,13,3,4,14,7,5,11},{10,15,4,2,7,12,9,5,6,1,13,14,0,11,3,8},
16       {9,14,15,5,2,8,12,3,7,0,4,10,1,13,11,6},{4,3,2,12,9,5,15,10,11,14,1,7,6,0,8,13}},
17       {{4,11,2,14,15,0,8,13,3,12,9,7,5,10,6,1},{13,0,11,7,4,9,1,10,14,3,5,12,2,15,8,6},
18       {1,4,11,13,12,3,7,14,10,15,6,8,0,5,9,2},{6,11,13,8,1,4,10,7,9,5,0,15,14,2,3,12}},
```

```
19          {{13,2,8,4,6,15,11,1,10,9,3,14,5,0,12,7},{1,15,13,8,10,3,7,4,12,5,6,11,0,14,9,2},
20          {7,11,4,1,9,12,14,2,0,6,10,13,15,3,5,8},{2,1,14,7,4,10,8,13,15,12,9,0,3,5,6,11}}};
21
22      void MyFeistel(Int08U * L2, Int08U * R2, Int08U * L1, Int08U * R1, Int08U * Key)
23      {
24          Int08U i,j;
25          for(i = 0;i < 32;i++)
26              L2[i] = R1[i];
27          Int08U RE[48],RK[48];
28          for(i = 0;i < 8;i++)
29              for(j = 0;j < 6;j++)
30                  RE[6 * i + j] = R1[(4 * i - 1 + j + 32) % 32];
31          for(i = 0;i < 48;i++)
32              RK[i] = RE[i] ^ Key[i];
33          Int08U r,c;
34          Int08U FK[8];
35          for(i = 0;i < 8;i++)
36          {
37              r = (RK[6 * i]<< 1) + RK[6 * i + 5];
38              c = (RK[6 * i + 1]<< 3) + (RK[6 * i + 2]<< 2) + (RK[6 * i + 3]<< 1) + RK[6 * i + 4];
39              FK[i] = S[i][r][c];
40          }
41          Int08U FKB[32];
42          for(i = 0;i < 8;i++)
43              for(j = 0;j < 4;j++)
44                  FKB[4 * i + j] = (FK[i] & (1 <<(4 - j - 1)))>>(4 - j - 1);
45          Int08U P[32] = {16,7,20,21,29,12,28,17,1,15,23,26,5,18,31,10,
46                  2,8,24,14,32,27,3,9,19,13,30,6,22,11,4,25};
47          Int08U FKR[32];
48          for(i = 0;i < 32;i++)
49          {
50              FKR[i] = FKB[P[i] - 1];
51              R2[i] = FKR[i] ^ L1[i];
52          }
53      }
54      void MyDES(Int08U * y, Int08U * x, Int08U * key)
55      {
56          Int08U k[64],K[16][48],A[28],B[28],AB[56];
57          Int08U PC_1[56] = {57,49,41,33,25,17,9,1,58,50,42,34,26,18,10,2,59,51,43,
58                  35,27,19,11,3,60,52,44,36,63,55,47,39,31,23,15,7,62,54,46,38,30,22,14,
59                  6,61,53,45,37,29,21,13,5,28,20,12,4};
60          Int08U PC_2[48] = {14,17,11,24,1,5,3,28,15,6,21,10,23,19,12,4,26,8,16,7,27,20,
61                  13,2,41,52,31,37,47,55,30,40,51,45,33,48,44,49,39,56,34,53,46,42,50,36,29,32};
62          Int08U xp[64],yp[64],ypr[64];
63          Int08U L[32],R[32], L2[32],R2[32];
64          Int08U IP[64] = {58,50,42,34,26,18,10,2,60,52,44,36,28,20,12,4,
65                  62,54,46,38,30,22,14,6,64,56,48,40,32,24,16,8,
66                  57,49,41,33,25,17,9,1,59,51,43,35,27,19,11,3,
67                  61,53,45,37,29,21,13,5,63,55,47,39,31,23,15,7};
68          Int08U IP_1[64] = {40,8,48,16,56,24,64,32,39,7,47,15,55,23,63,31,
69                  38,6,46,14,54,22,62,30,37,5,45,13,53,21,61,29,
```

```
70              36,4,44,12,52,20,60,28,35,3,43,11,51,19,59,27,
71              34,2,42,10,50,18,58,26,33,1,41,9,49,17,57,25};
72      //密钥生成
73      Int08U i,j,LS;
74      for(i = 0;i < 8;i++)
75          for(j = 0;j < 8;j++)
76              k[8 * i + j] = (key[i] & (1u << (8 - j - 1)))>>(8 - j - 1);
77      for(i = 0;i < 28;i++)
78      {
79          A[i] = k[PC_1[i] - 1];   B[i] = k[PC_1[28 + i] - 1];
80      }
81      for(i = 0;i < 16;i++)
82      {
83          if((i == 0) || (i == 1) || (i == 8) || (i == 15))
84              LS = 1;
85          else
86              LS = 2;
87          for(j = 0;j < 28;j++)
88          {
89              AB[j] = A[(j + LS) % 28];   AB[28 + j] = B[(j + LS) % 28];
90          }
91          for(j = 0;j < 48;j++)
92              K[i][j] = AB[PC_2[j] - 1];
93          for(j = 0;j < 28;j++)
94          {
95              A[j] = AB[j];B[j] = AB[j + 28];
96          }
97      }
98      //加密过程
99      for(i = 0;i < 8;i++)
100         for(j = 0;j < 8;j++)
101             xp[8 * i + j] = (x[i] & (1 << (8 - j - 1)))>>(8 - j - 1);
102     for(i = 0;i < 32;i++)
103     {
104         L[i] = xp[IP[i] - 1];   R[i] = xp[IP[i + 32] - 1];
105     }
106     for(i = 0;i < 16;i++)
107     {
108         MyFeistel(&L2[0],&R2[0],&L[0],&R[0],&K[i][0]);
109         for(j = 0;j < 32;j++)
110         {
111             L[j] = L2[j];   R[j] = R2[j];
112         }
113     }
114     for(i = 0;i < 32;i++)
115     {
116         yp[i] = R[i];   yp[i + 32] = L[i];
117     }
118     for(i = 0;i < 64;i++)
119         ypr[i] = yp[IP_1[i] - 1];
120     for(i = 0;i < 8;i++)
```

```
121        {
122            y[i] = 0;
123            for(j = 0;j < 8;j++)
124            {
125                y[i] = y[i] + (ypr[8 * i + j]<<(8 - j - 1));
126            }
127        }
128    }
129    void MyDESInv(Int08U * y, Int08U * x, Int08U * key)
130    {
```

第 131～182 行代码与第 56～107 行代码完全相同。

```
183            MyFeistel(&L2[0],&R2[0],&L[0],&R[0],&K[16 - i - 1][0]);
```

第 184～202 行代码与第 109～127 行代码完全相同。

```
203    }
204    void zyEnc(Int08U * P,Int08U * C,Int08U * K,Int32U M,Int32U N)
205    {
206        Int32U i,j;
207        Int08U x[8],y[8];
208        for(i = 0;i < M * N/8;i++)
209        {
210            for(j = 0;j < 8;j++)
211                x[j] = P[8 * i + j];
212            if(i == 0)
213                MyDES(&y[0], &x[0], &K[0]);
214            else
215            {
216                for(j = 0;j < 8;j++)
217                    x[j] = x[j] ^ y[j];
218                MyDES(&y[0], &x[0], &K[0]);
219            }
220            for(j = 0;j < 8;j++)
221                C[8 * i + j] = y[j];
222        }
223    }
224
225    void zyDec(Int08U * R,Int08U * C,Int08U * K,Int32U M,Int32U N)
226    {
227        Int32U i,j;
228        Int08U x[8],y[8],xr[8];
229        for(i = 0;i < M * N/8;i++)
230        {
231            for(j = 0;j < 8;j++)
232                x[j] = C[8 * i + j];
233            if(i == 0)
234            {
235                MyDESInv(&y[0], &x[0], &K[0]);
236                for(j = 0;j < 8;j++)
237                    xr[j] = x[j];
238            }
239            else
```

```
240              {
241                  MyDESInv(&y[0], &x[0], &K[0]);
242                  for(j = 0;j < 8;j++)
243                  {
244                      y[j] = y[j] ^ xr[j]; xr[j] = x[j];
245                  }
246              }
247              for(j = 0;j < 8;j++)
248                  R[8 * i + j] = y[j];
249          }
250      }
```

程序 2-7 中,第 4~20 行定义了 S 盒,变量名为 S。第 22~53 行为 Feistel 结构的实现函数 MyFeistel,输入为 L1、R1 和密钥 key,输出为 L2 和 R2,参考图 2-4 中的 Feistel 结构。第 54~128 行为 DES 加密算法的实现函数 MyDES,输入为 8 个字节的文本 x 和 8 个字节的密钥 key,输出为 8 个字节的密文 y,具体算法请参考 MATLAB 函数 myDES.m。第 129~203 行为 DES 解密算法的实现函数 MyDESInv,除了第 183 行外,该函数的其余代码与 MyDES 完全相同。

第 204~223 行为 DES 加密图像的函数 zyEnc,输入为明文图像 P、密钥 K、图像的行数 M 和列数 N,输出为密文图像 C。第 225~250 行为 DES 解密图像的函数 zyDec,输入为密文图像 C、密钥 K、图像的行数 M 和列数 N,输出为解密的图像 R。

【程序 2-8】 main.c 文件。

```
1    //filename: main.c
2    # include "includes.h"
3
4    # define  H  256
5    # define  W  256
6
7    clock_t st,et;
8    Int08U P[H][W];                    //明文图像
9    Int08U C[H][W];                    //加密图像
10   Int08U R[H][W];                    //复原图像
11   Int08U K[8] = {125,75,220,190,88,246,195,78};
12
13   int main(void)
14   {
15       imReadFile("glena256x256.dat",&P[0][0],H,W);
16       //加密
17       st = clock();
18       zyEnc(&P[0][0],&C[0][0],&K[0],H,W);
19       et = clock();
20       printf("%.5lf sec.\n",(double)(et - st)/CLOCKS_PER_SEC);
21       imWriteFile("MyCipher.txt",&C[0][0],H,W);
22       //解密
23       st = clock();
24       zyDec(&R[0][0],&C[0][0],&K[0],H,W);
25       et = clock();
26       printf("%.5lf sec.\n",(double)(et - st)/CLOCKS_PER_SEC);
```

```
27          imWriteFile("MyRecover.txt",&R[0][0],H,W);
28          return 0;
29      }
```

程序 2-8 中,第 4、5 行宏定义图像的行数 H 和列数 W 均为 256。第 11 行定义密钥 K。第 18 行调用 zyEnc 函数加密图像 P 得到密文图像 C;第 24 行调用 zyDec 函数解密密文图像 C 得到还原后的图像 R。

借助上述代码测试了 TDES 加密与解密图像的速度,使用了第 1 章图 1-1 中的各个图像,加密与解密时间约相等,均约为 0.297s。图像的加密与解密效果如图 2-9 所示。

2.2.4　TDES C♯程序

在第 1.2.4 节的项目 MyCSFrame 基础上,添加一个新类 MyTDES(文件 MyTDES.cs),然后修改 MainForm.cs 文件,得到 C♯语言的 TDES 图像加密与解密算法工程。

【程序 2-9】　MyTDES.cs 文件。

```
1      //Filename: MyTDES.cs
2      using System;
3
4      namespace MyCSFrame
5      {
6          class MyTDES
7          {
8              private readonly int M = 256, N = 256;
9              private readonly byte[,,] S = new byte[8,4,16] {{{14,4,13,1,2,15,11,8,3,10,6,12,5,9,0,7},
10             {0,15,7,4,14,2,13,1,10,6,12,11,9,5,3,8},{4,1,14,8,13,6,2,11,15,12,9,7,3,10,5,0},
11             {15,12,8,2,4,9,1,7,5,11,3,14,10,0,6,13}},
12             {{15,1,8,14,6,11,3,4,9,7,2,13,12,0,5,10},{3,13,4,7,15,2,8,14,12,0,1,10,6,9,11,5},
13             {0,14,7,11,10,4,13,1,5,8,12,6,9,3,2,15},{13,8,10,1,3,15,4,2,11,6,7,12,0,5,14,9}},
14             {{10,0,9,14,6,3,15,5,1,13,12,7,11,4,2,8},{13,7,0,9,3,4,6,10,2,8,5,14,12,11,15,1},
15             {13,6,4,9,8,15,3,0,11,1,2,12,5,10,14,7},{1,10,13,0,6,9,8,7,4,15,14,3,11,5,2,12}},
16             {{7,13,14,3,0,6,9,10,1,2,8,5,11,12,4,15},{13,8,11,5,6,15,0,3,4,7,2,12,1,10,14,9},
17             {10,6,9,0,12,11,7,13,15,1,3,14,5,2,8,4}, {3,15,0,6,10,1,13,8,9,4,5,11,12,7,2,14}},
18             {{2,12,4,1,7,10,11,6,8,5,3,15,13,0,14,9},{14,11,2,12,4,7,13,1,5,0,15,10,3,9,8,6},
19             {4,2,1,11,10,13,7,8,15,9,12,5,6,3,0,14}, {11,8,12,7,1,14,2,13,6,15,0,9,10,4,5,3}},
20             {{12,1,10,15,9,2,6,8,0,13,3,4,14,7,5,11},{10,15,4,2,7,12,9,5,6,1,13,14,0,11,3,8},
21             {9,14,15,5,2,8,12,3,7,0,4,10,1,13,11,6}, {4,3,2,12,9,5,15,10,11,14,1,7,6,0,8,13}},
22             {{4,11,2,14,15,0,8,13,3,12,9,7,5,10,6,1},{13,0,11,7,4,9,1,10,14,3,5,12,2,15,8,6},
23             {1,4,11,13,12,3,7,14,10,15,6,8,0,5,9,2}, {6,11,13,8,1,4,10,7,9,5,0,15,14,2,3,12}},
24             {{13,2,8,4,6,15,11,1,10,9,3,14,5,0,12,7},{1,15,13,8,10,3,7,4,12,5,6,11,0,14,9,2},
25             {7,11,4,1,9,12,14,2,0,6,10,13,15,3,5,8}, {2,1,14,7,4,10,8,13,15,12,9,0,3,5,6,11}}};
26             private byte[,] plainImage = new byte[256, 256];
27             private byte[,] cipherImage = new byte[256, 256];
28             private byte[,] recoveredImage = new byte[256, 256];
29             private byte[] key = new byte[8];
30
31             public void setPlainImage(MyImageData myImDat)
32             {
33                 for (int i = 0; i < 256; i++)
```

```
34                    for (int j = 0; j < 256; j++)
35                        plainImage[i, j] = myImDat.PlainImage[i, j];
36            }
37            public void getCipherImage(MyImageData myImDat)
38            {
39                for (int i = 0; i < 256; i++)
40                    for (int j = 0; j < 256; j++)
41                        myImDat.CipherImage[i, j] = cipherImage[i, j];
42            }
43            public void getRecoveredImage(MyImageData myImDat)
44            {
45                for (int i = 0; i < 256; i++)
46                    for (int j = 0; j < 256; j++)
47                        myImDat.RecoveredImage[i, j] = recoveredImage[i, j];
48            }
49            public void MyKeyGen(byte [ ]key)
50            {
51                for (int i = 0; i < 8; i++)
52                    this.key[i] = key[i];
53            }
54            private void MyFeistel(byte[ ] L2, byte[ ] R2, byte[ ] L1, byte[ ] R1, byte[ ] Key)
55            {
56                byte i, j;
57                for (i = 0; i < 32; i++)
58                {
59                    L2[i] = R1[i];
60                }
61                byte[ ] RE = new byte[48], RK = new byte[48];
62                for (i = 0; i < 8; i++)
63                {
64                    for (j = 0; j < 6; j++)
65                    {
66                        RE[6 * i + j] = R1[(4 * i - 1 + j + 32) % 32];
67                    }
68                }
69                for (i = 0; i < 48; i++)
70                {
71                    RK[i] = Convert.ToByte(RE[i] ^ Key[i]);
72                }
73                byte r, c;
74                byte[ ] FK = new byte[8];
75                for (i = 0; i < 8; i++)
76                {
77                    r = Convert.ToByte((RK[6 * i] << 1) + RK[6 * i + 5]);
78                    c = Convert.ToByte((RK[6 * i + 1] << 3) + (RK[6 * i + 2] << 2) +
79                        (RK[6 * i + 3] << 1) + RK[6 * i + 4]);
80                    FK[i] = S[i, r, c];
81                }
82                byte[ ] FKB = new byte[32];
83                for (i = 0; i < 8; i++)
84                {
```

```
85                for (j = 0; j < 4; j++)
86                {
87                    FKB[4 * i + j] = Convert.ToByte((FK[i]&(1 <<(4 - j - 1)))>>(4 - j - 1));
88                }
89            }
90        byte[] P = new byte[32] {16,7,20,21,29,12,28,17,1,15,23,26,5,18,31,10,
91        2,8,24,14,32,27,3,9,19,13,30,6,22,11,4,25};
92        byte[] FKR = new byte[32];
93        for (i = 0; i < 32; i++)
94        {
95            FKR[i] = FKB[P[i] - 1];
96            R2[i] = Convert.ToByte(FKR[i] ^ L1[i]);
97        }
98    }
99    public void MyDES(byte[] y, byte[] x, byte[] key)
100   {
101        byte[] k = new byte[64];
102        byte[,] K = new byte[16,48];
103        byte[] A = new byte[28], B = new byte[28];
104        byte[] AB = new byte[56];
105        byte[] PC_1 = new byte[56]{57,49,41,33,25,17,9,1,58,50,42,34,26,18,10,
106        2,59,51,43,35,27,19,11,3,60,52,44,36,63,55,47,39,31,23,15,7,62,54,46,
107        38,30,22,14,6,61,53,45,37,29,21,13,5,28,20,12,4};
108        byte[] PC_2 = new byte[48]{14,17,11,24,1,5,3,28,15,6,21,10,23,19,12,4,26,8,16,7,
109        27,20,13,2,41,52,31,37,47,55,30,40,51,45,33,48,44,49,39,56,34,53,46,42,50,36,29,32};
110        byte[]xp = new byte[64], yp = new byte[64], ypr = new byte[64];
111        byte[] L = new byte[32], R = new byte[32], L2 = new byte[32], R2 = new byte[32];
112        byte[]IP = new byte[64] {58,50,42,34,26,18,10,2,60,52,44,36,28,20,12,4,
113        62,54,46,38,30,22,14,6,64,56,48,40,32,24,16,8,
114        57,49,41,33,25,17,9,1,59,51,43,35,27,19,11,3,
115        61,53,45,37,29,21,13,5,63,55,47,39,31,23,15,7};
116        byte[] IP_1 = new byte[64] {40,8,48,16,56,24,64,32,39,7,47,15,55,23,63,31,
117        38,6,46,14,54,22,62,30,37,5,45,13,53,21,61,29,
118        36,4,44,12,52,20,60,28,35,3,43,11,51,19,59,27,
119        34,2,42,10,50,18,58,26,33,1,41,9,49,17,57,25};
120        //密钥生成
121        byte i, j, LS;
122        for (i = 0; i < 8; i++)
123        {
124            for (j = 0; j < 8; j++)
125            {
126                k[8 * i + j] = Convert.ToByte((key[i]&(1u <<(8 - j - 1)))>>(8 - j - 1));
127            }
128        }
129        for (i = 0; i < 28; i++)
130        {
131            A[i] = k[PC_1[i] - 1]; B[i] = k[PC_1[28 + i] - 1];
132        }
133        for (i = 0; i < 16; i++)
134        {
135            if ((i == 0) || (i == 1) || (i == 8) || (i == 15))
```

```
136                      LS = 1;
137                  else
138                      LS = 2;
139                  for (j = 0; j < 28; j++)
140                  {
141                      AB[j] = A[(j + LS) % 28]; AB[28 + j] = B[(j + LS) % 28];
142                  }
143                  for (j = 0; j < 48; j++)
144                  {
145                      K[i,j] = AB[PC_2[j] - 1];
146                  }
147                  for (j = 0; j < 28; j++)
148                  {
149                      A[j] = AB[j]; B[j] = AB[j + 28];
150                  }
151              }
152              //加密过程
153              for (i = 0; i < 8; i++)
154              {
155                  for (j = 0; j < 8; j++)
156                  {
157                      xp[8 * i + j] = Convert.ToByte((x[i]&(1 <<(8 - j - 1)))>>(8 - j - 1));
158                  }
159              }
160              for (i = 0; i < 32; i++)
161              {
162                  L[i] = xp[IP[i] - 1]; R[i] = xp[IP[i + 32] - 1];
163              }
164              for (i = 0; i < 16; i++)
165              {
166                  byte[] tk = new byte[48];
167                  for (int i1 = 0; i1 < 48; i1++)
168                      tk[i1] = K[i, i1];
169                  MyFeistel(L2, R2, L, R, tk);
170                  for (j = 0; j < 32; j++)
171                  {
172                      L[j] = L2[j]; R[j] = R2[j];
173                  }
174              }
175              for (i = 0; i < 32; i++)
176              {
177                  yp[i] = R[i]; yp[i + 32] = L[i];
178              }
179              for (i = 0; i < 64; i++)
180              {
181                  ypr[i] = yp[IP_1[i] - 1];
182              }
183              for (i = 0; i < 8; i++)
184              {
185                  y[i] = 0;
186                  for (j = 0; j < 8; j++)
```

```
187                    {
188                        y[i] = Convert.ToByte(y[i] + (ypr[8 * i + j] << (8 - j - 1)));
189                    }
190                }
191            }
192        public void MyDESInv(byte[] y, byte[] x, byte[] key)
193        {
```

第 194～260 行代码与上述的第 101～167 行代码完全相同。

```
261                    tk[i1] = K[16 - i - 1, i1];
```

第 262～283 行代码与上述的第 169～190 行代码完全相同。

```
284        }
285        public void MyEncrypt()
286        {
287            int i, j;
288            byte[] x = new byte[8], y = new byte[8];
289            for (i = 0; i < M * N / 8; i++)
290            {
291                for (j = 0; j < 8; j++)
292                {
293                    x[j] = plainImage[((8 * i + j)/N),(8 * i + j) % M];
294                }
295                if (i == 0)
296                    MyDES(y, x, key);
297                else
298                {
299                    for (j = 0; j < 8; j++)
300                        x[j] = Convert.ToByte(x[j] ^ y[j]);
301                    MyDES(y, x, key);
302                }
303                for (j = 0; j < 8; j++)
304                {
305                    cipherImage[(8 * i + j)/N,(8 * i + j) % M] = y[j];
306                }
307            }
308        }
309        public void MyDecrypt()
310        {
311            int i, j;
312            byte [] x = new byte[8], y = new byte[8], xr = new byte[8];
313            for (i = 0; i < M * N / 8; i++)
314            {
315                for (j = 0; j < 8; j++)
316                {
317                    x[j] = cipherImage[(8 * i + j)/N,(8 * i + j) % M];
318                }
319                if (i == 0)
320                {
321                    MyDESInv(y, x, key);
322                    for (j = 0; j < 8; j++)
323                        xr[j] = x[j];
```

```
324                         }
325                     else
326                     {
327                         MyDESInv(y, x, key);
328                         for (j = 0; j < 8; j++)
329                         {
330                             y[j] = Convert.ToByte(y[j] ^ xr[j]);
331                             xr[j] = x[j];
332                         }
333                     }
334                     for (j = 0; j < 8; j++)
335                     {
336                         recoveredImage[(8 * i + j)/N,(8 * i + j) % M] = y[j];
337                     }
338                 }
339             }
340         }
341     }
```

程序 2-9 中,第 8 行定义图像的行数 M 和列数 N,均为 256。第 9～25 行定义 S 盒。第 26～29 行依次定义存放明文图像、密文图像、解密后的图像和密钥的数组 plainImage、cipherImage、recoveredImage 和 key。

第 31～36 行为实例方法 setPlainImage,从对象 myImDat 中获得明文图像,赋给成员 plainImage。第 37～42 行为实例方法 getCipherImage,将密文图像 cipherImage 赋给对象 myImDat 的成员 CipherImage。第 43～48 行为方法 getRecoveredImage,将解密后的图像 recoveredImage 赋给对象 myImDat 的成员 RecoveredImage。

第 49～53 行为方法 MyKeyGen,用该方法的形式参数设置密钥 key。第 54～98 行为方法 MyFeistel,实现 Feistel 结构的处理算法。第 99～191 行为方法 MyDES,其 3 个参数分别表示输出的密文 y、输入的明文 x 和密钥 key。第 192～284 行为方法 MyDESInv,为 DES 解密算法,输入为 x 和 key,输出为 y。

第 285～308 行为 DES 加密数字图像的方法 MyEncrypt。第 309～341 行为 DES 解密数字图像的方法 MyDecrypt。

【程序 2-10】 MainForm.cs 文件

第 1～40 行代码与第 1 章程序 1-11 中的第 1～40 行代码完全相同。

```
41              MyTDES myTDES = new MyTDES();
```

第 42～53 行代码与第 1 章程序 1—11 中的第 41～52 行代码完全相同。

```
54              private void cmbBoxSelectMethod_SelectedIndexChanged(object sender,
55                  EventArgs e)
56              {
57                  KeyReadOnly();
58                  if(cmbBoxSelectMethod.Text.Equals("OneTimePad")) //对于一次一密方法
59                  {
60                      txtKey01.ReadOnly = false;
61                      txtKey02.ReadOnly = false;
62                  }
63                  if(cmbBoxSelectMethod.Text.Equals("TDES"))          //对于 TDES 方法
```

```
64              {
65                  txtKey01.ReadOnly = false;txtKey02.ReadOnly = false;
66                  txtKey03.ReadOnly = false;txtKey04.ReadOnly = false;
67                  txtKey05.ReadOnly = false;txtKey06.ReadOnly = false;
68                  txtKey07.ReadOnly = false;txtKey08.ReadOnly = false;
69              }
70          }
71          private void btnEncrypt_Click(object sender, EventArgs e)
72          {
73              if (cmbBoxSelectMethod.Text.Equals("OneTimePad"))  //对于一次一密方法
74              {
75                  double x0, p;
76                  try
77                  {
78                      x0 = Double.Parse(txtKey01.Text);
79                      p = Double.Parse(txtKey02.Text);
80                      if (x0 > 0 && x0 < 1.0 && p > 0 && p < 1.0)
81                      {
82                          myOneTimePad.setPlainImage(myImageData);
83                          Stopwatch sw = new Stopwatch();
84                          sw.Start();
85                          myOneTimePad.MyRandomGen(x0, p);
86                          myOneTimePad.MyEncrypt();
87                          sw.Stop();
88                          TimeSpan ts = sw.Elapsed;
89                          txtEncTime.Text = ts.TotalMilliseconds.ToString() + "ms";
90                          myOneTimePad.getCipherImage(myImageData);
91                          picBoxCipher.Image =
92                              myImageData.MyShowCipherImage();
93                          btnDecrypt.Enabled = true;
94                      }
95                  }
96                  catch(FormatException fe)
97                  {
98                      string str = fe.ToString();
99                  }
100             }
101             if(cmbBoxSelectMethod.Text.Equals("TDES")) //For TDES
102             {
103                 byte[] key = new byte[8];
104                 try
105                 {
106                     for(int i = 0;i < 8;i++)
107                     {
108                         key[i] = 0;
109                         TextBox tb = (TextBox)Controls.Find("txtKey0" + (i + 1).
                                 ToString(), true)[0];
110                         string sv = tb.Text;
111                         if(sv[0]> = '0' && sv[0]< = '9')
112                         {
113                             key[i] = Convert.ToByte(key[i] + (sv[0] - '0') * 16);
114                         }
```

```
115                        else
116                        {
117                            key[i] = Convert.ToByte(key[i] + (Char.ToLower(sv[0]) -
                               'a' + 10) * 16);
118                        }
119                        if (sv[1] >= '0' && sv[1] <= '9')
120                        {
121                            key[i] = Convert.ToByte(key[i] + (sv[1] - '0'));
122                        }
123                        else
124                        {
125                            key[i] = Convert.ToByte(key[i] + (Char.ToLower(sv[1]) -
                               'a' + 10));
126                        }
127                    }
128                    myTDES.MyKeyGen(key);
129                    myTDES.setPlainImage(myImageData);
130                    Stopwatch sw = new Stopwatch();
131                    sw.Start();
132                    myTDES.MyEncrypt();
133                    sw.Stop();
134                    TimeSpan ts = sw.Elapsed;
135                    txtEncTime.Text = ts.TotalMilliseconds.ToString() + "ms";
136                    myTDES.getCipherImage(myImageData);
137                    picBoxCipher.Image = myImageData.MyShowCipherImage();
138                    btnDecrypt.Enabled = true;
139                }
140                catch (FormatException fe)
141                {
142                    string str = fe.ToString();
143                }
144                catch (IndexOutOfRangeException iore)
145                {
146                    string str = iore.ToString();
147                }
148            }
149        }
150        private void btnDecrypt_Click(object sender, EventArgs e)
151        {
152            if (cmbBoxSelectMethod.Text.Equals("OneTimePad"))
153            {
154                double x0, p;
155                try
156                {
157                    x0 = Double.Parse(txtKey01.Text);
158                    p = Double.Parse(txtKey02.Text);
159                    if (x0 > 0 && x0 < 1.0 && p > 0 && p < 1.0)
160                    {
161                        Stopwatch sw = new Stopwatch();
162                        sw.Start();
163                        myOneTimePad.MyRandomGen(x0, p);
```

```
164                    myOneTimePad.MyDecrypt();
165                    sw.Stop();
166                    TimeSpan ts = sw.Elapsed;
167                    txtDecTime.Text = ts.TotalMilliseconds.ToString() + "ms";
168                    myOneTimePad.getRecoveredImage(myImageData);
169                    picBoxRecovered.Image =
170                        myImageData.MyShowRecoveredImage();
171                }
172            }
173        catch(FormatException fe)
174        {
175            string str = fe.ToString();
176        }
177    }
178    if (cmbBoxSelectMethod.Text.Equals("TDES"))        //对于 TDES 方法
179    {
180        byte[] key = new byte[8];
181        try
182        {
183            Stopwatch sw = new Stopwatch();
184            sw.Start();
185            myTDES.MyDecrypt();
186            sw.Stop();
187            TimeSpan ts = sw.Elapsed;
188            txtDecTime.Text = ts.TotalMilliseconds.ToString() + "ms";
189            myTDES.getRecoveredImage(myImageData);
190        picBoxRecovered.Image = myImageData.MyShowRecoveredImage();
191        }
192        catch (FormatException fe)
193        {
194            string str = fe.ToString();
195        }
196        }
197        }
198    }
199 }
```

　　程序 2-10 中，第 41 行定义 MyTDES 类的实例 myTDES。第 54～70 行为组合选择框 cmbBoxSelectMethod 选项变化时触发的方法，如果选择了 TDES(即第 63 行为真)，则第 65～68 行使得文本框 txtKey01～txtKey08 可以输入文本(即只读属性关闭)。

　　第 71～149 行为 btnEncrypt 按钮的单击事件方法，如果组合选择框 cmbBoxSelectMethod 选择了 TDES(即第 101 行为真)，则第 106～127 行从文本框 txtKey01～txtKey08 中读出 8 个十六进制的数，赋给变量 key。第 128 行将密钥 key 赋给对象 myTDES 中的私有成员变量(即程序 2-9 中第 29 行的 key)。第 129 行将对象 myImageData 中的明文图像赋给对象 myTDES 中的私有成员变量(即程序 2-9 中第 26 行的 plainImage)。第 132 行执行对象 myTDES 的方法 MyEncrypt 加密明文图像得到密文图像，密文图像保存在 myTDES 中的私有成员变量(即程序 2-9 中第 27 行的 cipherImage)中。第 130～131、133～135 行用于统计并显示 TDES 加密图像的时间。第 136～137 行显示密文图像。

第 150～197 行为 btnDecrypt 按钮的单击事件方法,如果组合选择框 cmbBoxSelectMethod 选择了 TDES(即第 178 行为真),则第 185 行由对象 myTDES 调用实例方法 MyDecrypt 执行 TDES 解密图像的算法,解密的图像保存在对象 myTDES 的私有数据成员(即程序 2-9 中第 28 行的 recoveredImage)中。第 183～184、186～188 行统计 TDES 解密一幅图像所耗费的时间,单位为 ms。第 189～190 行显示解密后的图像。

此时,项目 MyCSFrame 执行 TDES 的运行结果如图 2-10 所示。在图 2-10 中,选择了 Pepper 图像和 TDES 加密算法,密钥为 0F 3C 18 9A 61 2E C7 B4(十六进制形式),密文图像与还原后的图像如图 2-10 所示,加密和解密时间分别约为 0.722s 和 0.738s。

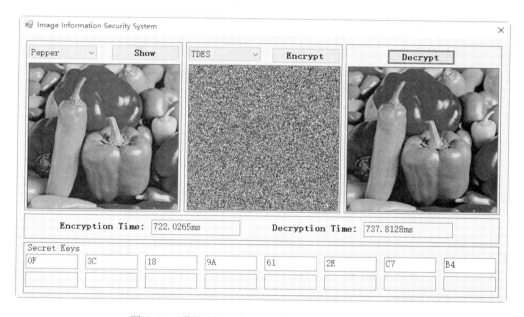

图 2-10　项目 MyCSFrame 执行 TDES 的运行结果

表 2-16 列出了借助 MATLAB、C 语言和 C♯语言进行 TDES 加密/解密灰度数字图像(大小为 256×256 像素)所花费的时间。

表 2-16　MATLAB、C 和 C♯加密/解密时间对比结果(单位:s)

操作 \ 语言	MATLAB	C 语言	C♯语言
加密	7.501	0.297	0.722
解密	8.563	0.297	0.738

在表 2-16 中,由于 C 语言的执行时间的精度为 0.001s,为了统一表示精度,所以 MATLAB 和 C♯的执行时间均保留了 3 位小数。从表 2-16 可以看出,C 语言执行速度最快,C♯语言次之,MATLAB 较前两者慢了一个数量级。事实上,表 2-16 反映的三者加密/解密时间上的快慢关系具有普遍性意义。

2.3　本章小结

　　本章详细介绍了 DES 算法和 TDES 算法,并用 MATLAB、C 语言和 C♯语言设计了 DES 算法和 TDES 算法的实现工程。DES 算法是一种重要的对称密码算法,特别是 Feistel 结构是现代对称密码学扩散技术的典型代表,至今仍具有重要的研究价值。而且,TDES 在 3 个密钥的生成方式上仍有优化的空间。研究密码学常用的软件有 MATLAB、Eclipse C/C++ 和 Visual Studio 等,MATLAB 的优势在于其可以快速算法原型(即由数学模型转化为代码的速度极快),所以,密码算法大都使用 MATLAB 进行算法合法性测试(即加密和解密是否行得通)。C 语言的优势是执行算法的速度最快,其缺点是代码缺乏软件工程意义上的健壮性,C 语言指针操作是灵活的,但是不安全的访问机制。C♯语言较 C 语言稍慢,但是具有工程健壮性和图形界面优美等优点,C♯将成为密码算法的主流设计语言。

第**3**章

高级加密标准

高级加密标准（AES）是当前美国政府的信息加密标准算法。AES 可用专用集成电路（ASIC）或通用计算机软件快速实现。AES 使用了查找表技术，在通用计算机上加密速度非常快，是目前应用最广泛的加密算法，而且至今仍没有官方报道的可行的破译算法。本章内容参考了 NIST FIPS 197 标准（http://csrc. nist. gov/）和 C. Paar 与 J. Pelzl 的著作 *Understanding Cryptography*：*A Textbook for Students and Practitioners*，除详细介绍 AES 算法外，还重点介绍了 AES 算法在图像加密方面的应用。

3.1　AES 算法

AES 算法也称为 Rijndael 算法，是由 J. Daemen 和 V. Rijmen 两位密码学家提出的。与 DES 类似，AES 也属于对称加密算法，即通信双方使用相同的密钥，但是 AES 的密钥长度比 DES 长，可以有效地对抗穷举密钥攻击。AES 的密钥长度可以选为 128 位、192 位或 256 位。AES 的输入明文文本长度为 128 位，输出密文文本长度也为 128 位。

本书根据 AES 的密钥长度命名 AES 的 3 种类型，即 AES-128 表示密钥长度为 128 位的 AES，AES-192 表示密钥长度为 192 位的 AES，AES-256 表示密钥长度为 256 位的 AES。同时，定义"字"表示 32 位，"字节"表示 8 位。这样，AES 的明文、密钥和密文长度以及加密轮数见表 3-1。

表 3-1　AES 的明文、密钥和密文长度及加密轮数

项　　目	明文长度（字）	密钥长度（字）	密文长度（字）	加密轮数 Nr
AES-128	4	4	4	10
AES-192	4	6	4	12
AES-256	4	8	4	14

需要说明的是，本章介绍 AES 算法使用了 FIPS 197 标准中的英文术语，为避免引起歧义，没有将这些术语译为中文。

3.1.1　AES 加密算法

AES 加密算法如图 3-1 所示。AES 的输入为明文文本 x 和密钥 k，密钥 k 经密钥扩展算法生成 $Nr+1$ 个子密钥 $\{k_i\}$，$i=0,1,2,\cdots,Nr$，每个子密钥长 4 个字（即 128 位）。首先，明文 x 与子密钥 k_0 相异或；然后，对异或的结果循环执行 SubBytes、ShiftRows 和 MixColumns 操作 $Nr-1$ 次；最后，将上一步的输出再执行一次 SubBytes 和一次 ShiftRows 操作，并与子密钥 k_{Nr} 相异或得到密文 y。

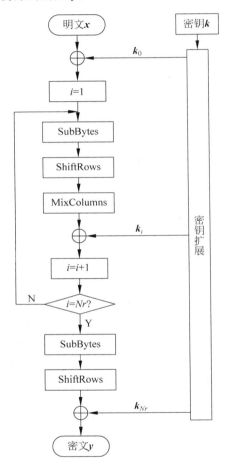

图 3-1　AES 加密算法

在图 3-1 中，一个完整的轮操作包括一次 SubBytes、一次 ShiftRows、一次 MixColumns 和一次异或操作。AES 包括 $Nr-1$ 个完整的轮操作。但是，最后一个轮操作是不完整的，只包括一次 SubBytes、一次 ShiftRows 和一次异或操作。

下面依次介绍 SubBytes、ShiftRows、MixColumns 操作，如图 3-2 所示。AES 密钥扩展算法将在 3.1.2 节中介绍。

1. SubBytes 操作

由图 3-2 可知，SubBytes 操作把输入的 4 字长的数据分成 16 字节，依次记为 A_i，$i=0,1,2,\cdots,15$。A_i 通过查 S 盒得到 B_i。AES 算法只有一个 S 盒，见表 3-2。

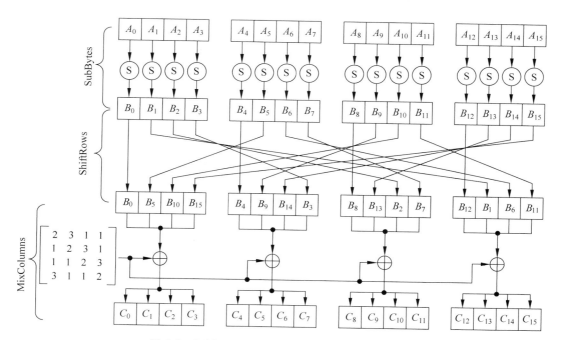

图 3-2 SubBytes、ShiftRows 和 MixColumns 操作

表 3-2 **AES 的 S 盒**（十六进制）

行号＼列号	0	1	2	3	4	5	6	7	8	9	A	B	C	D	E	F
0	63	7C	77	7B	F2	6B	6F	C5	30	01	67	2B	FE	D7	AB	76
1	CA	82	C9	7D	FA	59	47	F0	AD	D4	A2	AF	9C	A4	72	C0
2	B7	FD	93	26	36	3F	F7	CC	34	A5	E5	F1	71	D8	31	15
3	04	C7	23	C3	18	96	05	9A	07	12	80	E2	EB	27	B2	75
4	09	83	2C	1A	1B	6E	5A	A0	52	3B	D6	B3	29	E3	2F	84
5	53	D1	00	ED	20	FC	B1	5B	6A	CB	BE	39	4A	4C	58	CF
6	D0	EF	AA	FB	43	4D	33	85	45	F9	02	7F	50	3C	9F	A8
7	51	A3	40	8F	92	9D	38	F5	BC	B6	DA	21	10	FF	F3	D2
8	CD	0C	13	EC	5F	97	44	17	C4	A7	7E	3D	64	5D	19	73
9	60	81	4F	DC	22	2A	90	88	46	EE	B8	14	DE	5E	0B	DB
A	E0	32	3A	0A	49	06	24	5C	C2	D3	AC	62	91	85	E4	79
B	E7	C8	37	6D	8D	D5	4E	A9	6C	56	F4	EA	65	7A	AE	08
C	BA	78	25	2E	1C	A6	B4	C6	E8	DD	74	1F	4B	BD	8B	8A
D	70	3E	B5	66	48	03	F6	0E	61	35	57	B9	86	C1	1D	9E
E	E1	F8	98	11	69	D9	8E	94	9B	1E	87	E9	CE	55	28	DF
F	8C	A1	89	0D	BF	E6	42	68	41	99	2D	0F	B0	54	BB	16

例如，A_i＝38（十进制），则查表 3-2，将左上角的$(0,0)$位置记为索引号 0，从左上角的$(0,0)$位置开始逐行计数，计数到第 38 个位置，该位置的数 F7（十六进制）即为 B_i。或者将 A_i＝38（十进制）转化为十六进制数 0x26，则第 2 行第 6 列的数 F7（十六进制）即为 B_i。

2. ShiftRows 操作

由图 3-2 可知,ShiftRows 将输入的 16 字节的位置重新排列,若原来的顺序记为 B_i,$i=0,1,2,\cdots,15$,则重新排列后的字节顺序为 $B_0 B_5 B_{10} B_{15}\ B_4 B_9 B_{14} B_3\ B_8 B_{13} B_2 B_7\ B_{12} B_1 B_6 B_{11}$。

3. MixColumns 操作

MixColumns 操作由以下 4 个矩阵乘法得到,即

$$\begin{bmatrix} C_0 \\ C_1 \\ C_2 \\ C_3 \end{bmatrix} = \begin{bmatrix} 02 & 03 & 01 & 01 \\ 01 & 02 & 03 & 01 \\ 01 & 01 & 02 & 03 \\ 03 & 01 & 01 & 02 \end{bmatrix} \begin{bmatrix} B_0 \\ B_5 \\ B_{10} \\ B_{15} \end{bmatrix} \tag{3-1}$$

$$\begin{bmatrix} C_4 \\ C_5 \\ C_6 \\ C_7 \end{bmatrix} = \begin{bmatrix} 02 & 03 & 01 & 01 \\ 01 & 02 & 03 & 01 \\ 01 & 01 & 02 & 03 \\ 03 & 01 & 01 & 02 \end{bmatrix} \begin{bmatrix} B_4 \\ B_9 \\ B_{14} \\ B_3 \end{bmatrix} \tag{3-2}$$

$$\begin{bmatrix} C_8 \\ C_9 \\ C_{10} \\ C_{11} \end{bmatrix} = \begin{bmatrix} 02 & 03 & 01 & 01 \\ 01 & 02 & 03 & 01 \\ 01 & 01 & 02 & 03 \\ 03 & 01 & 01 & 02 \end{bmatrix} \begin{bmatrix} B_8 \\ B_{13} \\ B_2 \\ B_7 \end{bmatrix} \tag{3-3}$$

$$\begin{bmatrix} C_{12} \\ C_{13} \\ C_{14} \\ C_{15} \end{bmatrix} = \begin{bmatrix} 02 & 03 & 01 & 01 \\ 01 & 02 & 03 & 01 \\ 01 & 01 & 02 & 03 \\ 03 & 01 & 01 & 02 \end{bmatrix} \begin{bmatrix} B_{12} \\ B_1 \\ B_6 \\ B_{11} \end{bmatrix} \tag{3-4}$$

式(3-1)~式(3-4)中的乘法与加法运算均基于 $GF(2^8)$ 域。

仔细研究图 3-2 和 MixColumns 操作,可以通过 4 种类型的查找表和模 2 加法运算由 A_i 得到 C_i,这里以式(3-1)为例分析,如图 3-3 所示。

$$\begin{bmatrix} C_0 \\ C_1 \\ C_2 \\ C_3 \end{bmatrix} = \begin{bmatrix} 02 \\ 01 \\ 01 \\ 03 \end{bmatrix} B_0 + \begin{bmatrix} 03 \\ 02 \\ 01 \\ 01 \end{bmatrix} B_5 + \begin{bmatrix} 01 \\ 03 \\ 02 \\ 01 \end{bmatrix} B_{10} + \begin{bmatrix} 01 \\ 01 \\ 03 \\ 02 \end{bmatrix} B_{15}$$

$\underbrace{\qquad}_{A_0 查表}\quad\underbrace{\qquad}_{A_5 查表}\quad\underbrace{\qquad}_{A_{10} 查表}\quad\underbrace{\qquad}_{A_{15} 查表}$

图 3-3　查表方法计算 SubBytes、ShiftRows 和 MixColumns

在图 3-3 中,需要构造 4 种查找表,"A_0 查表"表示由 A_0 查第一种查找表可以得到,"A_5 查表"表示由 A_5 查第二种查找表可以得到,"A_{10} 查表"表示由 A_{10} 查第三种查找表可以得到,"A_{15} 查表"表示由 A_{15} 查第四种查找表可以得到。

结合式(3-1)~式(3-4)可知,第一种查找表供 A_0、A_4、A_8 和 A_{12} 用,第二种查找表供 A_1、A_5、A_9 和 A_{13} 使用,第三种查找表供 A_2、A_6、A_{10} 和 A_{14} 使用,第四种查找表供 A_3、A_7、A_{11} 和 A_{15} 使用。

下面以第一种查找表和 A_0 为例,介绍构造第一种查找表的方法。此时,输入为 A_0,取值为 0x00~0xFF 中的任意值,即 1 字节的值;输出为 transpose(2,1,1,3)B_0,transpose 表

示转置,即输出为 4 行 1 列的 4 字节。第一种查找表为 256 行 4 列的矩阵,第 0 行的 4 个元素对应 A_0 取为 0x00 时,计算 transpose$(2,1,1,3)B_0$ 得到的 4 字节(的转置);第 1 行的 4 个元素对应 A_0 取为 0x01 时,计算 transpose$(2,1,1,3)B_0$ 得到的 4 字节(的转置);依此类推,第 255 行的 4 个元素对应 A_0 取为 0xFF 时,计算 transpose$(2,1,1,3)B_0$ 得到的 4 字节(的转置)。

在图 3-3 中,当已知 A_0、A_5、A_{10} 和 A_{15} 时,用 A_0 查第一种查找表得到含 4 字节的向量;用 A_5 查第二种查找表得到含 4 字节的向量;用 A_{10} 查第三种查找表得到含 4 字节的向量;用 A_{15} 查第四种查找表得到含 4 字节的向量。将这 4 个向量按向量加法取和,得到一个含 4 字节的向量,这 4 字节依次为 C_0、C_1、C_2 和 C_3。

附录 A 中给出了这 4 种查找表的阵列值(第 3.2.1 节给出了这 4 种查找表的生成算法)。

3.1.2 AES 密钥扩展算法

AES 的密钥长度可以取为 128 位、192 位或 256 位,即 4 个字、6 个字或 8 个字,对应的密码系统依次称为 AES-128、AES-192 或 AES-256。结合表 3-1 和图 3-1 可知,AES-128 共需要 11 个子密钥(或称轮密钥),AES-192 共需要 13 个子密钥,AES-256 共需要 15 个子密钥。每个子密钥的长度为 4 个字,因此,AES-128 需要由密钥扩展出 44 个字,记为 W_i, $i=0,1,2,\cdots,43$;AES-192 需要由密钥扩展出 52 个字,记为 W_i, $i=0,1,2,\cdots,51$;AES-256 需要由密钥扩展出 60 个字,记为 W_i, $i=0,1,2,\cdots,59$。其中,$W_{4i}W_{4i+1}W_{4i+2}W_{4i+3}$ 为第 i 轮的子密钥 k_i。

图 3-4~图 3-6 分别为 AES-128、AES-192 和 AES-256 的密钥扩展方式。图 3-7 为密钥扩展中使用的 g 函数和 h 函数。

在图 3-4 中,输入密钥 k 被分成 4 个字,记为 K_i, $i=0,1,2,3$,子密钥 k_0 与密钥 k 相同,即 $W_i=K_i$, $i=0,1,2,3$。然后,由子密钥 k_i 产生子密钥 k_{i+1}, $i=0,1,2,\cdots,9$,产生规则如下。

$$W_{4(i+1)} = W_{4i} \oplus g(W_{4i+3}) \tag{3-5}$$
$$W_{4(i+1)+1} = W_{4(i+1)} \oplus W_{4i+1} \tag{3-6}$$
$$W_{4(i+1)+2} = W_{4(i+1)+1} \oplus W_{4i+2} \tag{3-7}$$
$$W_{4(i+1)+3} = W_{4(i+1)+2} \oplus W_{4i+3} \tag{3-8}$$

其中,$i=0,1,2,\cdots,9$。函数 g 如图 3-7 所示。

图 3-5 为 AES-192 系统的密钥扩展过程。图 3-6 为 AES-256 系统的密钥扩展过程。图 3-5 中,$W_i=K_i$, $i=0,1,2,\cdots,5$,其余 W_i 的产生规则如式(3-9)~式(3-14)所示。

$$W_{6(i+1)} = W_{6i} \oplus g(W_{6i+5}) \tag{3-9}$$
$$W_{6(i+1)+1} = W_{6(i+1)} \oplus W_{6i+1} \tag{3-10}$$
$$W_{6(i+1)+2} = W_{6(i+1)+1} \oplus W_{6i+2} \tag{3-11}$$
$$W_{6(i+1)+3} = W_{6(i+1)+2} \oplus W_{6i+3} \tag{3-12}$$
$$W_{6(i+1)+4} = W_{6(i+1)+3} \oplus W_{6i+4} \tag{3-13}$$
$$W_{6(i+1)+5} = W_{6(i+1)+4} \oplus W_{6i+5} \tag{3-14}$$

其中,$i=0,1,2,\cdots,7$,且当 $i=7$ 时,只有式(3-9)~式(3-12)有效。函数 g 如图 3-7 所示。

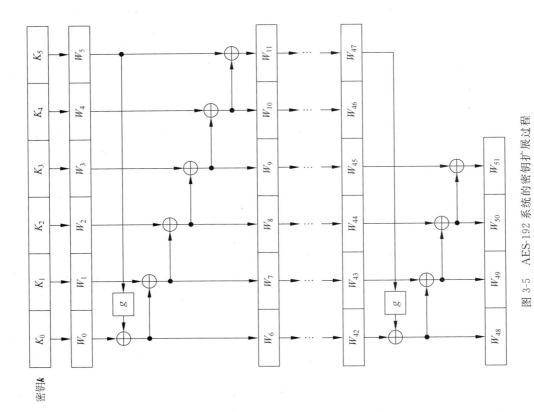

图 3-5 AES-192 系统的密钥扩展过程

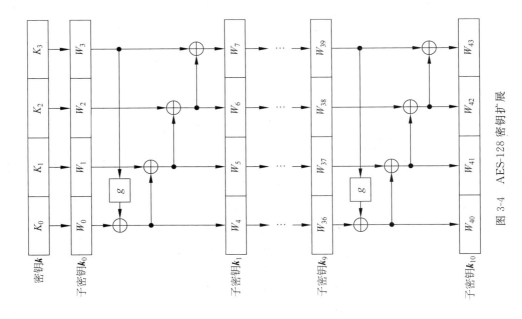

图 3-4 AES-128 密钥扩展

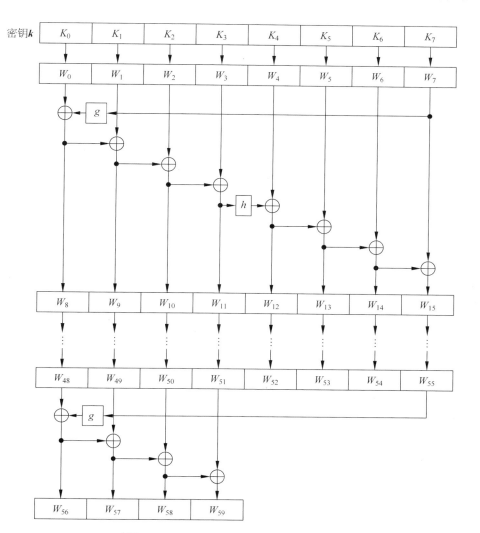

图 3-6　AES-256 系统的密钥扩展过程

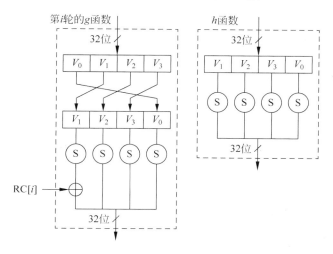

图 3-7　g 函数和 h 函数

在图 3-6 中,$W_i = K_i$,$i = 0,1,2,\cdots,7$,其余 W_i 的产生规则如式(3-15)～式(3-22)所示。

$$W_{8(i+1)} = W_{8i} \oplus g(W_{8i+7}) \tag{3-15}$$

$$W_{8(i+1)+1} = W_{8(i+1)} \oplus W_{8i+1} \tag{3-16}$$

$$W_{8(i+1)+2} = W_{8(i+1)+1} \oplus W_{8i+2} \tag{3-17}$$

$$W_{8(i+1)+3} = W_{8(i+1)+2} \oplus W_{8i+3} \tag{3-18}$$

$$W_{8(i+1)+4} = h(W_{8(i+1)+3}) \oplus W_{8i+4} \tag{3-19}$$

$$W_{8(i+1)+5} = W_{8(i+1)+4} \oplus W_{8i+5} \tag{3-20}$$

$$W_{8(i+1)+6} = W_{8(i+1)+5} \oplus W_{8i+6} \tag{3-21}$$

$$W_{8(i+1)+7} = W_{8(i+1)+6} \oplus W_{8i+7} \tag{3-22}$$

其中,$i = 0,1,2,\cdots,6$,且当 $i = 6$ 时,只有式(3-15)～式(3-18)有效。g 函数和 h 函数如图 3-7 所示。

图 3-7 中,"S"表示 S 盒,见表 3-2。$\text{RC}[i]$,$i = 1,2,\cdots,10$ 的取值见表 3-3。在 AES 中,生成的多项式为 $P(x) = x^8 + x^4 + x^3 + x + 1$,$\text{RC}[i] = x^{i-1}$,$i = 1,2,\cdots,10$。所以,$\text{RC}[i] = 1 << (i-1)$,$i = 1,2,\cdots,8$;$\text{RC}[9] = x^8 = x^4 + x^3 + x + 1 = 0001\ 1011\text{B}$,$\text{RC}[10] = x^9 = x \cdot x^8 = x^5 + x^4 + x^2 + x = 0011\ 0110\text{B}$。

表 3-3　$\text{RC}[i]$,$i = 1,2,\cdots,10$ 的取值

序号 i	$\text{RC}[i]$	值(二进制)	值(十六进制)
1	RC[1]	0000 0001	01
2	RC[2]	0000 0010	02
3	RC[3]	0000 0100	04
4	RC[4]	0000 1000	08
5	RC[5]	0001 0000	10
6	RC[6]	0010 0000	20
7	RC[7]	0100 0000	40
8	RC[8]	1000 0000	80
9	RC[9]	0001 1011	1B
10	RC[10]	0011 0110	36

3.1.3　AES 解密算法

AES 解密算法是 AES 加密算法的逆过程,如图 3-8 所示。

对照图 3-1 所示的 AES 加密过程,可知图 3-8 所示的 AES 解密过程是图 3-1 的逆过程。解密过程也需要 Nr 轮,第一轮包含与子密钥 k_{Nr} 的异或运算、逆向的 ShiftRows(用 ShiftRows^{-1} 表示)和逆向的 SubBytes(用 SubBytes^{-1} 表示);其余的 $Nr-1$ 轮是相似的,都包含了与该轮子密钥的异或运算、逆向 MixColumns(用 MixColumn^{-1} 表示)、ShiftRows^{-1} 和 SubBytes^{-1}。解密过程完整的轮处理过程如图 3-9 所示。

对照图 3-2 可知,图 3-9 所示解密过程的完整轮处理过程是图 3-2 的逆过程,下面依次介绍各个操作过程。

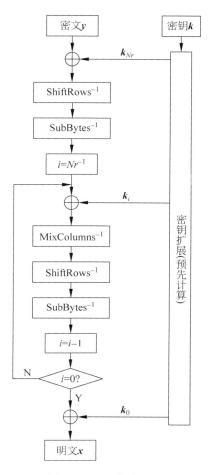

图 3-8 AES 解密过程

1. MixColumns^{-1} 操作

由图 3-9 可知，MixColumns^{-1} 操作由以下 4 个矩阵乘法组成，即

$$
\begin{bmatrix} B_0 \\ B_1 \\ B_2 \\ B_3 \end{bmatrix} = \begin{bmatrix} 0E & 0B & 0D & 09 \\ 09 & 0E & 0B & 0D \\ 0D & 09 & 0E & 0B \\ 0B & 0D & 09 & 0E \end{bmatrix} \begin{bmatrix} C_0 \\ C_1 \\ C_2 \\ C_3 \end{bmatrix} \tag{3-23}
$$

$$
\begin{bmatrix} B_4 \\ B_5 \\ B_6 \\ B_7 \end{bmatrix} = \begin{bmatrix} 0E & 0B & 0D & 09 \\ 09 & 0E & 0B & 0D \\ 0D & 09 & 0E & 0B \\ 0B & 0D & 09 & 0E \end{bmatrix} \begin{bmatrix} C_4 \\ C_5 \\ C_6 \\ C_7 \end{bmatrix} \tag{3-24}
$$

$$
\begin{bmatrix} B_8 \\ B_9 \\ B_{10} \\ B_{11} \end{bmatrix} = \begin{bmatrix} 0E & 0B & 0D & 09 \\ 09 & 0E & 0B & 0D \\ 0D & 09 & 0E & 0B \\ 0B & 0D & 09 & 0E \end{bmatrix} \begin{bmatrix} C_8 \\ C_9 \\ C_{10} \\ C_{11} \end{bmatrix} \tag{3-25}
$$

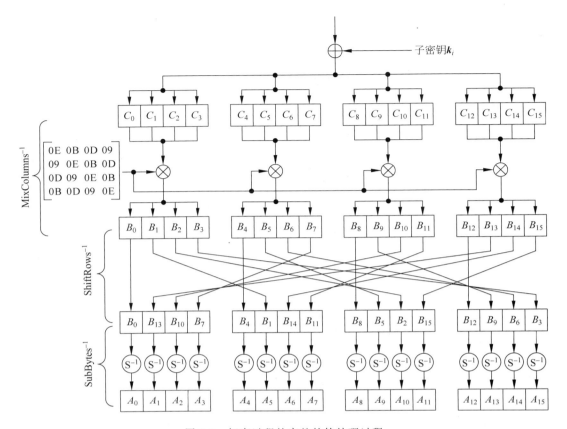

图 3-9　解密过程的完整的轮处理过程

$$\begin{bmatrix} B_{12} \\ B_{13} \\ B_{14} \\ B_{15} \end{bmatrix} = \begin{bmatrix} 0E & 0B & 0D & 09 \\ 09 & 0E & 0B & 0D \\ 0D & 09 & 0E & 0B \\ 0B & 0D & 09 & 0E \end{bmatrix} \begin{bmatrix} C_{12} \\ C_{13} \\ C_{14} \\ C_{15} \end{bmatrix} \tag{3-26}$$

式(3-23)～式(3-26)中的乘法和加法均基于 $GF(2^8)$ 域进行,生成的多项式为 $P(x) = x^8 + x^4 + x^3 + x + 1$。

2. ShiftRows^{-1} 操作

由图 3-9 可知,ShiftRows^{-1} 操作将输入的 $B_0 B_1 B_2 B_3 B_4 B_5 B_6 B_7 B_8 B_9 B_{10} B_{11} B_{12} B_{13} B_{14} B_{15}$ 重新排列为 $B_0 B_{13} B_{10} B_7 B_4 B_1 B_{14} B_{11} B_8 B_5 B_2 B_{15} B_{12} B_9 B_6 B_3$。

3. SubBytes^{-1} 操作

图 3-9 中的"S^{-1}"表示逆向 S 盒。SubBytes^{-1} 操作中,依次输入 $B_0 B_{13} B_{10} B_7 B_4 B_1 B_{14} B_{11} B_8 B_5 B_2 B_{15} B_{12} B_9 B_6 B_3$ 查 S^{-1} 盒,将依次得到 $A_0 A_1 A_2 A_3 A_4 A_5 A_6 A_7 A_8 A_9 A_{10} A_{11} A_{12} A_{13} A_{14} A_{15}$。AES 解密过程的 S^{-1} 盒见表 3-4。

表 3-4   AES 解密过程的 S^{-1} 盒（十六进制）

行号 \ 列号	0	1	2	3	4	5	6	7	8	9	A	B	C	D	E	F
0	52	09	6A	D5	30	36	A5	38	BF	40	A3	9E	81	F3	D7	FB
1	7C	E3	39	82	98	2F	FF	87	34	8E	43	44	C4	DE	E9	CB
2	54	7B	94	32	A6	C2	23	3D	EE	4C	95	0B	42	FA	C3	4E
3	08	2E	A1	66	28	D9	24	B2	76	5B	A2	49	6D	8B	D1	25
4	72	F8	F6	64	86	68	98	16	D4	A4	5C	CC	5D	65	B6	92
5	6C	70	48	50	FD	ED	B9	DA	5E	15	46	57	A7	8D	9D	84
6	90	D8	AB	00	8C	BC	D3	0A	F7	E4	58	05	B8	B3	45	06
7	D0	2C	1E	8F	CA	3F	0F	02	C1	AF	BD	03	01	13	8A	6B
8	3A	91	11	41	4F	67	DC	EA	97	F2	CF	CE	F0	B4	E6	73
9	96	AC	74	22	E7	AD	35	85	E2	F9	37	E8	1C	75	DF	6E
A	47	F1	1A	71	1D	29	C5	89	6F	B7	62	0E	AA	18	BE	1B
B	FC	56	3E	4B	C6	D2	79	20	9A	DB	C0	FE	78	CD	5A	F4
C	1F	DD	A8	33	88	07	C7	31	B1	12	10	59	27	80	EC	5F
D	60	51	7F	A9	19	B5	4A	0D	2D	E5	7A	9F	93	C9	9C	EF
E	A0	E0	3B	4D	AE	2A	F5	B0	C8	EB	BB	3C	83	53	99	61
F	17	2B	04	7E	BA	77	D6	26	E1	69	14	63	55	21	0C	7D

例如，$B_{13}=0x4A$（十六进制），则 $A_1=S^{-1}(B_{13})=0x5C$（即处于第 4 行第 A 列的值）。

3.2 AES 图像密码系统

AES 是美国政府的信息安全标准，在政府主导的通信业务中被强制使用。事实上，AES 是目前全球应用最广泛的加密算法。由于 AES 一次只能加密 16B(128 位)，所以当加密大量数据时，通常工作在 CBC(密码块链接)模式下。同样，借助 AES 加密数字图像时，需要将图像分成 16B 一组的图像块序列，然后依照 CBC 模式顺序加密各个图像块。对于 8 位的灰度图像，如果其总的像素点个数不能被 16 整除，则补 0 或补 255 使之能被 16 整除。为了叙述方便，本章仅讨论针对 256×256 像素大小的灰度图像，如图 1-1 所示。

将输入灰度图像记为 P，大小为 $M\times N$，这里 $M=N=256$。每个小图像块为 16B 的一维向量，则图像 P 可分成 $n=MN/16=4096$ 个小图像块，记为 P_i，$i=0,1,2,\cdots,n-1$。具体划分方法为：先将 P 按行展开为一维向量，然后从左至右依次划分 P_i。

AES 图像加密系统如图 3-10 所示，相应的 AES 图像解密系统如图 3-11 所示。其中，IV_i，$i=0,1,2,3$ 为公开的初始值，与密文 C 一起通过公共信道传递到收信方。不失一般性，这里令 IV_i 均为 16 字节的零向量。

图 3-10 中，只有"Round 1"时，称为 AES-S 系统，包含"Round 1"和"Round 2"时，称为 AES-D 系统。显然，AES-S 系统只有单向密码块链路，而 AES-D 系统具有双向密码块链路。本节重点讨论 AES-S 和 AES-D 系统的实现方法，第 4 章将深入探讨 AES-S 和 AES-D 系统的加密性能。

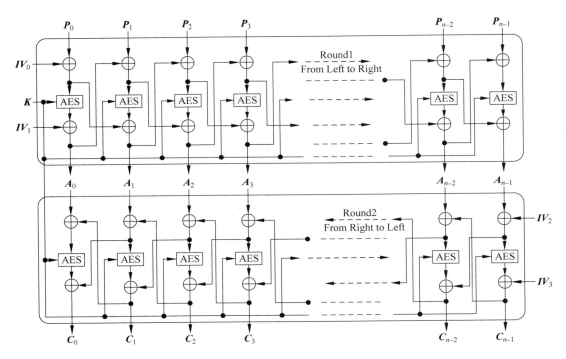

图 3-10　AES 图像加密系统

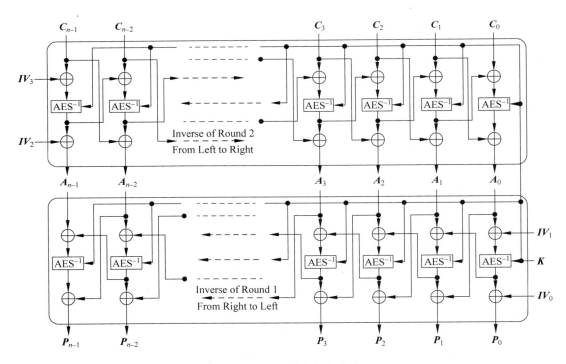

图 3-11　AES 图像解密系统

AES-S 系统的加密过程如下。

Step 1. 将明文图像 P 按行展开为一维向量,然后从左至右,每 16 个点一组,划分为 $n=MN/16$ 组,依次记为 $P_0, P_1, P_2, \cdots, P_{n-1}$。

Step 2. 借助式(3-27)~式(3-29)依次加密 $P_i, i=0,1,2,\cdots,n-1$,即

$$A_0 = IV_1 \oplus \text{AES}(K, P_0 \oplus IV_0) \tag{3-27}$$

$$A_1 = (IV_0 \oplus P_0) \oplus \text{AES}(K, P_1 \oplus A_0) \tag{3-28}$$

$$A_i = (A_{i-2} \oplus P_{i-1}) \oplus \text{AES}(K, P_i \oplus A_{i-1}), \quad i = 2,3,\cdots,n-1 \tag{3-29}$$

其中,$\text{AES}(K, X)$ 表示 AES 借助密钥 K 加密 X。

Step 3. 将 $A_i, i=0,1,2,\cdots,n-1$ 合并为一维向量,逐行排列为 $M \times N$ 的图像,记为 A, A 为 AES-S 系统的密文。

AES-D 系统的加密过程如下。

Step 1. 执行 AES-S 系统,得到中间密文序列 $A_i, i=0,1,2,\cdots,n-1$。

Step 2. 借助式(3-30)~式(3-32)依次加密 $A_i, i=n-1,n-2,\cdots,2,1,0$,即

$$C_{n-1} = IV_3 \oplus \text{AES}(K, A_{n-1} \oplus IV_2) \tag{3-30}$$

$$C_{n-2} = (IV_2 \oplus A_{n-1}) \oplus \text{AES}(K, A_{n-2} \oplus C_{n-1}) \tag{3-31}$$

$$C_i = (C_{i+2} \oplus A_{i+1}) \oplus \text{AES}(K, A_i \oplus C_{i+1}), \quad i = n-3, n-4, \cdots, 1, 0 \tag{3-32}$$

Step 3. 将 $C_i, i=0,1,\cdots,n-1$ 合并为一维向量,逐行排列为 $M \times N$ 的图像,记为 C,C 为 AES-D 系统的密文。

AES-S 系统的解密过程是 AES-S 系统的加密过程的逆过程,如图 3-11 所示,即借助式(3-33)~式(3-35)由 $A_i, i=0,1,2,\cdots,n-1$ 得到 $P_i, i=0,1,2,\cdots,n-1$。

$$P_0 = IV_0 \oplus \text{AES}^{-1}(K, A_0 \oplus IV_1) \tag{3-33}$$

$$P_1 = A_0 \oplus \text{AES}^{-1}(K, A_1 \oplus (P_0 \oplus IV_0)) \tag{3-34}$$

$$P_i = A_{i-1} \oplus \text{AES}^{-1}(K, A_i \oplus (P_{i-1} \oplus A_{i-2})), \quad i = 2,3,\cdots,n-1 \tag{3-35}$$

其中,$\text{AES}^{-1}(K, X)$ 表示 AES 使用密钥 K 解密 X。

AES-D 系统的解密过程如图 3-11 所示,首先借助式(3-36)~式(3-38)由 $C_i, i=0,1,\cdots, n-1$ 得到 $A_i, i=0,1,2,\cdots,n-1$,再由 AES-S 系统的解密过程(式(3-33)~式(3-35))得到最终的解密图像。

$$A_{n-1} = IV_2 \oplus \text{AES}^{-1}(K, C_{n-1} \oplus IV_3) \tag{3-36}$$

$$A_{n-2} = C_{n-1} \oplus \text{AES}^{-1}(K, C_{n-2} \oplus (A_{n-1} \oplus IV_2)) \tag{3-37}$$

$$A_i = C_{i+1} \oplus \text{AES}^{-1}(K, C_i \oplus (A_{i+1} \oplus C_{i+2})), \quad i = n-3, n-4, \cdots, 2, 1, 0 \tag{3-38}$$

3.2.1　AES MATLAB 程序

AES 图像加密与解密 MATLAB 程序文件见表 3-5。

表 3-5   AES 图像加密与解密 MATLAB 程序文件

序　号	文件名	输　入	输　出	作　用
程序 3-1	pc004. m	—	—	AES 算法测试
程序 3-2	ZLXAES. m	明文和密钥	密文	AES 加密算法
程序 3-3	ZLXAESRev. m	密文和密钥	明文	AES 解密算法
程序 3-4	AESKey. m	密钥	轮密钥	密钥扩展
程序 3-5	AESKey128. m	密钥	轮密钥	AES-128 系统密钥扩展
程序 3-6	AESKey192. m	密钥	轮密钥	AES-192 系统密钥扩展
程序 3-7	AESKey256. m	密钥	轮密钥	AES-256 系统密钥扩展
程序 3-8	Sbox. mat	—	—	S 盒
程序 3-9	AESEnc. m	明文与轮密钥	密文	AES 加密
程序 3-10	AESEnc128. m	明文与轮密钥	密文	AES-128 系统加密
程序 3-11	AESEnc192. m	明文与轮密钥	密文	AES-192 系统加密
程序 3-12	AESEnc256. m	明文与轮密钥	密文	AES-256 系统加密
程序 3-13	AESRound. m	轮输入 A	轮输出 C	轮函数
程序 3-14	RoundTblGenNr. m	—	RoundTblNrOne	第 Nr 轮的查找表
程序 3-15	RoundTblGen. m	—	RoundTblOne RoundTblTwo RoundTblThr RoundTblFou	$1\sim Nr-1$ 轮的查找表
程序 3-16	GF2p8Table. m	—	GF2p8Mul	$GF(2^8)$ 域乘法表
程序 3-17	AESDec. m	密文与轮密钥	明文	AES 解密
程序 3-18	AESDec128. m	密文与轮密钥	明文	AES-128 系统解密
程序 3-19	AESDec192. m	密文与轮密钥	明文	AES-192 系统解密
程序 3-20	AESDec256. m	密文与轮密钥	明文	AES-256 系统解密
程序 3-21	AESRevAdd. m	轮输入与轮密钥	异或结果	与轮密钥异或运算
程序 3-22	AESRevShiftRowAndBitRep. m	轮输入	字节代换结果	逆向行移位与字节代换
程序 3-23	AESRevMixColumn. m	轮输入	列置乱结果	逆向列置乱
程序 3-24	SboxInv. mat	—	—	逆 S 盒

【程序 3-1】   pc004. m 文件。

```
1      % filename: pc004. m
2      clear; clc;
3
4      K = [ hex2dec('2B'), hex2dec('7E'), hex2dec('15'), hex2dec('16'), …
5          hex2dec('28'), hex2dec('AE'), hex2dec('D2'), hex2dec('A6'), …
6          hex2dec('AB'), hex2dec('F7'), hex2dec('15'), hex2dec('88'), …
7          hex2dec('09'), hex2dec('CF'), hex2dec('4F'), hex2dec('3C')];
8      X = [ hex2dec('32'), hex2dec('43'), hex2dec('F6'), hex2dec('A8'), …
9          hex2dec('88'), hex2dec('5A'), hex2dec('30'), hex2dec('8D'), …
10          hex2dec('31'), hex2dec('31'), hex2dec('98'), hex2dec('A2'), …
11          hex2dec('E0'), hex2dec('37'), hex2dec('07'), hex2dec('34')];
12
13     % K = [ hex2dec('00'), hex2dec('01'), hex2dec('02'), hex2dec('03'), …
14     %     hex2dec('04'), hex2dec('05'), hex2dec('06'), hex2dec('07'), …
15     %     hex2dec('08'), hex2dec('09'), hex2dec('0A'), hex2dec('0B'), …
16     %     hex2dec('0C'), hex2dec('0D'), hex2dec('0E'), hex2dec('0F'), …
17     %     hex2dec('10'), hex2dec('11'), hex2dec('12'), hex2dec('13'), …
18     %     hex2dec('14'), hex2dec('15'), hex2dec('16'), hex2dec('17')];
19     % X = [ hex2dec('00'), hex2dec('11'), hex2dec('22'), hex2dec('33'), …
```

```
20      %          hex2dec('44'),hex2dec('55'),hex2dec('66'),hex2dec('77'),…
21      %          hex2dec('88'),hex2dec('99'),hex2dec('AA'),hex2dec('BB'),…
22      %          hex2dec('CC'),hex2dec('DD'),hex2dec('EE'),hex2dec('FF')];
23
24      %K = [hex2dec('00'),hex2dec('01'),hex2dec('02'),hex2dec('03'),…
25      %          hex2dec('04'),hex2dec('05'),hex2dec('06'),hex2dec('07'),…
26      %          hex2dec('08'),hex2dec('09'),hex2dec('0A'),hex2dec('0B'),…
27      %          hex2dec('0C'),hex2dec('0D'),hex2dec('0E'),hex2dec('0F'),…
28      %          hex2dec('10'),hex2dec('11'),hex2dec('12'),hex2dec('13'),…
29      %          hex2dec('14'),hex2dec('15'),hex2dec('16'),hex2dec('17'),…
30      %          hex2dec('18'),hex2dec('19'),hex2dec('1A'),hex2dec('1B'),…
31      %          hex2dec('1C'),hex2dec('1D'),hex2dec('1E'),hex2dec('1F')];
32      %X = [hex2dec('00'),hex2dec('11'),hex2dec('22'),hex2dec('33'),…
33      %          hex2dec('44'),hex2dec('55'),hex2dec('66'),hex2dec('77'),…
34      %          hex2dec('88'),hex2dec('99'),hex2dec('AA'),hex2dec('BB'),…
35      %          hex2dec('CC'),hex2dec('DD'),hex2dec('EE'),hex2dec('FF')];
36
37      %K = [169,86,165,171,81,123,164,61,76,193,188,58,7,166,200,64];
38      %K = [34,39,200,159,176,191,211,236,14,98,70,55,182,78,199,…
39      %          124,124,96,100,120,235,158,64,60];
40      %K = [253,134,14,66,191,169,121,224,139,201,237,38,179,203,134,…
41      %          35,128,140,112,80,125,42,114,98,40,92,132,4,239,197,81,109];
42      %X = [76,123,45,94,34,55,150,220,156,110,88,83,110,190,201,69];
43      tic;
44      Y = ZLXAES(X,K);
45      Z = ZLXAESRev(Y,K);
46      toc;
```

程序 3-1 中,第 4～7 行为长为 128 位的密钥 K,第 8～11 行为明文 X;第 13～18 行为长为 192 位的密钥 K,第 19～22 行为明文 X;第 24～31 行为长为 256 位的密钥 K,第 32～35 行为明文 X。第 37～41 行为十进制形式的 3 个测试密钥,第 42 行为明文 X。上述这些密钥和明文均作为算法测试用,每次测试只需要一个 K 和一个 X,其余都注释掉。其中,第 4～35 行的测试数据来自 FIPS 197 标准。

第 44 行调用 ZLXAES 函数,返回 AES 借助密钥 K 加密明文 X 的密文 Y。第 45 行调用 ZLXAESRev 函数,返回 AES 借助密钥 K 解密密文 Y 得到的解密文本 Z。

表 3-6 为 AES 的一些测试数据,供参考。

表 3-6 AES 的一些测试数据

序号	密　　　钥	明　　　文	密　　　文
1	2B7E 1516 28AE D2A6 ABF7 1588 09CF 4F3C	3243 F6A8 885A 308D 3131 98A2 E037 0734	3925 841D 02DC 09FB DC11 8597 196A 0B32
2	A956 A5AB 517B A43D 4CC1 BC3A 07A6 C840	4C7B 2D5E 2237 96DC 9C6E 5853 6EBE C945	88D7 DB18 AE73 E3F9 B092 D3D8 2D84 56EB
3	2227 C89F B0BF D3EC 0E62 4637 B64E C77C 7C60 6478 EB9E 403C	2E89 7E91 7861 1622 BDC4 9DCA BDE5 208D	FEE6 50F0 57C3 46C4 7CB4 DFD5 2E22 3E6F
4	FD86 0E42 BFA9 79E0 8BC9 ED26 B3CB 8623 808C 7050 7D2A 7262 285C 8404 EFC5 516D	A593 18BF 8F23 51A5 A6F5 E788 8FAB C21F	8E2E 1ACE 4775 F97B D604 6015 2108 97DD

【程序 3-2】 ZLXAES. m 文件。

```
1    function CO = ZLXAES(PI,KEY)
2    W = AESKey(KEY);
3    CO = AESEnc(PI,W);
4    end
```

程序 3-2 中,第 2 行调用 AESKey,由密钥 KEY 得到轮密钥 W;第 3 行调用函数 AESEnc,由明文 PI 和轮密钥 W 得到密文 CO。

【程序 3-3】 ZLXAESRev. m 文件。

```
1    function PO = ZLXAESRev(CI,KEY)
2    W = AESKey(KEY);
3    PO = AESDec(CI,W);
4    end
```

程序 3-3 中,第 2 行调用 AESKey 由密钥 KEY 得到轮密钥 W;第 3 行调用函数 AESDec 由密文 CI 和轮密钥 W 得到明文 PO。

【程序 3-4】 AESKey. m 文件。

```
1    function W = AESKey(K)
2    M = length(K);
3    switch M
4        case 128/8
5            N = 44;   W = zeros(1,N * 4);
6            W1 = AESKey128(K);
7        case 192/8
8            N = 52;   W = zeros(1,N * 4);
9            W1 = AESKey192(K);
10       case 256/8
11           N = 60;   W = zeros(1,N * 4);
12           W1 = AESKey256(K);
13       otherwise
14           disp('Secret Key Input Error!');
15           return;
16   end
17   for i = 1:N
18       for j = 1:4
19           W((i - 1) * 4 + j) = mod(floor(W1(i)/pow2((4 - j) * 8)),pow2(8));
20       end
21   end
22   end
```

程序 3-4 中,第 2 行获得输入密钥 K 的长度,当密钥长度为 128 位时,第 6 行调用 AESKey128 由密钥 K 生成轮密钥 W1;当密钥长度为 192 时,第 9 行调用 AESKey192 由密钥 K 生成轮密钥 W1;当密钥长度为 256 时,第 12 行调用 AESKey256 由密钥 K 生成轮密钥 W1。第 17～21 行将字型的轮密钥 W1 格式化为字节型的轮密钥 W。

【程序 3-5】 AESKey128. m 文件。

```
1    function W = AESKey128(K)
```

```
2        W = zeros(1,44);
3        for i = 1:4
4            W(i) = K((i - 1) * 4 + 1:i * 4) * transpose(pow2([24,16,8,0]));
5        end
6        load Sbox
7        RC = zeros(1,10);
8        for i = 1:8
9            RC(i) = pow2(i - 1);
10       end
11       RC(9) = bin2dec('00011011');
12       RC(10) = bin2dec('00110110');
13       for i = 1:10
14           V = zeros(1,4);
15           V(1) = mod(floor(W(i * 4)/pow2(16)),pow2(8));
16           V(2) = mod(floor(W(i * 4)/pow2(8)),pow2(8));
17           V(3) = mod(floor(W(i * 4)/pow2(0)),pow2(8));
18           V(4) = mod(floor(W(i * 4)/pow2(24)),pow2(8));
19           V(1) = bitxor(Sbox(floor(V(1) / pow2(4)) + 1, mod(V(1),pow2(4)) + 1),RC(i));
20           V(2) = Sbox(floor(V(2) / pow2(4)) + 1, mod(V(2),pow2(4)) + 1);
21           V(3) = Sbox(floor(V(3) / pow2(4)) + 1, mod(V(3),pow2(4)) + 1);
22           V(4) = Sbox(floor(V(4) / pow2(4)) + 1, mod(V(4),pow2(4)) + 1);
23           Vv = V(1) * pow2(24) + V(2) * pow2(16) + V(3) * pow2(8) + V(4);
24           W(i * 4 + 1) = bitxor(Vv,W((i - 1) * 4 + 1));
25           W(i * 4 + 2) = bitxor(W(i * 4 + 1),W((i - 1) * 4 + 2));
26           W(i * 4 + 3) = bitxor(W(i * 4 + 2),W((i - 1) * 4 + 3));
27           W(i * 4 + 4) = bitxor(W(i * 4 + 3),W((i - 1) * 4 + 4));
28       end
29   end
30
```

程序 3-5 实现了图 3-4 所示的 AES-128 密钥扩展操作。AESKey128 函数的输入为密钥 K，输出为轮密钥 W。其中，第 6 行为装入 Sbox 变量（即 S 盒）。

【程序 3-6】 AESKey192.m 文件。

```
1    function W = AESKey192(K)
2    W = zeros(1,52);
3    for i = 1:6
4        W(i) = K((i - 1) * 4 + 1:i * 4) * transpose(pow2([24,16,8,0]));
5    end
6    load Sbox
7    RC = zeros(1,8);
8    for i = 1:8
9        RC(i) = pow2(i - 1);
10   end
11   for i = 1:7
12       V = zeros(1,4);
13       V(1) = mod(floor(W(i * 6)/pow2(16)),pow2(8));
14       V(2) = mod(floor(W(i * 6)/pow2(8)),pow2(8));
15       V(3) = mod(floor(W(i * 6)/pow2(0)),pow2(8));
16       V(4) = mod(floor(W(i * 6)/pow2(24)),pow2(8));
17       V(1) = bitxor(Sbox(floor(V(1) / pow2(4)) + 1, mod(V(1),pow2(4)) + 1),RC(i));
```

```
18        V(2) = Sbox(floor(V(2) / pow2(4)) + 1, mod(V(2),pow2(4)) + 1);
19        V(3) = Sbox(floor(V(3) / pow2(4)) + 1, mod(V(3),pow2(4)) + 1);
20        V(4) = Sbox(floor(V(4) / pow2(4)) + 1, mod(V(4),pow2(4)) + 1);
21        Vv = V(1) * pow2(24) + V(2) * pow2(16) + V(3) * pow2(8) + V(4);
22        W(i * 6 + 1) = bitxor(Vv,W((i - 1) * 6 + 1));
23        W(i * 6 + 2) = bitxor(W(i * 6 + 1),W((i - 1) * 6 + 2));
24        W(i * 6 + 3) = bitxor(W(i * 6 + 2),W((i - 1) * 6 + 3));
25        W(i * 6 + 4) = bitxor(W(i * 6 + 3),W((i - 1) * 6 + 4));
26        W(i * 6 + 5) = bitxor(W(i * 6 + 4),W((i - 1) * 6 + 5));
27        W(i * 6 + 6) = bitxor(W(i * 6 + 5),W((i - 1) * 6 + 6));
28   end
29   i = 8;
30   V = zeros(1,4);
31   V(1) = mod(floor(W(i * 6)/pow2(16)),pow2(8));
32   V(2) = mod(floor(W(i * 6)/pow2(8)),pow2(8));
33   V(3) = mod(floor(W(i * 6)/pow2(0)),pow2(8));
34   V(4) = mod(floor(W(i * 6)/pow2(24)),pow2(8));
35   V(1) = bitxor(Sbox(floor(V(1) / pow2(4)) + 1, mod(V(1),pow2(4)) + 1),RC(i));
36   V(2) = Sbox(floor(V(2) / pow2(4)) + 1, mod(V(2),pow2(4)) + 1);
37   V(3) = Sbox(floor(V(3) / pow2(4)) + 1, mod(V(3),pow2(4)) + 1);
38   V(4) = Sbox(floor(V(4) / pow2(4)) + 1, mod(V(4),pow2(4)) + 1);
39   Vv = V(1) * pow2(24) + V(2) * pow2(16) + V(3) * pow2(8) + V(4);
40   W(i * 6 + 1) = bitxor(Vv,W((i - 1) * 6 + 1));
41   W(i * 6 + 2) = bitxor(W(i * 6 + 1),W((i - 1) * 6 + 2));
42   W(i * 6 + 3) = bitxor(W(i * 6 + 2),W((i - 1) * 6 + 3));
43   W(i * 6 + 4) = bitxor(W(i * 6 + 3),W((i - 1) * 6 + 4));
44   end
```

程序 3-6 实现了图 3-5 所示的 AES-192 密钥扩展操作。AESKey192 函数的输入为密钥 K，输出为轮密钥 W。

【程序 3-7】 AESKey256.m 文件。

```
1    function W = AESKey256(K)
2    W = zeros(1,60);
3    for i = 1:8
4        W(i) = K((i - 1) * 4 + 1:i * 4) * transpose(pow2([24,16,8,0]));
5    end
6    load Sbox
7    RC = zeros(1,7);
8    for i = 1:7
9        RC(i) = pow2(i - 1);
10   end
11   for i = 1:6
12       V = zeros(1,4);
13       V(1) = mod(floor(W(i * 8)/pow2(16)),pow2(8));
14       V(2) = mod(floor(W(i * 8)/pow2(8)),pow2(8));
15       V(3) = mod(floor(W(i * 8)/pow2(0)),pow2(8));
16       V(4) = mod(floor(W(i * 8)/pow2(24)),pow2(8));
17       V(1) = bitxor(Sbox(floor(V(1) / pow2(4)) + 1, mod(V(1),pow2(4)) + 1),RC(i));
18       V(2) = Sbox(floor(V(2) / pow2(4)) + 1, mod(V(2),pow2(4)) + 1);
19       V(3) = Sbox(floor(V(3) / pow2(4)) + 1, mod(V(3),pow2(4)) + 1);
```

```
20          V(4) = Sbox(floor(V(4) / pow2(4)) + 1, mod(V(4),pow2(4)) + 1);
21          Vv = V(1) * pow2(24) + V(2) * pow2(16) + V(3) * pow2(8) + V(4);
22          W(i * 8 + 1) = bitxor(Vv,W((i - 1) * 8 + 1));
23          W(i * 8 + 2) = bitxor(W(i * 8 + 1),W((i - 1) * 8 + 2));
24          W(i * 8 + 3) = bitxor(W(i * 8 + 2),W((i - 1) * 8 + 3));
25          W(i * 8 + 4) = bitxor(W(i * 8 + 3),W((i - 1) * 8 + 4));
26          H = zeros(1,4);
27          H(1) = mod(floor(W(i * 8 + 4)/pow2(24)),pow2(8));
28          H(2) = mod(floor(W(i * 8 + 4)/pow2(16)),pow2(8));
29          H(3) = mod(floor(W(i * 8 + 4)/pow2(8)),pow2(8));
30          H(4) = mod(floor(W(i * 8 + 4)/pow2(0)),pow2(8));
31          H(1) = Sbox(floor(H(1) / pow2(4)) + 1, mod(H(1),pow2(4)) + 1);
32          H(2) = Sbox(floor(H(2) / pow2(4)) + 1, mod(H(2),pow2(4)) + 1);
33          H(3) = Sbox(floor(H(3) / pow2(4)) + 1, mod(H(3),pow2(4)) + 1);
34          H(4) = Sbox(floor(H(4) / pow2(4)) + 1, mod(H(4),pow2(4)) + 1);
35          Hh = H(1) * pow2(24) + H(2) * pow2(16) + H(3) * pow2(8) + H(4);
36          W(i * 8 + 5) = bitxor(Hh,W((i - 1) * 8 + 5));
37          W(i * 8 + 6) = bitxor(W(i * 8 + 5),W((i - 1) * 8 + 6));
38          W(i * 8 + 7) = bitxor(W(i * 8 + 6),W((i - 1) * 8 + 7));
39          W(i * 8 + 8) = bitxor(W(i * 8 + 7),W((i - 1) * 8 + 8));
40      end
41      i = 7;
42      V = zeros(1,4);
43      V(1) = mod(floor(W(i * 8)/pow2(16)),pow2(8));
44      V(2) = mod(floor(W(i * 8)/pow2(8)),pow2(8));
45      V(3) = mod(floor(W(i * 8)/pow2(0)),pow2(8));
46      V(4) = mod(floor(W(i * 8)/pow2(24)),pow2(8));
47      V(1) = bitxor(Sbox(floor(V(1) / pow2(4)) + 1, mod(V(1),pow2(4)) + 1),RC(i));
48      V(2) = Sbox(floor(V(2) / pow2(4)) + 1, mod(V(2),pow2(4)) + 1);
49      V(3) = Sbox(floor(V(3) / pow2(4)) + 1, mod(V(3),pow2(4)) + 1);
50      V(4) = Sbox(floor(V(4) / pow2(4)) + 1, mod(V(4),pow2(4)) + 1);
51      Vv = V(1) * pow2(24) + V(2) * pow2(16) + V(3) * pow2(8) + V(4);
52      W(i * 8 + 1) = bitxor(Vv,W((i - 1) * 8 + 1));
53      W(i * 8 + 2) = bitxor(W(i * 8 + 1),W((i - 1) * 8 + 2));
54      W(i * 8 + 3) = bitxor(W(i * 8 + 2),W((i - 1) * 8 + 3));
55      W(i * 8 + 4) = bitxor(W(i * 8 + 3),W((i - 1) * 8 + 4));
56      end
```

程序 3-7 实现了图 3-6 所示的 AES-256 密钥扩展操作。AESKey256 函数的输入为密钥 K,输出为轮密钥 W。

【程序 3-8】　Sbox.mat 文件。

Sbox.mat 文件中只包含一个变量 Sbox,其为 16 行 16 列的二维数组(即 S 盒),内容如下(不含第一列表示的行号)。

1	99	124	119	123	242	107	111	197	48	1	103	43	254	215	171	118
2	202	130	201	125	250	89	71	240	173	212	162	175	156	164	114	192
3	183	253	147	38	54	63	247	204	52	165	229	241	113	216	49	21
4	4	199	35	195	24	150	5	154	7	18	128	226	235	39	178	117
5	9	131	44	26	27	110	90	160	82	59	214	179	41	227	47	132
6	83	209	0	237	32	252	177	91	106	203	190	57	74	76	88	207

7	208	239	170	251	67	77	51	133	69	249	2	127	80	60	159	168
8	81	163	64	143	146	157	56	245	188	182	218	33	16	255	243	210
9	205	12	19	236	95	151	68	23	196	167	126	61	100	93	25	115
10	96	129	79	220	34	42	144	136	70	238	184	20	222	94	11	219
11	224	50	58	10	73	6	36	92	194	211	172	98	145	149	228	121
12	231	200	55	109	141	213	78	169	108	86	244	234	101	122	174	8
13	186	120	37	46	28	166	180	198	232	221	116	31	75	189	139	138
14	112	62	181	102	72	3	246	14	97	53	87	185	134	193	29	158
15	225	248	152	17	105	217	142	148	155	30	135	233	206	85	40	223
16	140	161	137	13	191	230	66	104	65	153	45	15	176	84	187	22

上述为变量 Sbox 的内容(不含第一列表示的行号),在 MATLAB 命令窗口下输入 save Sbox. mat Sbox,则产生 Sbox. mat 文件。

【程序 3-9】　AESEnc. m 文件。

```
1    function Y = AESEnc(X,W)
2    n = length(W);
3    switch n
4        case 176
5            Y = AESEnc128(X,W);
6        case 208
7            Y = AESEnc192(X,W);
8        case 240
9            Y = AESEnc256(X,W);
10       otherwise
11           disp('Input Error!');
12           return;
13   end
14   end
```

程序 3-9 为 AES 加密算法函数,输入为明文 X 和轮密钥 W,输出为密文 Y。该函数根据轮密钥的长度,调用相应的 AES 算法。如果轮密钥长 176B,则第 5 行调用 AESEnc128 加密函数;如果轮密钥长 208B,则调用 AESEnc192 加密函数;如果轮密钥长 240B,则调用 AESEnc256 加密函数。这 3 个加密函数分别对应 AES-128、AES-192 和 AES-256 系统。

【程序 3-10】　AESEnc128. m 文件。

```
1    function Y = AESEnc128(X,W)
2    load RoundTblNrOne.mat;
3    X = bitxor(X,W(1:16));
4    % Round 1 to nr - 1, nr = 10
5    nr = 10;
6    C = zeros(1,16);
7    for i = 1:nr - 1
8        C = AESRound(X);
9        X = bitxor(C,W(i * 16 + 1:i * 16 + 16));
10   end
11   % nr - th Round
12   C(1:4) = [RoundTblNrOne(X(1) + 1,1) RoundTblNrOne(X(6) + 1,1) ...
13       RoundTblNrOne(X(11) + 1,1) RoundTblNrOne(X(16) + 1,1)];
14   C(5:8) = [RoundTblNrOne(X(5) + 1,1) RoundTblNrOne(X(10) + 1,1) ...
```

```
15          RoundTblNrOne(X(15) + 1,1) RoundTblNrOne(X(4) + 1,1)];
16      C(9:12) = [RoundTblNrOne(X(9) + 1,1) RoundTblNrOne(X(14) + 1,1) …
17          RoundTblNrOne(X(3) + 1,1) RoundTblNrOne(X(8) + 1,1)];
18      C(13:16) = [RoundTblNrOne(X(13) + 1,1) RoundTblNrOne(X(2) + 1,1) …
19          RoundTblNrOne(X(7) + 1,1) RoundTblNrOne(X(12) + 1,1)];
20      Y = bitxor(C,W(nr * 16 + 1:nr * 16 + 16));
21      end
```

程序 3-10 为 AES-128 系统加密算法,第 2 行装入变量 RoundTblNrOne,RoundTblNrOne 为 AES 加密第 nr 轮(即最后一轮)的查找表,该表的生成方式见程序 3-14。第 7~10 行为第 1~nr-1 轮的加密操作,调用 AESRound 函数实现图 3-2 所示的轮加密。第 12~20 行为第 nr 轮的加密操作。

【程序 3-11】 AESEnc192.m 文件。

```
1       function Y = AESEnc192(X,W)
2       load RoundTblNrOne.mat;
3       X = bitxor(X,W(1:16));
4       % Round 1 to nr - 1, nr = 12
5       nr = 12;
6       C = zeros(1,16);
7       for i = 1:nr - 1
8           C = AESRound(X);
9           X = bitxor(C,W(i * 16 + 1:i * 16 + 16));
10      end
11      % nr - th Round
12      C(1:4) = [RoundTblNrOne(X(1) + 1,1) RoundTblNrOne(X(6) + 1,1) …
13          RoundTblNrOne(X(11) + 1,1) RoundTblNrOne(X(16) + 1,1)];
14      C(5:8) = [RoundTblNrOne(X(5) + 1,1) RoundTblNrOne(X(10) + 1,1) …
15          RoundTblNrOne(X(15) + 1,1) RoundTblNrOne(X(4) + 1,1)];
16      C(9:12) = [RoundTblNrOne(X(9) + 1,1) RoundTblNrOne(X(14) + 1,1) …
17          RoundTblNrOne(X(3) + 1,1) RoundTblNrOne(X(8) + 1,1)];
18      C(13:16) = [RoundTblNrOne(X(13) + 1,1) RoundTblNrOne(X(2) + 1,1) …
19          RoundTblNrOne(X(7) + 1,1) RoundTblNrOne(X(12) + 1,1)];
20      Y = bitxor(C,W(nr * 16 + 1:nr * 16 + 16));
21      end
```

程序 3-11 为 AES-192 系统的加密操作,工作原理与程序 3-10 相似。

【程序 3-12】 AESEnc256.m 文件。

```
1       function Y = AESEnc256(X,W)
2       load RoundTblNrOne.mat;
3       X = bitxor(X,W(1:16));
4       % Round 1 to nr - 1, nr = 14
5       nr = 14;
6       C = zeros(1,16);
7       for i = 1:nr - 1
8           C = AESRound(X);
9           X = bitxor(C,W(i * 16 + 1:i * 16 + 16));
10      end
11      % nr - th Round
```

```
12      C(1:4) = [RoundTblNrOne(X(1) + 1,1) RoundTblNrOne(X(6) + 1,1) ···
13          RoundTblNrOne(X(11) + 1,1) RoundTblNrOne(X(16) + 1,1)];
14      C(5:8) = [RoundTblNrOne(X(5) + 1,1) RoundTblNrOne(X(10) + 1,1) ···
15          RoundTblNrOne(X(15) + 1,1) RoundTblNrOne(X(4) + 1,1)];
16      C(9:12) = [RoundTblNrOne(X(9) + 1,1) RoundTblNrOne(X(14) + 1,1) ···
17          RoundTblNrOne(X(3) + 1,1) RoundTblNrOne(X(8) + 1,1)];
18      C(13:16) = [RoundTblNrOne(X(13) + 1,1) RoundTblNrOne(X(2) + 1,1) ···
19          RoundTblNrOne(X(7) + 1,1) RoundTblNrOne(X(12) + 1,1)];
20      Y = bitxor(C,W(nr * 16 + 1:nr * 16 + 16));
21      end
```

程序 3-12 为 AES-256 系统的加密操作,工作原理与程序 3-10 相似。

【程序 3-13】 AESRound.m 文件。

```
1       function C = AESRound(A)
2       C = zeros(1,16);
3       load RoundTblOne;
4       load RoundTblTwo;
5       load RoundTblThr;
6       load RoundTblFou;
7       Aa = zeros(1,16);
8       Aa(1) = A(1);Aa(2) = A(6);Aa(3) = A(11); Aa(4) = A(16);
9       Aa(5) = A(5);Aa(6) = A(10); Aa(7) = A(15); Aa(8) = A(4);
10      Aa(9) = A(9);Aa(10) = A(14);Aa(11) = A(3); Aa(12) = A(8);
11      Aa(13) = A(13);Aa(14) = A(2); Aa(15) = A(7); Aa(16) = A(12);
12      for i = 1:4
13          C((i - 1) * 4 + 1:i * 4) = bitxor(bitxor(bitxor(RoundTblOne(Aa((i - 1) * 4 + 1) + 1,:), ···
14              RoundTblTwo(Aa((i - 1) * 4 + 2) + 1,:)),RoundTblThr(Aa((i - 1) * 4 + 3) + 1,:)), ···
15              RoundTblFou(Aa((i - 1) * 4 + 4) + 1,:));
16      end
17      end
```

程序 3-13 实现了 AES 的轮加密操作,即如图 3-2 所示的操作,第 3~6 行装入 4 个变量 RoundTblOne、RoundTblTwo、RoundTblThr 和 RoundTblFou,为 4 种类型的查找表,可直接由轮输入 A 查得轮输出 C。这 4 个查找表的构造方式如程序 3-15 所示。

【程序 3-14】 RoundTblGenNr.m 文件。

```
1       clear; clc;
2       load Sbox;
3       RoundTblNrOne = zeros(256,1);
4       for i = 0:255
5           B0 = Sbox(floor(i/16) + 1,mod(i,16) + 1);
6           RoundTblNrOne(i + 1,1) = B0;
7       end
8       save RoundTblNrOne.mat RoundTblNrOne
```

程序 3-14 用于产生 RoundTblNrOne 查找表和 RoundTblNrOne.mat 文件。

【程序 3-15】 RoundTblGen.m 文件。

```
1       clear; clc;
2       load GF2p8Mul;
```

```
3       load Sbox;
4       RoundTblOne = zeros(256,4);
5       RoundTblTwo = zeros(256,4);
6       RoundTblThr = zeros(256,4);
7       RoundTblFou = zeros(256,4);
8       for i = 0:255
9           B0 = Sbox(floor(i/16) + 1,mod(i,16) + 1);
10          RoundTblOne(i + 1,1) = GF2p8Mul(3,B0 + 1);
11          RoundTblOne(i + 1,2) = GF2p8Mul(2,B0 + 1);
12          RoundTblOne(i + 1,3) = GF2p8Mul(2,B0 + 1);
13          RoundTblOne(i + 1,4) = GF2p8Mul(4,B0 + 1);
14      end
15      for i = 0:255
16          B1 = Sbox(floor(i/16) + 1,mod(i,16) + 1);
17          RoundTblTwo(i + 1,1) = GF2p8Mul(4,B1 + 1);
18          RoundTblTwo(i + 1,2) = GF2p8Mul(3,B1 + 1);
19          RoundTblTwo(i + 1,3) = GF2p8Mul(2,B1 + 1);
20          RoundTblTwo(i + 1,4) = GF2p8Mul(2,B1 + 1);
21      end
22      for i = 0:255
23          B2 = Sbox(floor(i/16) + 1,mod(i,16) + 1);
24          RoundTblThr(i + 1,1) = GF2p8Mul(2,B2 + 1);
25          RoundTblThr(i + 1,2) = GF2p8Mul(4,B2 + 1);
26          RoundTblThr(i + 1,3) = GF2p8Mul(3,B2 + 1);
27          RoundTblThr(i + 1,4) = GF2p8Mul(2,B2 + 1);
28      end
29      for i = 0:255
30          B3 = Sbox(floor(i/16) + 1,mod(i,16) + 1);
31          RoundTblFou(i + 1,1) = GF2p8Mul(2,B3 + 1);
32          RoundTblFou(i + 1,2) = GF2p8Mul(2,B3 + 1);
33          RoundTblFou(i + 1,3) = GF2p8Mul(4,B3 + 1);
34          RoundTblFou(i + 1,4) = GF2p8Mul(3,B3 + 1);
35      end
36      save RoundTblOne.mat RoundTblOne
37      save RoundTblTwo.mat RoundTblTwo
38      save RoundTblThr.mat RoundTblThr
39      save RoundTblFou.mat RoundTblFou
```

程序 3-15 用于产生 RoundTblOne、RoundTblTwo、RoundTblThr 和 RoundTblFou 查找表，这 4 个表分别保存在文件 RoundTblOne.mat、RoundTblTwo.mat、RoundTblThr.mat 和 RoundTblFou.mat 中。第 2 行装入的变量 GF2p8Mul 为 GF(2^8)域的乘法表，见程序 3-16。

【程序 3-16】 GF2p8Table.m 文件。

```
1       function [T1,T2] = GF2p8Table()
2       a = zeros(1,8);b = zeros(1,8);m = [1 0 0 0 1 1 0 1 1];
3       AM = zeros(256,256);PM = zeros(256,256);
4       for i = 0:pow2(8) - 1
5           for j = 1:8
6               a(j) = mod(floor(i/pow2(8 - j)),2);
7           end
```

```
8          for j = 0:pow2(8) - 1
9              for k = 1:8
10                 b(k) = mod(floor(j/pow2(8 - k)),2);
11             end
12             t = mod(a + b,2);r = mod(t,2);v = sum(r. * pow2(7: - 1:0));
13             AM(i + 1,j + 1) = v;
14         end
15     end
16     T1 = AM;
17     for i = 0:pow2(8) - 1
18         for j = 1:8
19             a(j) = mod(floor(i/pow2(8 - j)),2);
20         end
21         for j = 0:pow2(8) - 1
22             for k = 1:8
23                 b(k) = mod(floor(j/pow2(8 - k)),2);
24             end
25             t = conv(a,b);t = mod(t,2);[~,r] = deconv(t,m);
26             r = mod(r,2);v = sum(r(8:15). * pow2(7: - 1:0));PM(i + 1,j + 1) = v;
27         end
28     end
29     T2 = PM;
30 end
```

程序 3-16 中,函数 GF2p8Table 的执行将返回 GF(2^8) 域的加法表 T1 和乘法表 T2。在 MATLAB 命令行窗口下,执行[T1,GF2p8Mul]＝GF2p8Table(); save GF2p8Mul. mat GF2p8Mul;可生成 GF2p8Mul. mat 文件。

【程序 3-17】 AESDec. m 文件。

```
1      function Y = AESDec(X,W)
2      n = length(W);
3      switch n
4          case 176
5              Y = AESDec128(X,W);
6          case 208
7              Y = AESDec192(X,W);
8          case 240
9              Y = AESDec256(X,W);
10         otherwise
11             disp('Input Error!');
12             return;
13     end
14 end
```

程序 3-17 为 AES 解密函数,输入为密文 X 和轮密钥 W,输出为明文 Y。第 2 行获得轮密钥的长度,如果轮密钥长 176B,则调用 AESDec128 解密函数;如果轮密钥长 208B,则调用 AESDec192 解密函数;如果轮密钥长 256B,则调用 AESDec256 解密函数。这 3 个解密函数分别对应 AES-128、AES-192 和 AES-256 系统的逆过程。

【**程序 3-18**】 AESDec128.m 文件。

```
1      function Y = AESDec128(X,W)
2      nr = 10;
3      B = AESRevAdd(X,W(nr * 16 + 1:nr * 16 + 16));
4      A = AESRevShiftRowAndBitRep(B);
5      for i = nr - 1: - 1:1
6          C = AESRevAdd(A,W(i * 16 + 1:i * 16 + 16));
7          B = AESRevMixColumn(C);
8          A = AESRevShiftRowAndBitRep(B);
9      end
10     i = 0;
11     Y = AESRevAdd(A,W(i * 16 + 1:i * 16 + 16));
12     end
```

程序 3-18 为 AES-128 系统的解密函数。第 2~4 行为解密过程的第一轮,实现了图 3-9 中的"与子密钥相异或""ShiftRows^{-1}"和"SubBytes^{-1}"操作。第 5~9 行为其余的轮操作,实现图 3-9 中的轮处理过程。

【**程序 3-19**】 AESDec192.m 文件。

```
1      function Y = AESDec192(X,W)
2      nr = 12;
3      B = AESRevAdd(X,W(nr * 16 + 1:nr * 16 + 16));
4      A = AESRevShiftRowAndBitRep(B);
5      for i = nr - 1: - 1:1
6          C = AESRevAdd(A,W(i * 16 + 1:i * 16 + 16));
7          B = AESRevMixColumn(C);
8          A = AESRevShiftRowAndBitRep(B);
9      end
10     i = 0;
11     Y = AESRevAdd(A,W(i * 16 + 1:i * 16 + 16));
12     end
```

程序 3-19 为 AES-192 系统的解密函数,工作原理与程序 3-18 类似。

【**程序 3-20**】 AESDec256.m 文件。

```
1      function Y = AESDec256(X,W)
2      nr = 14;
3      B = AESRevAdd(X,W(nr * 16 + 1:nr * 16 + 16));
4      A = AESRevShiftRowAndBitRep(B);
5      for i = nr - 1: - 1:1
6          C = AESRevAdd(A,W(i * 16 + 1:i * 16 + 16));
7          B = AESRevMixColumn(C);
8          A = AESRevShiftRowAndBitRep(B);
9      end
10     i = 0;
11     Y = AESRevAdd(A,W(i * 16 + 1:i * 16 + 16));
12     end
```

程序 3-20 为 AES-256 系统的解密函数,工作原理与程序 3-18 类似。

【程序 3-21】 AESRevAdd. m 文件。

```
1    function Y = AESRevAdd(X,W)
2    Y = bitxor(X,W);
3    end
```

程序 3-21 的函数 AESRevAdd 实现 AES 解密过程中每轮的"与轮密钥异或"操作。

【程序 3-22】 AESRevShiftRowAndBitRep. m 文件。

```
1    function A = AESRevShiftRowAndBitRep(B)
2    Bb = [B(1) B(14) B(11) B(8) B(5) B(2) B(15) B(12) B(9) …
3         B(6) B(3) B(16) B(13) B(10) B(7) B(4)];
4    A = zeros(1,16);
5    load SboxInv.mat;
6    for i = 1:16
7        A(i) = SboxInv(floor(Bb(i)/16) + 1,mod(Bb(i),16) + 1);
8    end
9    end
```

程序 3-22 的函数 AESRevShiftRowAndBitRep 实现 AES 解密过程中每轮的 ShiftRows^{-1} 和 SubBytes^{-1} 操作。第 5 行装入逆 S 盒 SboxInv,见程序 3-24。

【程序 3-23】 AESRevMixColumn. m 文件。

```
1    function B = AESRevMixColumn(C)
2    load GF2p8Mul.mat;
3    B = zeros(1,16);
4    for i = 1:4
5        B((i-1) * 4 + 1) = bitxor(bitxor(bitxor(GF2p8Mul(14 + 1,C((i-1) * 4 + 1) + 1), …
6            GF2p8Mul(11 + 1,C((i-1) * 4 + 2) + 1)),GF2p8Mul(13 + 1,C((i-1) * 4 + 3) + 1)), …
7            GF2p8Mul(9 + 1,C((i-1) * 4 + 4) + 1));
8        B((i-1) * 4 + 2) = bitxor(bitxor(bitxor(GF2p8Mul(9 + 1,C((i-1) * 4 + 1) + 1), …
9            GF2p8Mul(14 + 1,C((i-1) * 4 + 2) + 1)),GF2p8Mul(11 + 1,C((i-1) * 4 + 3) + 1)), …
10           GF2p8Mul(13 + 1,C((i-1) * 4 + 4) + 1));
11       B((i-1) * 4 + 3) = bitxor(bitxor(bitxor(GF2p8Mul(13 + 1,C((i-1) * 4 + 1) + 1), …
12           GF2p8Mul(9 + 1,C((i-1) * 4 + 2) + 1)),GF2p8Mul(14 + 1,C((i-1) * 4 + 3) + 1)), …
13           GF2p8Mul(11 + 1,C((i-1) * 4 + 4) + 1));
14       B((i-1) * 4 + 4) = bitxor(bitxor(bitxor(GF2p8Mul(11 + 1,C((i-1) * 4 + 1) + 1), …
15           GF2p8Mul(13 + 1,C((i-1) * 4 + 2) + 1)),GF2p8Mul(9 + 1,C((i-1) * 4 + 3) + 1)), …
16           GF2p8Mul(14 + 1,C((i-1) * 4 + 4) + 1));
17   end
18   end
```

程序 3-23 的函数 AESRevMixColumn 实现 AES 解密过程中每轮的 MixColumns^{-1} 操作。

【程序 3-24】 SboxInv. mat 文件。

SboxInv. mat 文件中包含变量 SboxInv,该变量为 S^{-1} 盒,其值如下(不含第一列表示的行号)。

1	82	9	106	213	48	54	165	56	191	64	163	158	129	243	215	251
2	124	227	57	130	155	47	255	135	52	142	67	68	196	222	233	203

3	84	123	148	50	166	194	35	61	238	76	149	11	66	250	195	78
4	8	46	161	102	40	217	36	178	118	91	162	73	109	139	209	37
5	114	248	246	100	134	104	152	22	212	164	92	204	93	101	182	146
6	108	112	72	80	253	237	185	218	94	21	70	87	167	141	157	132
7	144	216	171	0	140	188	211	10	247	228	88	5	184	179	69	6
8	208	44	30	143	202	63	15	2	193	175	189	3	1	19	138	107
9	58	145	17	65	79	103	220	234	151	242	207	206	240	180	230	115
10	150	172	116	34	231	173	53	133	226	249	55	232	28	117	223	110
11	71	241	26	113	29	41	197	137	111	183	98	14	170	24	190	27
12	252	86	62	75	198	210	121	32	154	219	192	254	120	205	90	244
13	31	221	168	51	136	7	199	49	177	18	16	89	39	128	236	95
14	96	81	127	169	25	181	74	13	45	229	122	159	147	201	156	239
15	160	224	59	77	174	42	245	176	200	235	187	60	131	83	153	97
16	23	43	4	126	186	119	214	38	225	105	20	99	85	33	12	125

表 3-5 中程序间的调用关系如图 3-12 所示。pc004.m 是 AES 加密与解密的测试程序，其调用了 AES 加密程序 AESEnc.m、AES 解密程序 AESDec.m 和 AES 密钥扩展程序 AESKey.m。AESEnc.m 是总的 AES 加密程序，其根据输入密钥的长度选择要执行的 AES 加密程序 AESEnc128.m、AESEnc192.m 或 AESEnc256.m，这 3 个加密程序的轮函数均由程序 AESRound.m 实现，并使用 RoundTblNrOne.mat 文件进行最后一轮的加密操作。AESRound.m 需要 4 个查找表 RoundTblOne.m、RoundTblTwo.m、RoundTblThr.m 和 RoundTblFou.m。

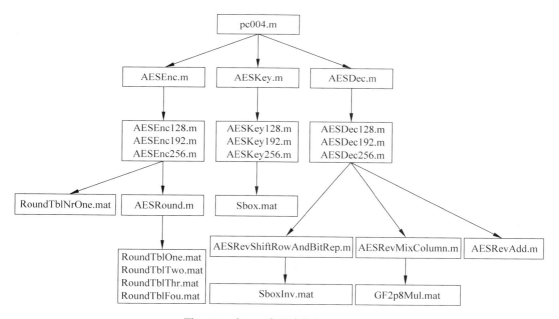

图 3-12 表 3-5 中程序间的调用关系

AESKey.m 为总的密钥扩展程序，根据密钥的长度选择要执行的密钥扩展程序 AESKey128.m、AESKey192.m 或 AESKey256.m，这 3 个程序都需要 S 盒文件 Sbox.mat。

AESDec.m 为总的 AES 解密程序，根据密钥的长度选择要执行的解密程序 AESDec128.m、AESDec192.m 或 AESDec256.m，这 3 个解密函数的轮需要文件

AESRevAdd.m、AESRevMixColumn.m 和 AESRevShiftRowAndBitRep.m 的支持,其中,AESRevShiftRowAndBitRep.m 使用了逆 S 盒 SboxInv.mat,AESRevMixColumn.m 使用 GF(2^8)域乘法查找表 GF2p8Mul.mat。

3.2.2 AES 图像加密 MATLAB 程序

图 3-10 和图 3-11 中,AES-S 系统的图像加密与解密函数如程序 3-25 和程序 3-26 所示。程序 3-27 为 AES-S 系统的测试程序 pc005.m。

【程序 3-25】 AES-S 系统的加密程序 AES_S_Enc.m。

```
1    function C = AES_S_Enc(P,K)
2    P1 = double(P);
3    [M,N] = size(P1);
4    P1 = transpose(P1);
5    X = transpose(P1(:));
6    Y = zeros(1,length(X));
7    IV0 = zeros(1,16);
8    IV1 = zeros(1,16);
9    for i = 1:M * N/16
10       if i == 1
11           X((i-1) * 16 + 1:i * 16) = bitxor(X((i-1) * 16 + 1:i * 16),IV0);
12           Y((i-1) * 16 + 1:i * 16) = ZLXAES(X((i-1) * 16 + 1:i * 16),K);
13           Y((i-1) * 16 + 1:i * 16) = bitxor(Y((i-1) * 16 + 1:i * 16),IV1);
14       else
15           X((i-1) * 16 + 1:i * 16) = bitxor(X((i-1) * 16 + 1:i * 16),Y((i-2) * 16 + 1:(i-1) * 16));
16           Y((i-1) * 16 + 1:i * 16) = ZLXAES(X((i-1) * 16 + 1:i * 16),K);
17           Y((i-1) * 16 + 1:i * 16) = bitxor(Y((i-1) * 16 + 1:i * 16),X((i-2) * 16 + 1:(i-1) * 16));
18       end
19   end
20   C = reshape(Y,N,M);
21   C = transpose(C);
22   end
```

程序 3-25 为 AES-S 系统加密图像函数 AES_S_Enc,输入为明文图像 P 和密钥 K,输出为密文图像 C。第 3 行获得图像的行数 M 和列数 N,第 4、5 行将图像按行展成一维向量。第 9~19 行循环执行 MN/16 次,逐个小图像块进行加密,密文保存在向量 Y 中。第 20、21 行将 Y 逐行还原为 M 行 N 列的图像 C,C 为密文图像。

【程序 3-26】 AES-S 系统的解密程序 AES_S_Dec.m。

```
1    function P = AES_S_Dec(C,K)
2    C1 = double(C);
3    [M,N] = size(C1);
4    C1 = transpose(C1);
5    Y = transpose(C1(:));
6    X = zeros(1,length(Y));
7    IV0 = zeros(1,16);
8    IV1 = zeros(1,16);
9    for i = 1:M * N/16
10       if i == 1
```

```
11              temp = ZLXAESRev(bitxor(Y((i-1)*16+1:i*16),IV1),K);
12              X((i-1)*16+1:i*16) = bitxor(temp,IV0);
13          else
14              temp = ZLXAESRev(bitxor(Y((i-1)*16+1:i*16),temp),K);
15              X((i-1)*16+1:i*16) = bitxor(temp,Y((i-2)*16+1:(i-1)*16));
16          end
17      end
18      P = reshape(X,N,M);
19      P = transpose(P);
20      end
```

AES_S_Dec 为 AES-S 系统的解密函数,输入为密文图像 C 和密钥 K,输出为解密后的图像 P。第 2、4、5 行将密文图像 C 逐行展开为一维向量 Y。第 9～17 行循环 MN/16 次,即逐个小图像块进行解密处理。第 18、19 行将解密得到的向量 X 逐行还原为 M 行 N 列的图像 P,P 为解密后的图像。

【程序 3-27】 AES-S 系统的测试程序 pc005.m。

```
1       % filename:pc005.m
2       clc;clear;close all;
3       iptsetpref('imshowborder','tight');
4       P1 = imread('Lena.tif');
5       figure(1);imshow(P1);
6       P1 = double(P1);
7       K = [169,86,165,171,81,123,164,61,76,193,188,58,7,166,200,64];
8       % K = [34,39,200,159,176,191,211,236,14,98,70,55,182,78,199,124,…
9       %       124,96,100,120,235,158,64,60];
10      % K = [253,134,14,66,191,169,121,224,139,201,237,38,179,203,134,35,…
11      %       128,140,112,80,125,42,114,98,40,92,132,4,239,197,81,109];
12      tic;
13      C1 = AES_S_Enc(P1,K);
14      toc;
15      figure(2);imshow(uint8(C1));
16      tic;
17      P2 = AES_S_Dec(C1,K);
18      toc;
19      figure(3);imshow(uint8(P2));
```

程序 3-27 中,第 4 行读取 Lena 图像,第 7 行设置密钥 K。第 13 行调用函数 AES_S_Enc 加密图像 P1,得到密文 C1;第 17 行调用函数 AES_S_Dec 解密 C1,得到 P2。

在程序 3-27 中,没有对 AES 程序进行优化,密钥的长度取为 128 位、192 位或 256 位时,程序的运行时间见表 3-7。由于每次调用 AES 加密与解密算法时,都要进行大量查找表数据的装入内存处理,所以,不经优化处理时,AES 加密与解密数字图像的速度比较慢。

表 3-7 AES-S 系统的 256×256 像素灰度图像加密/解密时间(单位:s)

密 钥 长 度	128 位	192 位	256 位
AES-S 加密时间	97.9515	120.0592	141.8456
AES-S 解密时间	68.3600	82.8575	97.8160

不失一般性,下面列举了 AES-S 系统加密与解密 Lena 图像的试验结果,如图 3-13 所示。图 3-13(a)～(c)依次为 pc005.m 使用第 7 行,第 8、9 行,第 10、11 行密钥加密 Lena 图像得到的密文图像。图 3-13(d)为 3 种情况下解密得到的图像。根据图 3-13,直观上可见 AES-S 系统加密效果良好。

(a) pc005.m使用第7行密钥   (b) pc005.m使用第8、9行密钥

(c) pc005.m使用第10、11行密钥   (d) 3种情况下解密得到的图像

图 3-13　AES-S 系统实验结果

图 3-10 和图 3-11 中,AES-D 系统的图像加密与解密函数如程序 3-28 和程序 3-29 所示。程序 3-30 为 AES-D 系统的测试程序 pc006.m。

【程序 3-28】　AES-D 系统的加密程序 AES_D_Enc.m。

```
1      function C = AES_D_Enc(P,K)
2      P1 = double(P);
3      [M,N] = size(P1);
4      P1 = transpose(P1);
5      X = transpose(P1(:));
6      Y = zeros(1,length(X));
7      IV0 = zeros(1,16); IV1 = zeros(1,16);
8      IV2 = zeros(1,16); IV3 = zeros(1,16);
9      for i = 1:M * N/16
10         if i == 1
11             X((i - 1) * 16 + 1:i * 16) = bitxor(X((i - 1) * 16 + 1:i * 16),IV0);
12             Y((i - 1) * 16 + 1:i * 16) = ZLXAES(X((i - 1) * 16 + 1:i * 16),K);
13             Y((i - 1) * 16 + 1:i * 16) = bitxor(Y((i - 1) * 16 + 1:i * 16),IV1);
14         else
15             X((i - 1) * 16 + 1:i * 16) = bitxor(X((i - 1) * 16 + 1:i * 16),Y((i - 2) * 16 + 1:(i - 1) * 16));
16             Y((i - 1) * 16 + 1:i * 16) = ZLXAES(X((i - 1) * 16 + 1:i * 16),K);
```

```
17              Y((i-1)*16+1:i*16) = bitxor(Y((i-1)*16+1:i*16),X((i-2)*16+1:(i-1)*16));
18          end
19      end
20      X = Y;
21      for i = M*N/16: -1:1
22          if i == M*N/16
23              X((i-1)*16+1:i*16) = bitxor(X((i-1)*16+1:i*16),IV2);
24              Y((i-1)*16+1:i*16) = ZLXAES(X((i-1)*16+1:i*16),K);
25              Y((i-1)*16+1:i*16) = bitxor(Y((i-1)*16+1:i*16),IV3);
26          else
27              X((i-1)*16+1:i*16) = bitxor(X((i-1)*16+1:i*16),Y(i*16+1:(i+1)*16));
28              Y((i-1)*16+1:i*16) = ZLXAES(X((i-1)*16+1:i*16),K);
29              Y((i-1)*16+1:i*16) = bitxor(Y((i-1)*16+1:i*16),X(i*16+1:(i+1)*16));
30          end
31      end
32      C = reshape(Y,N,M);
33      C = transpose(C);
34      end
```

AES_D_Enc 为 AES-D 系统的加密图像函数，输入为明文图像 P 和密钥 K，输出为密文图像 C。第 3 行获得图像的行数 M 和列数 N，第 4、5 行将图像按行展成一维向量。第 9~19 行为 AES-S 加密，第 21~31 行循环执行 MN/16 次，将 AES-S 加密得到的中间密文小图像块逆序进行加密，密文保存在向量 Y 中。第 32、33 行将 Y 逐行还原为 M 行 N 列的图像 C，C 为密文图像。

【程序 3-29】 AES-D 系统的解密程序 AES_D_Dec.m。

```
1       function P = AES_D_Dec(C,K)
2       C1 = double(C);
3       [M,N] = size(C1);
4       C1 = transpose(C1);
5       Y = transpose(C1(:));
6       X = zeros(1,length(Y));
7       IV0 = zeros(1,16); IV1 = zeros(1,16);
8       IV2 = zeros(1,16); IV3 = zeros(1,16);
9       for i = M*N/16: -1:1
10          if i == M*N/16
11              temp = ZLXAESRev(bitxor(Y((i-1)*16+1:i*16),IV3),K);
12              X((i-1)*16+1:i*16) = bitxor(temp,IV2);
13          else
14              temp = ZLXAESRev(bitxor(Y((i-1)*16+1:i*16),temp),K);
15              X((i-1)*16+1:i*16) = bitxor(temp,Y(i*16+1:(i+1)*16));
16          end
17      end
18      Y = X;
19      for i = 1:M*N/16
20          if i == 1
21              temp = ZLXAESRev(bitxor(Y((i-1)*16+1:i*16),IV1),K);
22              X((i-1)*16+1:i*16) = bitxor(temp,IV0);
23          else
24              temp = ZLXAESRev(bitxor(Y((i-1)*16+1:i*16),temp),K);
```

```
25              X((i-1)*16+1:i*16) = bitxor(temp,Y((i-2)*16+1:(i-1)*16));
26          end
27      end
28      P = reshape(X,N,M);
29      P = transpose(P);
30      end
```

程序 3-29 所示的 AES_D_Dec 函数为 AES-D 系统的解密函数,输入为密文图像 C 和密钥 K,输出为解密后的图像 P。第 2、4、5 行将密文图像 C 逐行展开为一维向量 Y。第 9~17 行循环 MN/16 次,按逆序将各个小图像块进行解密处理。第 19~27 行为 AES-S 解密操作。第 28、29 行将解密得到的向量 X 逐行还原为 M 行 N 列的图像 P,P 为解密后的图像。

【程序 3-30】 AES-D 系统的测试程序 pc006.m。

```
1       % filename:pc006.m
2       clc;clear;close all;
3       iptsetpref('imshowborder','tight');
4       P1 = imread('Lena.tif');
5       figure(1);imshow(P1);
6       P1 = double(P1);
7       K = [169,86,165,171,81,123,164,61,76,193,188,58,7,166,200,64];
8       % K = [34,39,200,159,176,191,211,236,14,98,70,55,182,78,199,124,…
9       %      124,96,100,120,235,158,64,60];
10      % K = [253,134,14,66,191,169,121,224,139,201,237,38,179,203,134,35,…
11      %      128,140,112,80,125,42,114,98,40,92,132,4,239,197,81,109];
12      tic;
13      C1 = AES_D_Enc(P1,K);
14      toc;
15      figure(2);imshow(uint8(C1));
16      tic;
17      P2 = AES_D_Dec(C1,K);
18      toc;
19      figure(3);imshow(uint8(P2));
```

程序 3-30 中,第 4 行读取 Lena 图像,第 7 行设置密钥 K。第 13 行调用函数 AES_D_Enc 加密图像 P1,得到密文 C1;第 17 行调用函数 AES_D_Dec 解密 C1,得到 P2。

在程序 3-30 中没有对 AES 程序进行优化,密钥的长度取为 128 位、192 位或 256 位时,程序的运行时间见表 3-8。与 AES-S 系统相似的原因,由于每次调用 AES 加密与解密算法时,都要进行大量查找表数据的装入内存处理,所以,不经优化处理时,AES 加密与解密数字图像的速度比较慢。

表 3-8　AES-D 系统的 256×256 像素灰度图像加密/解密时间(单位:s)

密 钥 长 度	128 位	192 位	256 位
AES-D 加密时间	208.0085	257.3428	295.2008
AES-D 解密时间	145.3068	177.9350	204.1850

不失一般性,下面列举了 AES-D 系统加密与解密 Lena 图像的试验结果,如图 3-14 所示。图 3-14(a)~(c)依次为 pc006.m 使用第 7 行,第 8、9 行,第 10、11 行密钥加密 Lena 图

像得到的密文图像。图 3-14(d)为 3 种情况下解密得到的图像。根据图 3-14,直观上可见 AES-D 系统加密效果良好。

(a) pc006.m使用第7行密钥　　　　　　(b) pc006.m使用第8、9行密钥

(c) pc006.m使用第10、11行密钥　　　　　(d) 3种情况下解密得到的图像

图 3-14　AES-D 系统实验结果

3.2.3　AES C# 程序

在 2.2.4 节项目 MyCSFrame 的基础上,添加一个新类 MyAES(文件 MyAES.cs);然后将组合选择框 cmbBoxSelectMethod 的 items 属性中的 AES 删除,添加上 AES-S-128、AES-S-192、AES-S-256、AES-D-128、AES-D-192 和 AES-D-256,每个字符串在 items 属性输入页中单独占一行;最后修改 MainForm.cs 文件,得到 C# 语言的 AES 图像加密与解密算法工程。为了节省篇幅,MainForm.cs 文件仅给出新添加的代码,并进行了注解和说明。

设计完成后的项目 MyCSFrame 的运行情况如图 3-15 所示。图 3-15 中包括 6 幅子图,依次为密钥长度为 128 位、192 位、256 位时的 AES-S 系统图像加密与解密情况和密钥长度为 128 位、192 位和 256 位时的 AES-D 系统图像加密与解密情况。例如,在图 3-15(a)中,选择了 AES-S-128,则密钥输入区 Secret Keys 中有 8 个文本框处于可输入状态,每个文本框内可输入长为 16 位的密钥,以十六进制形式输入,然后,单击 Encrypt 显示加密后的图像,单击 Decrypt 显示解密后的图像。图 3-15(b)~(f)与图 3-15(a)的情况类似。

根据图 3-15 可知,C# 语言下 AES 加密与解密 256×256 像素的灰度图像花费的时间见表 3-9。

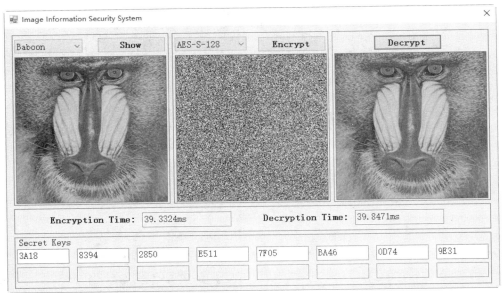

(a) 密钥长度为128位的AES-S系统

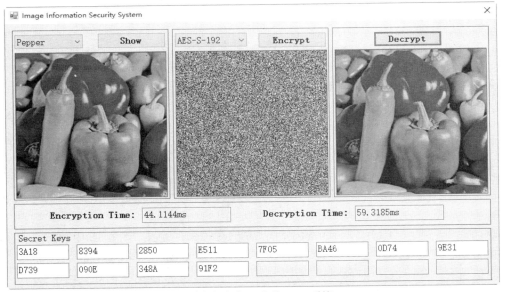

(b) 密钥长度为192位的AES-S系统

图 3-15　MyCSFrame 的运行情况

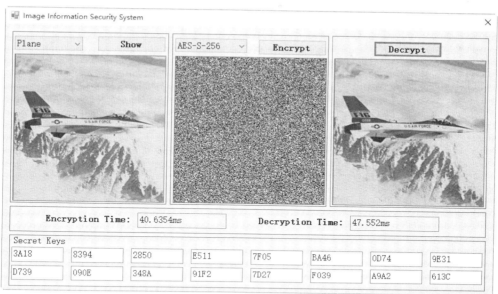

(c) 密钥长度为256位的AES-S系统

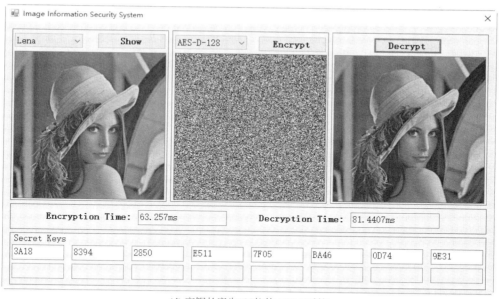

(d) 密钥长度为128位的AES-D系统

图 3-15 （续）

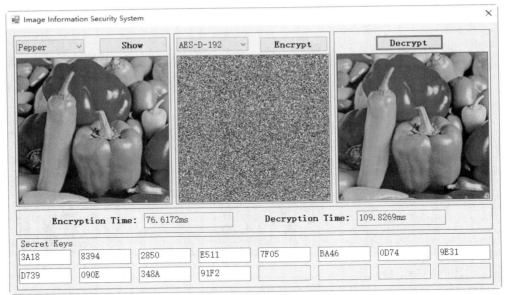

(e) 密钥长度为192位的AES-D系统

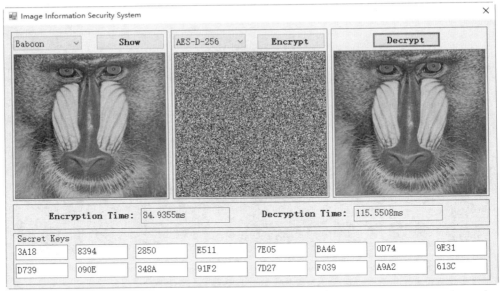

(f) 密钥长度为256位的AES-D系统

图 3-15　（续）

表 3-9　C#语言下 AES 加密与解密 256×256 像素的灰度图像花费的时间（单位：s）

密钥长度	128 位	192 位	256 位
AES-S 加密时间	0.0393	0.0441	0.0406
AES-S 解密时间	0.0398	0.0593	0.0476
AES-D 加密时间	0.0633	0.0766	0.0849
AES-D 解密时间	0.0814	0.1098	0.1156

下面介绍 MyAES. cs 文件和 MainForm. cs 文件中添加的内容。由于代码较长,故将中文注解放在每个方法(或函数)的后面。

【程序 3-31】 MyAES. cs 文件。

```
1    using System;
2
3    namespace MyCSFrame
4    {
5        class MyAES
6        {
7            private readonly int height = 256;
8            private readonly int width = 256;
9            byte[] IV0 = new byte[16] { 0, 0, 0, 0, 0, 0, 0, 0, 0, 0, 0, 0, 0, 0, 0, 0 };
10           byte[] IV1 = new byte[16] { 0, 0, 0, 0, 0, 0, 0, 0, 0, 0, 0, 0, 0, 0, 0, 0 };
11           byte[] IV2 = new byte[16] { 0, 0, 0, 0, 0, 0, 0, 0, 0, 0, 0, 0, 0, 0, 0, 0 };
12           byte[] IV3 = new byte[16] { 0, 0, 0, 0, 0, 0, 0, 0, 0, 0, 0, 0, 0, 0, 0, 0 };
13           private byte[,] plainImage = new byte[256, 256];
14           private byte[,] cipherImage = new byte[256, 256];
15           private byte[,] recoveredImage = new byte[256, 256];
16           private byte[] key = new byte[32];
17           private int mode = 128;
```

第 7、8 行定义图像的行数 height 和列数 width 均为 256;第 9～12 行定义 AES-S 系统和 AES-D 系统的初始向量 IV0～IV3,均为 16B 的零向量;第 13～15 行依次定义保存明文图像、密文图像和解密后的图像的二维数组 plainImage、cipherImage 和 recoveredImage;第 16 行定义密钥 key;第 17 行定义 AES 的加密方式,默认值为 128,表示采用 128 位的密钥的加密与解密方式;mode 可取 128、192 或 256,分别对应相应长度的密钥的 AES 加密与解密方式。

```
18           public void setPlainImage(MyImageData myImDat)
19           {
20               for (int i = 0; i < 256; i++)
21                   for (int j = 0; j < 256; j++)
22                       plainImage[i, j] = myImDat.PlainImage[i, j];
23           }
```

第 18～23 行的方法 setPlainImage 用于从对象 myImDat 中获得明文图像。

```
24           public void getCipherImage(MyImageData myImDat)
25           {
26               for (int i = 0; i < 256; i++)
27                   for (int j = 0; j < 256; j++)
28                       myImDat.CipherImage[i, j] = cipherImage[i, j];
29           }
```

第 24～29 行的方法 getCipherImage 用于将密文图像保存到对象 myImDat 中。

```
30           public void getRecoveredImage(MyImageData myImDat)
31           {
32               for (int i = 0; i < 256; i++)
```

```
33                     for (int j = 0; j < 256; j++)
34                         myImDat.RecoveredImage[i, j] = recoveredImage[i, j];
35             }
```

第 30～35 行的方法 getRecoveredImage 用于将解密后的图像保存到对象 myImDat 中。

```
36         public void MyKeyGen(byte[] key, int mode)
37         {
38             for (int i = 0; i < key.Length; i++)
39                 this.key[i] = key[i];
40             this.mode = mode;
41         }
```

第 36～41 行的方法 MyKeyGen 用于设定 AES 的密钥 key 和工作模式 mode。

```
42         /* 密钥长度为 128 位的情况 */
43         void AESKey128(byte [] W, byte [] K)
44         {
45             int i, j;
46             for (i = 0; i < 16; i++)
47             {
48                 W[i] = K[i];
49             }
50             byte []RC = new byte [10];
51             for (i = 0; i < 8; i++)
52             {
53                 RC[i] = Convert.ToByte(1 << i);
54             }
55             RC[8] = 27; RC[9] = 54;
56
57             int nr = 10;
58             for (i = 0; i < nr; i++)
59             {
60                 byte []V = new byte[4];
61                 int idx;
62                 idx = (3 + 4 * i) * 4;
63                 V[0] = W[idx + 1]; V[1] = W[idx + 2];
64                 V[2] = W[idx + 3]; V[3] = W[idx];
65                 W[(i + 1) * 16] = Convert.ToByte((Sbox[V[0]] ^ RC[i]) ^ W[i * 16]);
66                 W[(i + 1) * 16 + 1] = Convert.ToByte(Sbox[V[1]] ^ W[i * 16 + 1]);
67                 W[(i + 1) * 16 + 2] = Convert.ToByte(Sbox[V[2]] ^ W[i * 16 + 2]);
68                 W[(i + 1) * 16 + 3] = Convert.ToByte(Sbox[V[3]] ^ W[i * 16 + 3]);
69                 for (j = 0; j < 12; j++)
70                 {
71                     W[(i + 1) * 16 + 4 + j] = Convert.ToByte(W[i * 16 + 4 + j]
72                         ^ W[(i + 1) * 16 + j]);
73                 }
74             }
75         }
```

第 43～75 行的方法 AESKey128 用于由 128 位的密钥 K 产生轮密钥 W。

```
76                /* 密钥长度为 192 位的情况 */
77                void AESKey192(byte[] W, byte[] K)    //输入: K, 16(*8); 输出: W, 52*4(*8)
78                {
79                    int i, j;
80                    for (i = 0; i < 24; i++)
81                    {
82                        W[i] = K[i];
83                    }
84                    byte[] RC = new byte[8];
85                    for (i = 0; i < 8; i++)
86                    {
87                        RC[i] = Convert.ToByte(1 << i);
88                    }
89                    int nr = 8;
90                    for (i = 0; i < nr; i++)
91                    {
92                        byte[] V = new byte[4];
93                        int idx;
94                        idx = (5 + 6 * i) * 4;
95                        V[0] = W[idx + 1]; V[1] = W[idx + 2];
96                        V[2] = W[idx + 3]; V[3] = W[idx];
97                        W[(i + 1) * 24] = Convert.ToByte((Sbox[V[0]] ^ RC[i]) ^ W[i * 24]);
98                        W[(i + 1) * 24 + 1] = Convert.ToByte(Sbox[V[1]] ^ W[i * 24 + 1]);
99                        W[(i + 1) * 24 + 2] = Convert.ToByte(Sbox[V[2]] ^ W[i * 24 + 2]);
100                       W[(i + 1) * 24 + 3] = Convert.ToByte(Sbox[V[3]] ^ W[i * 24 + 3]);
101                       if (i < nr - 1)
102                       {
103                           for (j = 0; j < 20; j++)
104                           {
105                               W[(i + 1) * 24 + 4 + j] = Convert.ToByte(W[i * 24 + 4 + j]
106                                   ^ W[(i + 1) * 24 + j]);
107                           }
108                       }
109                       else
110                       {
111                           for (j = 0; j < 12; j++)
112                           {
113                               W[(i + 1) * 24 + 4 + j] = Convert.ToByte(W[i * 24 + 4 + j]
114                                   ^ W[(i + 1) * 24 + j]);
115                           }
116                       }
117                   }
118               }
```

第 77~118 行的方法 AESKey192 用于由 192 位的密钥 K 产生轮密钥 W。

```
119               /* 密钥长度为 256 位的情况 */
120               void AESKey256(byte[] W, byte[] K) //Input: K, 16(*8); Output: W, 60*4(*8)
121               {
122                   int i, j;
123                   for (i = 0; i < 32; i++)
```

```
124                {
125                    W[i] = K[i];
126                }
127                byte[] RC = new byte[7];
128                for (i = 0; i < 7; i++)
129                {
130                    RC[i] = Convert.ToByte(1 << i);
131                }
132                int nr = 7;
133                for (i = 0; i < nr; i++)
134                {
135                    byte[] V = new byte[4];
136                    int idx;
137                    idx = (7 + 8 * i) * 4;
138                    V[0] = W[idx + 1]; V[1] = W[idx + 2];
139                    V[2] = W[idx + 3]; V[3] = W[idx];
140                    W[(i + 1) * 32] = Convert.ToByte((Sbox[V[0]] ^ RC[i]) ^ W[i * 32]);
141                    W[(i + 1) * 32 + 1] = Convert.ToByte(Sbox[V[1]] ^ W[i * 32 + 1]);
142                    W[(i + 1) * 32 + 2] = Convert.ToByte(Sbox[V[2]] ^ W[i * 32 + 2]);
143                    W[(i + 1) * 32 + 3] = Convert.ToByte(Sbox[V[3]] ^ W[i * 32 + 3]);
144                    if (i < nr - 1)
145                    {
146                        for (j = 0; j < 28; j++)
147                        {
148                            if ((j < 12) || (j > 15))
149                                W[(i + 1) * 32 + 4 + j] = Convert.ToByte(W[i * 32 + 4 + j]
150                                    ^ W[(i + 1) * 32 + j]);
151                            else
152                                W[(i + 1) * 32 + 4 + j] = Convert.ToByte(W[i * 32 + 4 + j]
153                                    ^ Sbox[W[(i + 1) * 32 + j]]);
154                        }
155                    }
156                    else
157                    {
158                        for (j = 0; j < 12; j++)
159                        {
160                            W[(i + 1) * 32 + 4 + j] = Convert.ToByte(W[i * 32 + 4 + j]
161                                ^ W[(i + 1) * 32 + j]);
162                        }
163                    }
164                }
165            }
```

第 120~165 行的方法 AESKey256 用于由 256 位的密钥 K 产生轮密钥 W。

```
166            //密钥生成器
167            public void AESKey(byte[] W, byte[] K, int Mode)   //输入：K, 输出：W
168            {
169                switch (Mode)
170                {
171                    case 128:
```

```
172                    AESKey128(W, K);
173                    break;
174                case 192:
175                    AESKey192(W, K);
176                    break;
177                case 256:
178                    AESKey256(W, K);
179                    break;
180                default:
181                    AESKey128(W, K);
182                    break;
183            }
184        }
```

第 167～184 行的方法 AESKey 用于由密钥 K 产生轮密钥 W，根据 Mode 的大小（即密钥 K 的长度）选择调用 AESKey128、AESKey192 或 AESKey256 方法。

```
185        //加密
186        void AESRound(byte [ ] B, byte [ ] A)
187        {
188            byte[ ] Aa = new byte[16];
189            Aa[0] = A[0]; Aa[1] = A[5]; Aa[2] = A[10]; Aa[3] = A[15];
190            Aa[4] = A[4]; Aa[5] = A[9]; Aa[6] = A[14]; Aa[7] = A[3];
191            Aa[8] = A[8]; Aa[9] = A[13]; Aa[10] = A[2]; Aa[11] = A[7];
192            Aa[12] = A[12]; Aa[13] = A[1]; Aa[14] = A[6]; Aa[15] = A[11];
193            for (int i = 0; i < 4; i++)
194            {
195                for (int j = 0; j < 4; j++)
196                {
197                    B[i * 4 + j] = Convert.ToByte(RoundTblOne[Aa[i * 4] * 4 + j]
198                        ^ RoundTblTwo[Aa[i * 4 + 1] * 4 + j]
199                        ^ RoundTblThr[Aa[i * 4 + 2] * 4 + j]
200                        ^ RoundTblFou[Aa[i * 4 + 3] * 4 + j]);
201                }
202            }
203        }
```

第 186～203 行的 AESRound 方法为 AES 加密过程的轮操作。

```
204        void AESEnc128(byte [ ] Y, byte [ ] X, byte [ ] W) //输入 X、W, 输出 Y
205        {
206            int i, j;
207            for (i = 0; i < 16; i++)
208            {
209                X[i] = Convert.ToByte(X[i] ^ W[i]);
210            }
211            int nr = 10;
212            byte[ ] C = new byte[16];
213            for (i = 1; i < nr; i++)
214            {
215                AESRound(C, X);
```

```
216              for (j = 0; j < 16; j++)
217              {
218                  X[j] = Convert.ToByte(C[j] ^ W[i * 16 + j]);
219              }
220          }
221          Y[0] = RoundTblNrOne[X[0]]; Y[1] = RoundTblNrOne[X[5]];
222          Y[2] = RoundTblNrOne[X[10]]; Y[3] = RoundTblNrOne[X[15]];
223          Y[4] = RoundTblNrOne[X[4]]; Y[5] = RoundTblNrOne[X[9]];
224          Y[6] = RoundTblNrOne[X[14]]; Y[7] = RoundTblNrOne[X[3]];
225          Y[8] = RoundTblNrOne[X[8]]; Y[9] = RoundTblNrOne[X[13]];
226          Y[10] = RoundTblNrOne[X[2]]; Y[11] = RoundTblNrOne[X[7]];
227          Y[12] = RoundTblNrOne[X[12]]; Y[13] = RoundTblNrOne[X[1]];
228          Y[14] = RoundTblNrOne[X[6]]; Y[15] = RoundTblNrOne[X[11]];
229          for (j = 0; j < 16; j++)
230          {
231              Y[j] = Convert.ToByte(Y[j] ^ W[nr * 16 + j]);
232          }
233      }
```

第 204～233 行的 AESEnc128 方法由输入文本 X 和 176B 的轮密钥 W 加密得到密文 Y。

```
234      void AESEnc192(byte[] Y, byte[] X, byte[] W) //输入 X、W, 输出 Y
235      {
236          int i, j;
237          for (i = 0; i < 16; i++)
238          {
239              X[i] = Convert.ToByte(X[i] ^ W[i]);
240          }
241          int nr = 12;
242          byte[] C = new byte[16];
243          for (i = 1; i < nr; i++)
244          {
245              AESRound(C, X);
246              for (j = 0; j < 16; j++)
247              {
248                  X[j] = Convert.ToByte(C[j] ^ W[i * 16 + j]);
249              }
250          }
251          Y[0] = RoundTblNrOne[X[0]]; Y[1] = RoundTblNrOne[X[5]];
252          Y[2] = RoundTblNrOne[X[10]]; Y[3] = RoundTblNrOne[X[15]];
253          Y[4] = RoundTblNrOne[X[4]]; Y[5] = RoundTblNrOne[X[9]];
254          Y[6] = RoundTblNrOne[X[14]]; Y[7] = RoundTblNrOne[X[3]];
255          Y[8] = RoundTblNrOne[X[8]]; Y[9] = RoundTblNrOne[X[13]];
256          Y[10] = RoundTblNrOne[X[2]]; Y[11] = RoundTblNrOne[X[7]];
257          Y[12] = RoundTblNrOne[X[12]]; Y[13] = RoundTblNrOne[X[1]];
258          Y[14] = RoundTblNrOne[X[6]]; Y[15] = RoundTblNrOne[X[11]];
259          for (j = 0; j < 16; j++)
260          {
261              Y[j] = Convert.ToByte(Y[j] ^ W[nr * 16 + j]);
262          }
```

```
263                 }
```

第 234～263 行的 AESEnc192 方法由输入文本 X 和 208B 的轮密钥 W 加密得到密文 Y。

```
264         void AESEnc256(byte[] Y, byte[] X, byte[] W) //Input: X,W; Output: Y
265         {
266             int i, j;
267             for (i = 0; i < 16; i++)
268             {
269                 X[i] = Convert.ToByte(X[i] ^ W[i]);
270             }
271             int nr = 14;    //The only difference compared with 192, and 128 - bit
272             byte[] C = new byte[16];
273             for (i = 1; i < nr; i++)
274             {
275                 AESRound(C, X);
276                 for (j = 0; j < 16; j++)
277                 {
278                     X[j] = Convert.ToByte(C[j] ^ W[i * 16 + j]);
279                 }
280             }
281             Y[0] = RoundTblNrOne[X[0]]; Y[1] = RoundTblNrOne[X[5]];
282             Y[2] = RoundTblNrOne[X[10]]; Y[3] = RoundTblNrOne[X[15]];
283             Y[4] = RoundTblNrOne[X[4]]; Y[5] = RoundTblNrOne[X[9]];
284             Y[6] = RoundTblNrOne[X[14]]; Y[7] = RoundTblNrOne[X[3]];
285             Y[8] = RoundTblNrOne[X[8]]; Y[9] = RoundTblNrOne[X[13]];
286             Y[10] = RoundTblNrOne[X[2]]; Y[11] = RoundTblNrOne[X[7]];
287             Y[12] = RoundTblNrOne[X[12]]; Y[13] = RoundTblNrOne[X[1]];
288             Y[14] = RoundTblNrOne[X[6]]; Y[15] = RoundTblNrOne[X[11]];
289             for (j = 0; j < 16; j++)
290             {
291                 Y[j] = Convert.ToByte(Y[j] ^ W[nr * 16 + j]);
292             }
293         }
```

第 264～293 行的 AESEnc256 方法由输入文本 X 和 240B 的轮密钥 W 加密得到密文 Y。

```
294         public void AESEnc(byte[] Y, byte[] X, byte[] W, int Mode)
295         {
296             switch (Mode)
297             {
298                 case 128:
299                     AESEnc128(Y, X, W);
300                     break;
301                 case 192:
302                     AESEnc192(Y, X, W);
303                     break;
304                 case 256:
305                     AESEnc256(Y, X, W);
```

```
306                 break;
307             default:
308                 AESEnc128(Y, X, W);
309                 break;
310         }
311     }
```

第 294~311 行为 AES 加密算法对应的公有方法 AESEnc,由输入文本 X 和轮密钥 W 加密得到密文 Y。该方法为公有的,可由类的实例调用。

```
312         //解密
313         void AESRevShiftRowAndBitRep(byte [] A, byte [] B)
314         {
315             byte[] Bb = new byte[16];
316             Bb[0] = B[0]; Bb[1] = B[13]; Bb[2] = B[10]; Bb[3] = B[7];
317             Bb[4] = B[4]; Bb[5] = B[1]; Bb[6] = B[14]; Bb[7] = B[11];
318             Bb[8] = B[8]; Bb[9] = B[5]; Bb[10] = B[2]; Bb[11] = B[15];
319             Bb[12] = B[12]; Bb[13] = B[9]; Bb[14] = B[6]; Bb[15] = B[3];
320             for (int i = 0; i < 16; i++)
321             {
322                 A[i] = SboxInv[Bb[i]];
323             }
324         }
```

第 313~324 行的方法 AESRevShiftRowAndBitRep 为 AES 解密过程中的行移位和字节替换操作。

```
325         void AESRevMixColumn(byte [] B, byte [] C)
326         {
327             for (int i = 0; i < 4; i++)
328             {
329                 B[i * 4] = Convert.ToByte(GF2p8Mul[14 * 256 + C[i * 4]]
330                     ^ GF2p8Mul[11 * 256 + C[i * 4 + 1]]
331                     ^ GF2p8Mul[13 * 256 + C[i * 4 + 2]]
332                     ^ GF2p8Mul[9 * 256 + C[i * 4 + 3]]);
333                 B[i * 4 + 1] = Convert.ToByte(GF2p8Mul[9 * 256 + C[i * 4]]
334                     ^ GF2p8Mul[14 * 256 + C[i * 4 + 1]]
335                     ^ GF2p8Mul[11 * 256 + C[i * 4 + 2]]
336                     ^ GF2p8Mul[13 * 256 + C[i * 4 + 3]]);
337                 B[i * 4 + 2] = Convert.ToByte(GF2p8Mul[13 * 256 + C[i * 4]]
338                     ^ GF2p8Mul[9 * 256 + C[i * 4 + 1]]
339                     ^ GF2p8Mul[14 * 256 + C[i * 4 + 2]]
340                     ^ GF2p8Mul[11 * 256 + C[i * 4 + 3]]);
341                 B[i * 4 + 3] = Convert.ToByte(GF2p8Mul[11 * 256 + C[i * 4]]
342                     ^ GF2p8Mul[13 * 256 + C[i * 4 + 1]]
343                     ^ GF2p8Mul[9 * 256 + C[i * 4 + 2]]
344                     ^ GF2p8Mul[14 * 256 + C[i * 4 + 3]]);
345             }
346         }
```

第 325~346 行的方法 AESRevMixColumn 为 AES 解密过程中的列混淆操作。

```
347            void AESDec128(byte [] Y, byte [] X, byte [] W) //输入 X、W, 输出 Y
348            {
349                int nr = 10;
350                int i, j;
351                for (i = 0; i < 16; i++)
352                {
353                    X[i] = Convert.ToByte(X[i] ^ W[nr * 16 + i]);
354                }
355                byte[] A = new byte[16];
356                AESRevShiftRowAndBitRep(A, X);
357                for (i = nr - 1; i > 0; i-- )
358                {
359                    for (j = 0; j < 16; j++)
360                    {
361                        A[j] = Convert.ToByte(A[j] ^ W[i * 16 + j]);
362                    }
363                    AESRevMixColumn(X, A);
364                    AESRevShiftRowAndBitRep(A, X);
365                }
366                for (i = 0; i < 16; i++)
367                {
368                    Y[i] = Convert.ToByte(A[i] ^ W[i]);
369                }
370            }
```

第 347~370 行的方法 AESDec128 为 AES 解密算法，由输入密文 X 和 176B 的轮密钥 W 解密得到明文文本 Y。

```
371            void AESDec192(byte [] Y, byte [] X, byte [] W) //输入 X,W, 输出 Y
372            {
373                int nr = 12;
374                int i, j;
375                for (i = 0; i < 16; i++)
376                {
377                    X[i] = Convert.ToByte(X[i] ^ W[nr * 16 + i]);
378                }
379                byte[] A = new byte[16];
380                AESRevShiftRowAndBitRep(A, X);
381                for (i = nr - 1; i > 0; i-- )
382                {
383                    for (j = 0; j < 16; j++)
384                    {
385                        A[j] = Convert.ToByte(A[j] ^ W[i * 16 + j]);
386                    }
387                    AESRevMixColumn(X, A);
388                    AESRevShiftRowAndBitRep(A, X);
389                }
390                for (i = 0; i < 16; i++)
391                {
392                    Y[i] = Convert.ToByte(A[i] ^ W[i]);
393                }
```

```
394                   }
```

第 371～394 行的方法 AESDec192 为 AES 解密算法,由输入密文 X 和 208B 的轮密钥 W 解密得到明文文本 Y。

```
395          void AESDec256(byte [ ] Y, byte [ ] X, byte [ ] W) //输入 X、W, 输出 Y
396          {
397              int nr = 14;
398              int i, j;
399              for (i = 0; i < 16; i++)
400              {
401                  X[i] = Convert.ToByte(X[i] ^ W[nr * 16 + i]);
402              }
403              byte[ ] A = new byte[16];
404              AESRevShiftRowAndBitRep(A, X);
405              for (i = nr - 1; i > 0; i-- )
406              {
407                  for (j = 0; j < 16; j++)
408                  {
409                      A[j] = Convert.ToByte(A[j] ^ W[i * 16 + j]);
410                  }
411                  AESRevMixColumn(X, A);
412                  AESRevShiftRowAndBitRep(A, X);
413              }
414              for (i = 0; i < 16; i++)
415              {
416                  Y[i] = Convert.ToByte(A[i] ^ W[i]);
417              }
418          }
```

第 395～418 行的方法 AESDec256 为 AES 解密算法,由输入密文 X 和 240B 的轮密钥 W 解密得到明文文本 Y。

```
419          public void AESDec(byte [ ] Y, byte [ ] X, byte [ ] W, int Mode)
420          {
421              switch (Mode)
422              {
423                  case 128:
424                      AESDec128(Y, X, W);
425                      break;
426                  case 192:
427                      AESDec192(Y, X, W);
428                      break;
429                  case 256:
430                      AESDec256(Y, X, W);
431                      break;
432                  default:
433                      AESDec128(Y, X, W);
434                      break;
435              }
436          }
```

第 419～436 行的方法 AESDec 为公有的 AES 解密算法,可用类的实例访问,输入为密文 X、轮密钥 W 和工作方式 Mode(可取 128、192 或 256),解密得到解密后的文本 Y。

```
437                public void AES_S_Enc()
438                {
439                    int n = height * width / 16;
440                    byte[] W = new byte[240];
441                    AESKey(W, key, mode);
442                    byte[] X = new byte[16], Y = new byte[16];
443                    byte[] XT1 = new byte[16], XT2 = new byte[16];
444                    for (int i = 0; i < n; i++)
445                    {
446                        if (i == 0)
447                        {
448                            for (int j = 0; j < 16; j++)
449                            {
450                                X[j] = Convert.ToByte(plainImage[(16 * i + j) / width,
451                                    (16 * i + j) % width] ^ IV0[j]);
452                                XT2[j] = X[j];
453                            }
454                            AESEnc(Y, X, W, mode);
455                            for (int j = 0; j < 16; j++)
456                            {
457                                cipherImage[(16 * i + j) / width, (16 * i + j) % width]
458                                    = Convert.ToByte(Y[j] ^ IV1[j]);
459                            }
460                        }
461                        else
462                        {
463                            for (int j = 0; j < 16; j++)
464                            {
465                                X[j] = Convert.ToByte(plainImage[(16 * i + j) / width,
466                                    (16 * i + j) % width]
467                                    ^ cipherImage[(16 * (i-1) + j) / width,
468                                    (16 * (i-1) + j) % width]);
469                                XT1[j] = X[j];
470                            }
471                            AESEnc(Y, X, W, mode);
472                            for (int j = 0; j < 16; j++)
473                            {
474                                cipherImage[(16 * i + j) / width,
475                                    (16 * i + j) % width]
476                                    = Convert.ToByte(Y[j] ^ XT2[j]);
477                            }
478                            for (int j = 0; j < 16; j++)
479                            {
480                                XT2[j] = XT1[j];
481                            }
482                        }
483                }
```

```
484                     }
```

第 437～484 行的方法 AES_S_Enc 为 AES-S 系统的加密函数，实现了图 3-10 所示的
Round 1 操作。

```
485             public void AES_S_Dec()
486             {
487                 int n = height * width / 16;
488                 byte[] W = new byte[240];
489                 AESKey(W, key, mode);
490                 byte[] X = new byte[16], Y = new byte[16], YT2 = new byte[16];
491                 for (int i = 0; i < n; i++)
492                 {
493                     if (i == 0)
494                     {
495                         for (int j = 0; j < 16; j++)
496                         {
497                             X[j] = Convert.ToByte(cipherImage[(16 * i + j) / width,
498                                 (16 * i + j) % width] ^ IV1[j]);
499                         }
500                         AESDec(Y, X, W, mode);
501                         for (int j = 0; j < 16; j++)
502                         {
503                             YT2[j] = Y[j];
504                             recoveredImage[(16 * i + j) / width, (16 * i + j) % width]
505                                 = Convert.ToByte(Y[j] ^ IV0[j]);
506                         }
507                     }
508                     else
509                     {
510                         for (int j = 0; j < 16; j++)
511                         {
512                             X[j] = Convert.ToByte(cipherImage[(16 * i + j) / width,
513                                 (16 * i + j) % width] ^ YT2[j]);
514                         }
515                         AESDec(Y, X, W, mode);
516                         for (int j = 0; j < 16; j++)
517                         {
518                             YT2[j] = Y[j];
519                             recoveredImage[(16 * i + j) / width, (16 * i + j) % width]
520                                 = Convert.ToByte(Y[j] ^ cipherImage[(16 * (i-1) + j) / width,
521                                 (16 * (i-1) + j) % width]);
522                         }
523                     }
524                 }
525             }
```

第 485～525 行的方法 AES_S_Dec 为 AES-S 系统的解密函数，实现了图 3-11 所示的
Inverse of Round 1 操作。

```
526             byte[] AA = new byte[256 * 256];
```

```
527         public void AES_D_Enc()
528         {
529             int n = height * width / 16;
530             byte[] W = new byte[240];
531             AESKey(W, key, mode);
532             byte[] X = new byte[16], Y = new byte[16];
533             byte[] XT1 = new byte[16], XT2 = new byte[16];
534             for (int i = 0; i < n; i++)        //第 1 轮
535             {
536                 if (i == 0)
537                 {
538                     for (int j = 0; j < 16; j++)
539                     {
540                         X[j] = Convert.ToByte(plainImage[(16 * i + j) / width,
541                             (16 * i + j) % width] ^ IV0[j]);
542                         XT2[j] = X[j];
543                     }
544                     AESEnc(Y, X, W, mode);
545                     for (int j = 0; j < 16; j++)
546                     {
547                         AA[i * 16 + j] = Convert.ToByte(Y[j] ^ IV1[j]);
548                     }
549                 }
550                 else
551                 {
552                     for (int j = 0; j < 16; j++)
553                     {
554                         X[j] = Convert.ToByte(plainImage[(16 * i + j) / width,
555                             (16 * i + j) % width] ^ AA[(i - 1) * 16 + j]);
556                         XT1[j] = X[j];
557                     }
558                     AESEnc(Y, X, W, mode);
559                     for (int j = 0; j < 16; j++)
560                     {
561                         AA[i * 16 + j] = Convert.ToByte(Y[j] ^ XT2[j]);
562                     }
563                     for (int j = 0; j < 16; j++)
564                     {
565                         XT2[j] = XT1[j];
566                     }
567                 }
568             }
569             //第 2 轮
570             for (int i = n - 1; i >= 0; i--)
571             {
572                 if (i == n - 1)
573                 {
574                     for (int j = 0; j < 16; j++)
575                     {
576                         X[j] = Convert.ToByte(AA[i * 16 + j] ^ IV2[j]);
577                         XT2[j] = X[j];
```

```
578                    }
579                    AESEnc(Y, X, W, mode);
580                    for (int j = 0; j < 16; j++)
581                    {
582                        cipherImage[(16 * i + j) / width, (16 * i + j) % width]
583                            = Convert.ToByte(Y[j] ^ IV3[j]);
584                    }
585                }
586                else
587                {
588                    for (int j = 0; j < 16; j++)
589                    {
590                        X[j] = Convert.ToByte(AA[i * 16 + j]
591                            ^ cipherImage[(16 * (i + 1) + j) / width,
592                            (16 * (i + 1) + j) % width]);
593                        XT1[j] = X[j];
594                    }
595                    AESEnc(Y, X, W, mode);
596                    for (int j = 0; j < 16; j++)
597                    {
598                        cipherImage[(16 * i + j) / width,
599                        (16 * i + j) % width] = Convert.ToByte(Y[j] ^ XT2[j]);
600                    }
601                    for (int j = 0; j < 16; j++)
602                    {
603                        XT2[j] = XT1[j];
604                    }
605                }
606            }
607        }
```

第527~607行的方法 AES_D_Enc 为 AES-D 系统的加密函数,实现了图 3-10 中的
Round 1 和 Round 2 操作。

```
608        byte[] BB = new byte[256 * 256];
609        public void AES_D_Dec()
610        {
611            int n = height * width / 16;
612            byte[] W = new byte[240];
613            AESKey(W, key, mode);
614            byte[] X = new byte[16], Y = new byte[16], YT2 = new byte[16];
615            for (int i = n - 1; i >= 0; i--)      //第 1 轮
616            {
617                if (i == n - 1)
618                {
619                    for (int j = 0; j < 16; j++)
620                    {
621                        X[j] = Convert.ToByte(cipherImage[(16 * i + j) / width,
622                            (16 * i + j) % width] ^ IV3[j]);
623                    }
624                    AESDec(Y, X, W, mode);
```

```
625                    for ( int j = 0; j < 16; j++)
626                    {
627                        YT2[j] = Y[j];
628                        BB[i * 16 + j] = Convert.ToByte(Y[j] ^ IV2[j]);
629                    }
630                }
631                else
632                {
633                    for ( int j = 0; j < 16; j++)
634                    {
635                        X[j] = Convert.ToByte(cipherImage[(16 * i + j) / width,
636                            (16 * i + j) % width] ^ YT2[j]);
637                    }
638                    AESDec(Y, X, W, mode);
639                    for ( int j = 0; j < 16; j++)
640                    {
641                        YT2[j] = Y[j];
642                        BB[i * 16 + j] = Convert.ToByte(Y[j]
643                            ^ cipherImage[(16 * (i + 1) + j) / width,
644                            (16 * (i + 1) + j) % width]);
645                    }
646                }
647            }
648            //第 2 轮
649            for ( int i = 0; i < n; i++)
650            {
651                if (i == 0)
652                {
653                    for ( int j = 0; j < 16; j++)
654                    {
655                        X[j] = Convert.ToByte(BB[i * 16 + j] ^ IV1[j]);
656                    }
657                    AESDec(Y, X, W, mode);
658                    for ( int j = 0; j < 16; j++)
659                    {
660                        YT2[j] = Y[j];
661                        recoveredImage[(16 * i + j) / width,
662                            (16 * i + j) % width] = Convert.ToByte(Y[j] ^ IV0[j]);
663                    }
664                }
665                else
666                {
667                    for ( int j = 0; j < 16; j++)
668                    {
669                        X[j] = Convert.ToByte(BB[i * 16 + j] ^ YT2[j]);
670                    }
671                    AESDec(Y, X, W, mode);
672                    for ( int j = 0; j < 16; j++)
673                    {
674                        YT2[j] = Y[j];
675                        recoveredImage[(16 * i + j) / width, (16 * i + j) % width]
```

```
676                            = Convert.ToByte(Y[j] ^ BB[(i - 1) * 16 + j]);
677                        }
678                    }
679                }
680            }
```

第 609~680 行的方法 AES_D_Dec 为 AES-D 系统的解密函数,实现了图 3-11 中的 Inverse of Round 1 和 Inverse of Round 2 操作。

第 681~5088 行为 MyAES 类中的方法用到的查找表,参见附录 A。

```
5089        }
5090    }
```

【程序 3-32】 MainForm.cs 文件中添加的内容(相对于程序 2-10 而言)。

```
1           //Omitted 因代码相同而省略的部分
2           MyAES myAES = new MyAES();
```

第 2 行定义类 MyAES 的实例 myAES。

```
3           //Omitted 因代码相同而省略的部分
4           private void cmbBoxSelectMethod_SelectedIndexChanged(object sender,
5               EventArgs e)
6           {
7               //Omitted 因代码相同而省略的部分
8               btnDecrypt.Enabled = false;
9               //Omitted 因代码相同而省略的部分
10              if (cmbBoxSelectMethod.Text.Equals("AES - S - 128")
11                  || cmbBoxSelectMethod.Text.Equals("AES - D - 128"))
12              {
13                  txtKey01.ReadOnly = false; txtKey02.ReadOnly = false;
14                  txtKey03.ReadOnly = false; txtKey04.ReadOnly = false;
15                  txtKey05.ReadOnly = false; txtKey06.ReadOnly = false;
16                  txtKey07.ReadOnly = false; txtKey08.ReadOnly = false;
17              }
```

如果组合选择框选择了 AES-S-128 或 AES-D-128,即第 10、11 行为真,则 txtKey01~ txtKey08 处于可编辑状态,用于输入 128 位(即 16B)的密钥。

```
18              if (cmbBoxSelectMethod.Text.Equals("AES - S - 192")
19                  || cmbBoxSelectMethod.Text.Equals("AES - D - 192"))
20              {
21                  txtKey01.ReadOnly = false; txtKey02.ReadOnly = false;
22                  txtKey03.ReadOnly = false; txtKey04.ReadOnly = false;
23                  txtKey05.ReadOnly = false; txtKey06.ReadOnly = false;
24                  txtKey07.ReadOnly = false; txtKey08.ReadOnly = false;
25                  txtKey09.ReadOnly = false; txtKey10.ReadOnly = false;
26                  txtKey11.ReadOnly = false; txtKey12.ReadOnly = false;
27              }
```

如果组合选择框选择了 AES-S-192 或 AES-D-192,即第 18、19 行为真,则 txtKey01~ txtKey12 处于可编辑状态,用于输入 192 位(即 24B)的密钥。

```
28                  if (cmbBoxSelectMethod.Text.Equals("AES - S - 256")
29                  || cmbBoxSelectMethod.Text.Equals("AES - D - 256"))
30                  {
31                      txtKey01.ReadOnly = false; txtKey02.ReadOnly = false;
32                      txtKey03.ReadOnly = false; txtKey04.ReadOnly = false;
33                      txtKey05.ReadOnly = false; txtKey06.ReadOnly = false;
34                      txtKey07.ReadOnly = false; txtKey08.ReadOnly = false;
35                      txtKey09.ReadOnly = false; txtKey10.ReadOnly = false;
36                      txtKey11.ReadOnly = false; txtKey12.ReadOnly = false;
37                      txtKey13.ReadOnly = false; txtKey14.ReadOnly = false;
38                      txtKey15.ReadOnly = false; txtKey16.ReadOnly = false;
39                  }
40              }
```

如果组合选择框选择了 AES-S-256 或 AES-D-256,即第 28、29 行为真,则 txtKey01~txtKey16 处于可编辑状态,用于输入 256 位(即 32B)的密钥。

```
41          private void btnEncrypt_Click(object sender, EventArgs e)
42          {
43              //Omitted 因代码相同而省略的部分
44              if (cmbBoxSelectMethod.Text.Equals("AES - S - 128")) //对于 AES - S - 128
45              {
46                  byte[] key = new byte[16];
47                  try
48                  {
49                      for (int i = 0; i < 8; i++)
50                      {
51                          key[2 * i] = 0; key[2 * i + 1] = 0;
52                          TextBox tb = (TextBox)Controls.Find("txtKey"
53                          + (i / 9).ToString() + ((i + 1) % 10).ToString(), true)[0];
54                          string sv = tb.Text;
55                          if (sv[0] >= '0' && sv[0] <= '9')
56                          {
57                              key[2 * i] = Convert.ToByte(key[2 * i]
58                              + (sv[0] - '0') * 16);
59                          }
60                          else
61                          {
62                              key[2 * i] = Convert.ToByte(key[2 * i]
63                              + (Char.ToLower(sv[0]) - 'a' + 10) * 16);
64                          }
65                          if (sv[1] >= '0' && sv[1] <= '9')
66                          {
67                              key[2 * i] = Convert.ToByte(key[2 * i]
68                              + (sv[1] - '0'));
69                          }
70                          else
71                          {
72                              key[2 * i] = Convert.ToByte(key[2 * i]
73                              + (Char.ToLower(sv[1]) - 'a' + 10));
74                          }
```

```
75                          if (sv[2] >= '0' && sv[2] <= '9')
76                          {
77                              key[2 * i + 1] = Convert.ToByte(key[2 * i + 1]
78                              + (sv[2] - '0') * 16);
79                          }
80                          else
81                          {
82                              key[2 * i + 1] = Convert.ToByte(key[2 * i + 1]
83                              + (Char.ToLower(sv[2]) - 'a' + 10) * 16);
84                          }
85                          if (sv[3] >= '0' && sv[3] <= '9')
86                          {
87                              key[2 * i + 1] = Convert.ToByte(key[2 * i + 1]
88                              + (sv[3] - '0'));
89                          }
90                          else
91                          {
92                              key[2 * i + 1] = Convert.ToByte(key[2 * i + 1]
93                              + (Char.ToLower(sv[3]) - 'a' + 10));
94                          }
95                      }
```

第 49～95 行由 8 个文本框 txtKey01～txtKey08 读入密钥 key，其中每个文本框为 4 个十六进制字符。

```
96                      myAES.MyKeyGen(key, 128);
97                      myAES.setPlainImage(myImageData);
98                      Stopwatch sw = new Stopwatch();
99                      sw.Start();
100                     myAES.AES_S_Enc();
101                     sw.Stop();
102                     TimeSpan ts = sw.Elapsed;
103                     txtEncTime.Text = ts.TotalMilliseconds.ToString() + "ms";
104                     myAES.getCipherImage(myImageData);
105                     picBoxCipher.Image = myImageData.MyShowCipherImage();
106                     btnDecrypt.Enabled = true;
107                 }
```

第 96 行调用对象 myAES 的公有方法 MyKeyGen 由密钥 key 生成轮密钥；第 97 行调用对象 myAES 的公有方法 setPlainImage 从对象 myImageData 中获得明文图像；第 100 行调用对象 myAES 的公有方法 AES_S_Enc 完成 AES-S 系统的加密处理；第 104 行调用对象 myAES 的公有方法 getCipherImage 将密文图像保存到对象 myImageData 中。

```
108                 catch (FormatException fe)
109                 {
110                     string str = fe.ToString();
111                 }
112                 catch (IndexOutOfRangeException iore)
113                 {
114                     string str = iore.ToString();
```

```
115                    }
116                }
```

第44～116行为密钥长度为128位的AES-S系统的图像加密操作。

```
117                if (cmbBoxSelectMethod.Text.Equals("AES-S-192")) //对于 AES-S-192
118                {
119                    //Omitted 因代码与第 46～115 行类似而省略,读者试着补齐
120                }
```

第117～120行为密钥长度为192位的AES-S系统的图像加密操作。

```
121                if (cmbBoxSelectMethod.Text.Equals("AES-S-256")) //对于 AES-S-256
122                {
123                    //Omitted 因代码与第 46～115 行类似而省略,读者试着补齐
124                }
```

第121～124行为密钥长度为256位的AES-S系统的图像加密操作。

```
125                if (cmbBoxSelectMethod.Text.Equals("AES-D-128")) //对于 AES-D-128
126                {
127                    byte[] key = new byte[16];
128                    try
129                    {
130                        for (int i = 0; i < 8; i++)
131                        {
132                            key[2 * i] = 0; key[2 * i + 1] = 0;
133                            TextBox tb = (TextBox)Controls.Find("txtKey"
134                            + (i / 9).ToString() + ((i + 1) % 10).ToString(), true)[0];
135                            string sv = tb.Text;
136                            if (sv[0] >= '0' && sv[0] <= '9')
137                            {
138                                key[2 * i] = Convert.ToByte(key[2 * i]
139                                + (sv[0] - '0') * 16);
140                            }
141                            else
142                            {
143                                key[2 * i] = Convert.ToByte(key[2 * i]
144                                + (Char.ToLower(sv[0]) - 'a' + 10) * 16);
145                            }
146                            if (sv[1] >= '0' && sv[1] <= '9')
147                            {
148                                key[2 * i] = Convert.ToByte(key[2 * i]
149                                + (sv[1] - '0'));
150                            }
151                            else
152                            {
153                                key[2 * i] = Convert.ToByte(key[2 * i]
154                                + (Char.ToLower(sv[1]) - 'a' + 10));
155                            }
156                            if (sv[2] >= '0' && sv[2] <= '9')
157                            {
```

114 —— 数字图像密码算法详解——基于C、C#与MATLAB ——

```
158                    key[2 * i + 1] = Convert.ToByte(key[2 * i + 1]
159                        + (sv[2] - '0') * 16);
160                }
161                else
162                {
163                    key[2 * i + 1] = Convert.ToByte(key[2 * i + 1]
164                        + (Char.ToLower(sv[2]) - 'a' + 10) * 16);
165                }
166                if (sv[3] >= '0' && sv[3] <= '9')
167                {
168                    key[2 * i + 1] = Convert.ToByte(key[2 * i + 1]
169                        + (sv[3] - '0'));
170                }
171                else
172                {
173                    key[2 * i + 1] = Convert.ToByte(key[2 * i + 1]
174                        + (Char.ToLower(sv[3]) - 'a' + 10));
175                }
176            }
```

第 130～176 行由 8 个文本框 txtKey01～txtKey08 读入密钥 key, 其中每个文本框为 4 个十六进制字符。

```
177                myAES.MyKeyGen(key, 128);
178                myAES.setPlainImage(myImageData);
179                Stopwatch sw = new Stopwatch();
180                sw.Start();
181                myAES.AES_D_Enc();
182                sw.Stop();
183                TimeSpan ts = sw.Elapsed;
184                txtEncTime.Text = ts.TotalMilliseconds.ToString() + "ms";
185                myAES.getCipherImage(myImageData);
186                picBoxCipher.Image = myImageData.MyShowCipherImage();
187                btnDecrypt.Enabled = true;
188            }
```

第 177 行调用对象 myAES 的公有方法 MyKeyGen 由密钥 key 生成轮密钥; 第 178 行调用对象 myAES 的公有方法 setPlainImage 从对象 myImageData 中获得明文图像; 第 181 行调用对象 myAES 的公有方法 AES_D_Enc 完成 AES-D 系统的加密处理; 第 185 行调用对象 myAES 的公有方法 getCipherImage 将密文图像保存到对象 myImageData 中。

```
189            catch (FormatException fe)
190            {
191                string str = fe.ToString();
192            }
193            catch (IndexOutOfRangeException iore)
194            {
195                string str = iore.ToString();
196            }
197        }
```

第 125～197 行为密钥长度为 128 位的 AES-D 系统的图像加密操作。

```
198                    if (cmbBoxSelectMethod.Text.Equals("AES-D-192")) //对于 AES-D-192
199                    {
200                          //Omitted 因与第 127～196 行代码类似而省略,读者试着补齐
201                    }
```

第 198～201 行为密钥长度为 192 位的 AES-D 系统的图像加密操作。

```
202                    if (cmbBoxSelectMethod.Text.Equals("AES-D-256")) //对于 AES-D-256
203                    {
204                          //Omitted 因与第 127～196 行代码类似而省略,读者试着补齐
205                    }
```

第 202～205 行为密钥长度为 256 位的 AES-D 系统的图像加密操作。

```
206                }
207                private void btnDecrypt_Click(object sender, EventArgs e)
208                {
209                    //Omitted 因代码相同而省略的部分
210                    if (cmbBoxSelectMethod.Text.Equals("AES-S-128")) //对于 AES-S-128
211                    {
212                        try
213                        {
214                            Stopwatch sw = new Stopwatch();
215                            sw.Start();
216                            myAES.AES_S_Dec();
217                            sw.Stop();
218                            TimeSpan ts = sw.Elapsed;
219                            txtDecTime.Text = ts.TotalMilliseconds.ToString() + "ms";
220                            myAES.getRecoveredImage(myImageData);
221                      picBoxRecovered.Image = myImageData.MyShowRecoveredImage();
222                        }
```

当组合选择框 cmbBoxSelectMethod 选择了 AES-S-128(即第 210 行为真)时,第 216 行调用对象 myAES 的公有方法 AES_S_Dec 解密图像,第 220 行调用对象 myAES 的公有方法 getRecoveredImage 将解密后的图像保存到对象 myImageData 中。

```
223                        catch (FormatException fe)
224                        {
225                            string str = fe.ToString();
226                        }
227                    }
```

第 210～227 行为密钥长度为 128 位的 AES-S 系统的图像解密操作。

```
228                    if (cmbBoxSelectMethod.Text.Equals("AES-S-192")) //对于 AES-S-192
229                    {
230                          //Omitted 因与第 212～226 行类似而省略,读者试着补齐
231                    }
232                    if (cmbBoxSelectMethod.Text.Equals("AES-S-256")) //对于 AES-S-256
233                    {
```

```
234                    //Omitted 因与第212～226行类似而省略,读者试着补齐
235                }
236            if (cmbBoxSelectMethod.Text.Equals("AES-D-128")) //对于 AES-D-128
237            {
238                try
239                {
240                    Stopwatch sw = new Stopwatch();
241                    sw.Start();
242                    myAES.AES_D_Dec();
243                    sw.Stop();
244                    TimeSpan ts = sw.Elapsed;
245                    txtDecTime.Text = ts.TotalMilliseconds.ToString() + "ms";
246                    myAES.getRecoveredImage(myImageData);
247            picBoxRecovered.Image = myImageData.MyShowRecoveredImage();
248                }
```

当组合选择框 cmbBoxSelectMethod 选择了 AES-D-128(即第 236 行为真)时,第 242 行调用对象 myAES 的公有方法 AES_D_Dec 解密图像,第 246 行调用对象 myAES 的公有方法 getRecoveredImage 将解密后的图像保存到对象 myImageData 中。

```
249                catch (FormatException fe)
250                {
251                    string str = fe.ToString();
252                }
253            }
```

第 236～253 行为密钥长度为 128 位的 AES-D 系统的图像解密操作。

```
254            if (cmbBoxSelectMethod.Text.Equals("AES-D-192")) //For AES-D-192
255            {
256                //Omitted 因与第238～252行类似而省略,读者试着补齐
257            }
```

第 254～257 行为密钥长度为 192 位的 AES-D 系统的图像解密操作。

```
258            if (cmbBoxSelectMethod.Text.Equals("AES-D-256")) //For AES-D-256
259            {
260                //Omitted 因与第238～252行类似而省略,读者试着补齐
261            }
```

第 258～261 行为密钥长度为 256 位的 AES-D 系统的图像解密操作。

```
262            }
263        }
264    }
```

3.3 本章小结

AES 是目前应用最广泛的对称密码算法。本章详细介绍了 AES 算法,包括其加密算法、密钥扩展和解密算法,并探讨了 AES 算法在图像加密方面的应用。基于 MATLAB 和

C♯语言,设计了 AES 算法的实现工程。为了叙述方便,3.2.2 节介绍 AES 图像加密 MATLAB 程序时没有进行优化处理,由于每次调用 AES 算法时都进行大量查找表数据的 装入内存操作,所以算法特别耗时。一种明显的优化方法是在程序 3-25、程序 3-26、程序 3-28 和程序 3-29 中装入各种查找表数据,简化 AES 算法中查找表数据的预装入操作,按这种思 路优化后的 AES-S 和 AES-D 系统的处理时间大大减少,见表 3-10。优化后的 MATLAB 程序见附录 B。AES 可以用于加密数字图像和大数据,对 AES 算法的优化处理可加深对 AES 算法的理解。第 4 章将详细分析 AES-S 和 AES-D 系统的性能,并以此作为图像加密 的参考基准,激发更好的图像密码算法的诞生。

表 3-10　优化后的 AES-S 和 AES-D 系统的 256×256 像素灰度图像加密/解密时间(单位:s)

密 钥 长 度	128 位	192 位	256 位
AES-S 加密时间	1.1239	1.4321	1.6124
AES-S 解密时间	2.2641	2.6986	3.0698
AES-D 加密时间	2.2172	2.7243	3.2749
AES-D 解密时间	4.3516	5.3305	6.1647

第 **4** 章

图像密码系统安全性能分析

本章基于第 3.2 节的 AES-S 系统和 AES-D 系统,探讨 AES 应用于图像加密的性能。AES 是美国政府的信息加密标准,这里将基于 AES 的图像密码系统的安全性能作为图像密码系统设计的参考基准,后续章节的基于混沌系统的图像密码系统将与该参考基准进行比较,以衡量新系统的实用价值。

4.1 加密/解密速度

图像密码系统的加密/解密速度等于图像的大小(以比特为单位)除以加密/解密时间,因此,加密/解密的速度单位为 b/s(比特每秒)。图像密码系统的加密/解密速度越快越好,除了要使用先进的硬件工作平台外,还应设计尽可能优良的图像加密/解密算法。对于一部支持 1080P 全高清摄像(60 帧每秒)的录像设备,图像产生的速率约为 3.0Gb/s,要对这样的图像流进行非压缩编码的实时加密,目前的图像密码算法仍然无能为力。

根据第 3 章的试验结果(表 3-9 和表 3-10),可知基于 AES 的图像密码系统的加密/解密速度,见表 4-1。

表 4-1　基于 AES 的图像密码系统的加密/解密速度(单位:Mb/s)

密钥长度	优化的 MATLAB 程序				C# 程序			
	AES-S 加密	AES-S 解密	AES-D 加密	AES-D 解密	AES-S 加密	AES-S 解密	AES-D 加密	AES-D 解密
128 位	0.4665	0.2316	0.2365	0.1204	13.3407	13.1731	8.2826	6.4409
192 位	0.3661	0.1943	0.1924	0.0984	11.8886	8.8413	6.8445	4.7749
256 位	0.3252	0.1708	0.1601	0.0850	12.9135	11.0145	6.1754	4.5354

表 4-1 反映了基于 AES 的图像密码系统的 C# 程序比 MATLAB 程序要快 1~2 个数量级,这是因为 MATLAB 代码是解释执行的,而 C# 程序是由微软公共语言运行库(CLR)翻译执行的,后者更快一些。

理论上,AES 的密钥越长,加密/解密时间越长。但是,表 4-1 中,256 位的 AES-S 的

C♯程序要比 192 位的 AES-S 的 C♯程序速度快。这是因为 Windows 资源占用比率会影响程序的正常运行速度。所以,在通用计算机上与基于 AES 的图像密码系统进行比较时,主要是比较速度的数量级的差别。或者,执行同一算法若干次,进行平均运行速度(或最快运行速度)的比较。

由于 MATLAB 代码的执行效率较低,所以一般不在 MATLAB 环境下比较图像密码算法的性能。C 语言和 C♯语言是推荐的语言。这里将 256 位的 AES-S 系统和 AES-D 系统的 C♯程序的最快加密/解密速度作为图像密码系统的速度标准。在本书使用的计算机上执行若干次 AES-S-256 和 AES-D-256,得到 256 位的 AES-S 系统的 C♯语言最快加密速度为 13.9546Mb/s,最快解密速度为 12.8366Mb/s;而 256 位的 AES-D 系统的 C♯语言最快加密速度为 7.2496Mb/s,最快解密速度为 6.6223Mb/s,将它们列于表 4-2 中。

表 4-2　C♯语言图像密码系统的速度标准(Mb/s)

速 度 标 准	加密速度标准	解密速度标准
优秀最低速度标准	13.9546	12.8366
合格最低速度标准	7.2496	6.6223

如表 4-2 所示,把 C♯语言的 AES-S-256 系统的图像加密与解密速度作为优秀速度标准,凡是加密/解密速度高于该标准的安全图像密码系统,都被认为是优秀的图像密码系统;而把 C♯语言的 AES-D-256 系统的图像加密与解密速度作为合格速度标准,凡是加密/解密速度高于该标准的安全图像密码系统,均被认为是合格的图像密码系统。如果一个图像密码系统的加密/解密速度低于合格最低标准,则无论该系统如何安全,都认为是不合格的。因为密码学家普遍认为,设计一个安全但是加密速度慢的图像密码系统是非常容易的。

4.2　密钥空间

密钥空间为图像密码系统全体密钥的集合。如果密钥空间较小,即密钥的个数较少,则相应的图像密码系统无法对抗穷举密钥攻击。现已证实,64 位的 DES 是不安全的,因此,64 位长的密钥被认为是不安全的。一般地,密钥的长度应取在 128 位以上。

所谓的穷举密钥攻击,是指攻击方在可以自由地使用加密设备或解密设备的情况下,还已知至少一组明文—密文对,通过不断地尝试各个密钥,直到在加密设备上由明文得到相应的密文,或者在解密设备上由密文得到相应的明文,此时的密钥即为真实的系统密钥。统计规律上,需要尝试密钥空间内约一半的密钥。

经过实验,C♯语言下 AES-S-128 系统加密/解密 256×256 像素大小的灰度图像的最短时间约为 0.0274s 和 0.0299s。由于密钥长度为 128 位,密钥空间的大小为 2^{128},所以在本书使用的计算机上,穷举密钥攻击该系统花的时间约为 1.4783×10^{29} 年(攻击加密系统)或 1.6132×10^{29} 年(攻击解密系统)。由于 128 位的 AES-S 系统比其他的 AES-S 系统和全部的 AES-D 系统处理速度都快,所以,穷举密钥攻击其他的 AES-S 系统或 AES-D 系统将花费更多的时间,从而在对抗穷举密钥攻击方面那些系统是更安全的。实际穷举密钥攻击时,除了考虑上面计算的"密钥空间一半密钥的数量×单次加密/解密时间",还应考虑"密钥空间一半密钥的数量×每次实验结果与已知明文/密文匹配的时间"。至今,密码学家仍然认为128位的AES是安全的,从而128位的密钥被认为是安全的。

　　AES的密钥长度可取128位、192位或256位,相应的AES的密钥空间大小为2^{128}、2^{192}或2^{256}。由于AES的密钥直接作为AES-S系统和AES-D系统的密钥,因此,AES-S系统和AES-D系统的密钥空间与AES相同,即为2^{128}、2^{192}或2^{256}。随着计算机处理能力的不断提高,出于信息安全考虑,图像密码系统的密钥也随之加长,建议基于混沌系统的新型图像密码系统的密钥都应在128位以上。

4.3　信息熵

　　对于随机过程中的随机变量x,它的熵(Entropy)记为$H(x)$,表示该随机变量出现的不确定性或信息量,这里考虑离散情况下的随机过程,假设随机变量x的可能取值范围为集合$\{x_1,x_2,\cdots,x_n\}$,随机变量x取值为x_i的概率为p_i,$i=1,2,\cdots,n$,且$1>p_i>0$,$p_1+p_2+\cdots+p_n=1$,则随机变量x的熵的计算公式如式(4-1)所示[1]。

$$H(x)=-\sum_{i=1}^{n}p_i\log_2 p_i \tag{4-1}$$

　　在式(4-1)中,取以2为底的对数,熵的单位为比特。从信息论的角度出发,熵表示每个符号的平均位数。对于8比特的随机的灰度图像而言,每个像素点的平均位数为8,其熵值为8bit。灰度图像的最大熵值为8bit,当且仅当各个灰度值服从均匀分布时,灰度图像的熵才达到最大值。对于数字图像这类"离散系统"而言,熵一定是非负数。

　　根据某个有限长序列计算的随机变量x的熵与随机变量x的熵的最大值的比值,称为随机变量x的相对熵(Relative Entropy),也称为压缩率,1与相对熵的差值称为该序列的冗余度(Redundancy)[1]。

　　下面计算图1-1所示6幅图像的信息熵、相对熵和冗余度,列于表4-3中。

表4-3　图1-1中所示的6幅图像的信息熵、相对熵和冗余度

项　　目	Lena	Baboon	Pepper	Plane	全黑图像	全白图像
信息熵(bit)	7.3685	7.3557	7.5646	6.6694	0	0
相对熵	0.9211	0.9195	0.9456	0.8337	0	0
冗余度	7.89%	8.05%	5.44%	16.63%	100%	100%

　　由表4-3可知,明文图像的冗余度均在5%以上,即明文信息中存在着一定量的冗余信息。

　　不失一般性,选取128位长的密钥K1＝{206,131,76,171,173,206,16,124,188,116,220,121,211,42,148,113}、192位长的密钥K2＝{121,197,242,122,157,101,43,123,131,153,7,82,154,175,148,62,209,205,203,42,36,98,30,88}和256位长的密钥K3＝{35,231,231,15,76,33,103,63,181,122,200,141,150,90,165,119,125,75,220,190,88,246,195,78,205,120,96,106,212,15,215,238},分别作为AES-S系统和AES-D系统的密钥,将加密图1-1中6幅图像得到的密文的熵、相对熵和冗余度列于表4-4中。

表 4-4　AES-S 和 AES-D 系统产生的密文图像的熵、相对熵和冗余度

项　目		Lena 密文	Baboon 密文	Pepper 密文	Plane 密文	全黑图像密文	全白图像密文
AES-S (128 位)	熵(bit)	7.997521	7.996823	7.997364	7.997166	7.997438	7.996984
	相对熵	0.999690	0.999603	0.999671	0.999646	0.999680	0.999623
	冗余度	0.0310%	0.0397%	0.0329%	0.0354%	0.0320%	0.0377%
AES-S (192 位)	熵(bit)	7.997227	7.997029	7.997181	7.997175	7.997402	7.997179
	相对熵	0.999653	0.999629	0.999648	0.999647	0.999675	0.999647
	冗余度	0.0347%	0.0371%	0.0352%	0.0353%	0.0325%	0.0353%
AES-S (256 位)	熵(bit)	7.997271	7.996791	7.997473	7.997059	7.997676	7.997345
	相对熵	0.999659	0.999599	0.999684	0.999632	0.999709	0.999668
	冗余度	0.0341%	0.0401%	0.0316%	0.0367%	0.0291%	0.0332%
AES-D (128 位)	熵(bit)	7.997043	7.996595	7.996788	7.996664	7.996747	7.997340
	相对熵	0.999630	0.999574	0.999598	0.999583	0.999593	0.999668
	冗余度	0.0370%	0.0426%	0.0402%	0.0417%	0.0407%	0.0332%
AES-D (192 位)	熵(bit)	7.997326	7.997495	7.997463	7.997510	7.997064	7.997007
	相对熵	0.999666	0.999687	0.999683	0.999689	0.999633	0.999626
	冗余度	0.0334%	0.0313%	0.0317%	0.0311%	0.0367%	0.0374%
AES-D (256 位)	熵(bit)	7.997472	7.997677	7.997298	7.996980	7.996778	7.997245
	相对熵	0.999684	0.999710	0.999662	0.999622	0.999597	0.999656
	冗余度	0.0316%	0.0290%	0.0338%	0.0378%	0.0403%	0.0344%

由表 4-4 可知，AES-S 系统和 AES-D 系统加密明文图像得到的密文图像的冗余度均小于 0.05%，对比表 4-3 中明文图像的冗余度，可以认为密文图像中每个像素点都是独立的和不相关的，从而说明 AES-S 系统和 AES-D 系统的加密效果良好。对于基于混沌系统的新型图像加密算法，若其生成的密文的冗余度在 0.05% 以下，则可以认为达到了基于 AES 的图像密码系统的加密标准，从而可以对抗基于信息熵的分析。

计算熵、相对熵和冗余度的 MATLAB 代码如程序 4-1 所示。程序 4-2 为计算熵值的函数 ENTROPY。

【程序 4-1】　计算熵、相对熵和冗余度的 MATLAB 程序。

```
1     % filename: pc007.m
2     clc;clear;close all;
3     iptsetpref('imshowborder','tight');
4     % P1 = imread('Lena.tif');
5     % P1 = imread('Baboon.tif');
6     % P1 = imread('Pepper.tif');
7     % P1 = imread('Plane.tif');
8     % P1 = zeros(256,256);
9     P1 = ones(256,256) * 255;
10    figure(1);imshow(uint8(P1));
11    % K = [206,131,76,171,173,206,16,124,188,116,220,121,211,42,148,113];
12    K = [121,197,242,122,157,101,43,123,131,153,7,82,154,175,148,62,…
13        209,205,203,42,36,98,30,88];
```

```
14      % K = [35,231,231,15,76,33,103,63,181,122,200,141,150,90,165,119,…
15      %       125,75,220,190,88,246,195,78,205,120,96,106,212,15,215,238];
16      C1 = AES_S_EncEx(P1,K);
17      % C1 = AES_D_EncEx(P1,K);
18      figure(2);imshow(uint8(C1));
19      y1 = ENTROPY(C1);
20      y2 = y1/8;
21      y3 = 1 - y2;
```

程序 4-1 中,第 16、17 行的 AES_S_EncEx 和 AES_D_EncEx 参考附录 B,是优化的 AES-S 系统和 AES-D 系统加密函数。第 19 行调用 ENTROPY 函数计算密文图像 C1 的熵。由于 MATLAB 内部函数均为小写字母组合,所以,本书常使用大写字母组合或部分字母大写的方式命名自定义的 MATLAB 函数。

【程序 4-2】 计算熵值的函数 ENTROPY。

```
1      function y = ENTROPY(P)
2      P = double(P);[M,N] = size(P);P = transpose(P(:));T = zeros(1,256);
3      for i = 1:256
4          T(i) = sum(P == (i-1));T(i) = T(i)/(M * N);
5      end
6      y = - T(T > 0) * transpose(log2(T(T > 0)));
7      end
```

程序 4-2 通过式(4-1)计算输入图像 P 的信息熵。

4.4 统计特性

统计特性分析包括相关性分析和直方图分析。相关性分析是指通过比较明文邻近点的相关性与密文邻近点的相关性,分析图像密码系统消除图像中邻近点相关性的能力。一般地,邻近点的选择仅限于水平、垂直、对角线或反对角线方向上相近的像素点。直方图分析则是通过比较明文图像直方图与密文图像直方图的特点,分析图像密码系统将图像直方图均匀化的能力。图 1-2 展示了图 1-1 中 6 幅明文图像的直方图,均具有明显的波伏特性,尤其是全黑图像和全白图像,其只含有一个像素值,直方图为一条垂线段。

4.4.1 相关性分析

图像相邻像素点的相关性分析分为定性分析和定量分析。定性分析通过观察相邻像素点的关联情况图,直观地判定相邻像素点的相关强度;定量分析通过计算相邻像素点的相关系数,从数量上比较相关性的强弱。

设从需要考察的图像中任取 N 对相邻的像素点,记它们的灰度值为 (u_i, v_i),$i = 1, 2, \cdots, N$,则向量 $\boldsymbol{u} = \{u_i\}$ 和 $\boldsymbol{v} = \{v_i\}$ 间的相关系数计算公式如下。

$$r_{xy} = \frac{\mathrm{cov}(\boldsymbol{u}, v)}{\sqrt{D(u)}\ \sqrt{D(v)}} \tag{4-2}$$

$$\mathrm{cov}(\boldsymbol{u}, \boldsymbol{v}) = \frac{1}{N} \sum_{i=1}^{N} (x_i - E(\boldsymbol{u}))(y_i - E(\boldsymbol{v})) \tag{4-3}$$

$$D(\boldsymbol{u}) = \frac{1}{N} \sum_{i=1}^{N} (u_i - E(\boldsymbol{u}))^2 \qquad (4\text{-}4)$$

$$E(\boldsymbol{u}) = \frac{1}{N} \sum_{i=1}^{N} u_i \qquad (4\text{-}5)$$

设 u_i 的坐标为 (x_i, y_i)，如果 v_i 的坐标为 (x_i+1, y_i)，则计算水平方向上的相关系数；如果 v_i 的坐标为 (x_i, y_i+1)，则计算垂直方向上的相关系数；如果 v_i 的坐标为 (x_i+1, y_i+1)，则计算正对角方向上的相关系数；如果 v_i 的坐标为 (x_i-1, y_i+1)，则计算斜对角方向上的相关系数（注：以图像坐标系为参照系，即左上角为 $(0,0)$，向右为 x 轴正向，向下为 y 轴正向）。计算相关系数的 MATLAB 程序如程序 4-3 所示。

【程序 4-3】 计算相关系数的 MATLAB 函数。

```
1    function r = ImCoef(A,N)
2    A = double(A);[m,n] = size(A);r = zeros(1,4);
3    x1 = mod(floor(rand(1,N) * 10^10),m - 1) + 1;
4    x2 = mod(floor(rand(1,N) * 10^10),m) + 1;
5    x3 = mod(floor(rand(1,N) * 10^10),m - 1) + 2;
6    y1 = mod(floor(rand(1,N) * 10^10),n - 1) + 1;
7    y2 = mod(floor(rand(1,N) * 10^10),n) + 1;
8    u1 = zeros(1,N);u2 = zeros(1,N);u3 = zeros(1,N);u4 = zeros(1,N);
9    v1 = zeros(1,N);v2 = zeros(1,N);v3 = zeros(1,N);v4 = zeros(1,N);
10   for i = 1:N
11       u1(i) = A(x1(i),y2(i));v1(i) = A(x1(i) + 1,y2(i));
12       u2(i) = A(x2(i),y1(i));v2(i) = A(x2(i),y1(i) + 1);
13       u3(i) = A(x1(i),y1(i));v3(i) = A(x1(i) + 1,y1(i) + 1);
14       u4(i) = A(x3(i),y1(i));v4(i) = A(x3(i) - 1,y1(i) + 1);
15   end
16   r(1) = mean((u1 - mean(u1)). * (v1 - mean(v1)))/(std(u1,1) * std(v1,1));
17   r(2) = mean((u2 - mean(u2)). * (v2 - mean(v2)))/(std(u2,1) * std(v2,1));
18   r(3) = mean((u3 - mean(u3)). * (v3 - mean(v3)))/(std(u3,1) * std(v3,1));
19   r(4) = mean((u4 - mean(u4)). * (v4 - mean(v4)))/(std(u4,1) * std(v4,1));
20   figure(101);
21   plot(u1,v1,'k.','linewidth',3,'markersize',3);
22   axis([0 300 0 300]);
23   set(gca,'XTick',0:50:300,'YTick',0:50:300,'fontsize',18,'fontname','times new roman');
24   set(gca,'XTickLabel',{'0','50','100','150','200','250','300'});
25   set(gca,'YTickLabel',{'0','50','100','150','200','250','300'});
26   xlabel('Pixel gray value on location(\itx\rm,\ity\rm)');
27   ylabel('Pixel gray value on location(\itx\rm + 1,\ity\rm)');
28   figure(102);
29   plot(u2,v2,'k.','linewidth',3,'markersize',3);
30   axis([0 300 0 300]);
31   set(gca,'XTick',0:50:300,'YTick',0:50:300,'fontsize',18,'fontname','times new roman');
32   set(gca,'XTickLabel',{'0','50','100','150','200','250','300'});
33   set(gca,'YTickLabel',{'0','50','100','150','200','250','300'});
34   xlabel('Pixel gray value on location(\itx\rm,\ity\rm)');
```

```
35      ylabel('Pixel gray value on location(\itx\rm,\ity\rm + 1)');
36      figure(103);
37      plot(u3,v3,'k.','linewidth',3,'markersize',3);
38      axis([0 300 0 300]);
39      set(gca,'XTick',0:50:300,'YTick',0:50:300,'fontsize',18,'fontname','times new roman');
40      set(gca,'XTickLabel',{'0','50','100','150','200','250','300'});
41      set(gca,'YTickLabel',{'0','50','100','150','200','250','300'});
42      xlabel('Pixel gray value on location(\itx\rm,\ity\rm)');
43      ylabel('Pixel gray value on location(\itx\rm + 1,\ity\rm + 1)');
44      figure(104);
45      plot(u4,v4,'k.','linewidth',3,'markersize',3);
46      axis([0 300 0 300]);
47      set(gca,'XTick',0:50:300,'YTick',0:50:300,'fontsize',18,'fontname','times new roman');
48      set(gca,'XTickLabel',{'0','50','100','150','200','250','300'});
49      set(gca,'YTickLabel',{'0','50','100','150','200','250','300'});
50      xlabel('Pixel gray value on location(\itx\rm,\ity\rm)');
51      ylabel('Pixel gray value on location(\itx\rm - 1,\ity\rm + 1)');
52      end
```

在程序 4-3 中,第 1 行显示函数 ImCoef 具有 2 个输入参数,其中 A 为灰度图像,N 表示从图像 A 中随机抽取的相邻像素点对的个数;函数 ImCoef 返回值为 1×4 的向量 r,4 个元素依次保存水平、垂直、正对角和反对角方向上的相关系数。第 3~15 行依次产生水平、垂直、正对角和反对角方向上的相邻像素点对,分别保存在 u1 与 v1、u2 与 v2、u3 与 v3 和 u4 与 v4 中。第 16~19 行调用式(4-2)计算各个方向上的相关系数。

第 20~27 行输出水平方向上随机选择的 N 对相邻像素点的相关图形,横坐标为 u1 的值,纵坐标为 v1 的值。第 28~35 行输出垂直方向上随机选择的 N 对相邻像素点的相关图形,横坐标为 u2 的值,纵坐标为 v2 的值。第 36~43 行输出正对角方向上随机选择的 N 对相邻像素点的相关图形,横坐标为 u3 的值,纵坐标为 v3 的值。第 44~51 行输出反对角方向上随机选择的 N 对相邻像素点的相关图形,横坐标为 u4 的值,纵坐标为 v4 的值。

下面借助程序 4-4 测试明文图像 Lena、Baboon、Pepper、Plane、全黑图像和全白图像及其通过 AES-S 系统和 AES-D 系统加密得到的密文图像的相关情况,列于表 4-5 和图 4-1 至图 4-6 中。为了节省篇幅且不失代表性,图 4-1~图 4-6 中仅列出 256 位密钥时的 AES-S 系统和 AES-D 系统加密得到的密文的相关情况图。全黑图像和全白图像在相关情况定性分析图上均为一个点,而其相关系数均为 1。实验中,选取的像素点对数为 2000 对,AES-S 系统和 AES-D 系统的密钥选择为 $K = \{121, 197, 242, 122, 157, 101, 43, 123, 131, 153, 7, 82, 154, 175, 148, 62\}$、$K = \{209, 205, 203, 42, 36, 98, 30, 88, 35, 231, 231, 15, 76, 33, 103, 63, 181, 122, 200, 141, 150, 90, 165, 119\}$ 或 $K = \{125, 75, 220, 190, 88, 246, 195, 78, 205, 120, 96, 106, 212, 15, 215, 238, 206, 131, 76, 171, 173, 206, 16, 124, 188, 116, 220, 121, 211, 42, 148, 113\}$。

表 4-5 相关系数

图 像		水 平	垂 直	正对角	反对角
Lena	明 文	0.971149	0.944010	0.923222	0.940528
	密文(AES-S-128)	0.006786	−0.020640	0.015142	0.018719
	密文(AES-S-192)	0.011894	−0.006219	0.001366	0.020154
	密文(AES-S-256)	−0.009736	0.004396	−0.013766	−0.010296
	密文(AES-D-128)	−0.056630	−0.001789	0.012947	−0.001895
	密文(AES-D-192)	0.000255	0.006481	−0.002571	0.041016
	密文(AES-D-256)	0.010574	−0.010241	−0.030227	−0.011818
Baboon	明 文	0.841825	0.888979	0.781477	0.790131
	密文(AES-S-128)	0.031346	0.009927	−0.008296	−0.013405
	密文(AES-S-192)	0.005317	−0.017725	−0.010870	0.016198
	密文(AES-S-256)	0.037381	−0.006301	−0.008964	−0.033927
	密文(AES-D-128)	−0.018861	0.007334	0.015238	0.011807
	密文(AES-D-192)	−0.035438	−0.004285	0.028059	−0.024165
	密文(AES-D-256)	0.014392	0.021936	−0.057973	−0.008429
Pepper	明 文	0.974184	0.965639	0.945430	0.950023
	密文(AES-S-128)	−0.013905	0.027714	0.026627	0.007112
	密文(AES-S-192)	0.015200	0.012746	0.027276	−0.016749
	密文(AES-S-256)	0.009745	0.020704	−0.023840	−0.022822
	密文(AES-D-128)	0.016398	−0.002490	0.047229	−0.003996
	密文(AES-D-192)	0.017123	−0.004874	−0.012213	0.006006
	密文(AES-D-256)	−0.007271	0.008390	−0.002240	−0.031427
Plane	明 文	0.927700	0.947169	0.875228	0.867671
	密文(AES-S-128)	−0.046658	−0.010034	0.013404	0.023225
	密文(AES-S-192)	−0.009915	−0.049350	0.024116	−0.018347
	密文(AES-S-256)	−0.040526	−0.007605	0.009233	0.002259
	密文(AES-D-128)	−0.005827	−0.011401	−0.013188	−0.014827
	密文(AES-D-192)	−0.002483	0.042396	0.013500	−0.026508
	密文(AES-D-256)	−0.009923	−0.016574	−0.008929	−0.006052
全黑图像	明 文	1.000000	1.000000	1.000000	1.000000
	密文(AES-S-128)	−0.020893	0.028197	−0.004368	−0.009727
	密文(AES-S-192)	−0.031629	−0.032922	−0.022114	0.034821
	密文(AES-S-256)	−0.010881	−0.060947	0.020706	−0.018261
	密文(AES-D-128)	−0.010266	−0.002630	−0.000141	0.007906
	密文(AES-D-192)	−0.004957	0.021340	0.004091	−0.022398
	密文(AES-D-256)	−0.038204	−0.012636	0.027023	−0.009388
全白图像	明 文	1.000000	1.000000	1.000000	1.000000
	密文(AES-S-128)	0.005894	0.035058	0.013387	0.052516
	密文(AES-S-192)	0.013453	0.007111	−0.019086	−0.029228
	密文(AES-S-256)	0.017891	−0.017015	−0.005595	−0.001038
	密文(AES-D-128)	0.019742	−0.010972	0.016691	−0.011371
	密文(AES-D-192)	−0.010471	−0.013326	−0.009428	0.010503
	密文(AES-D-256)	0.005856	0.020950	−0.001917	−0.011049

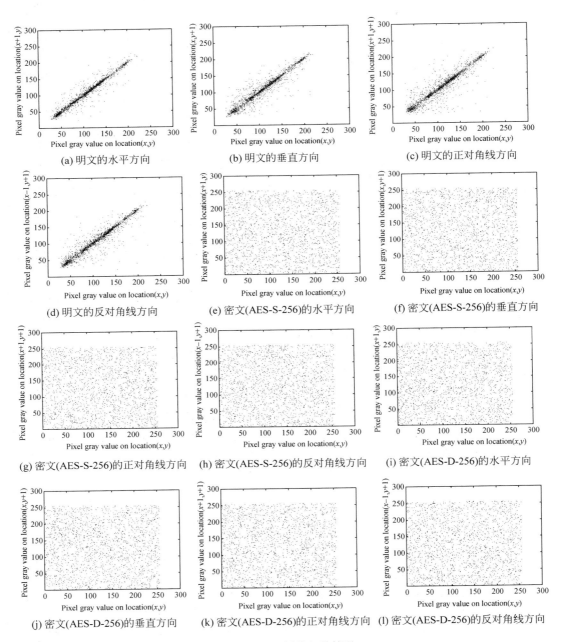

图 4-1　Lena 图像相关情况

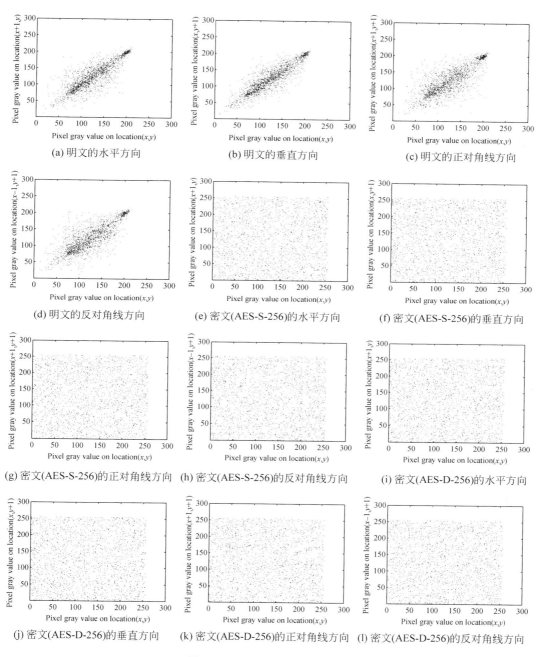

图 4-2　Baboon 图像相关情况

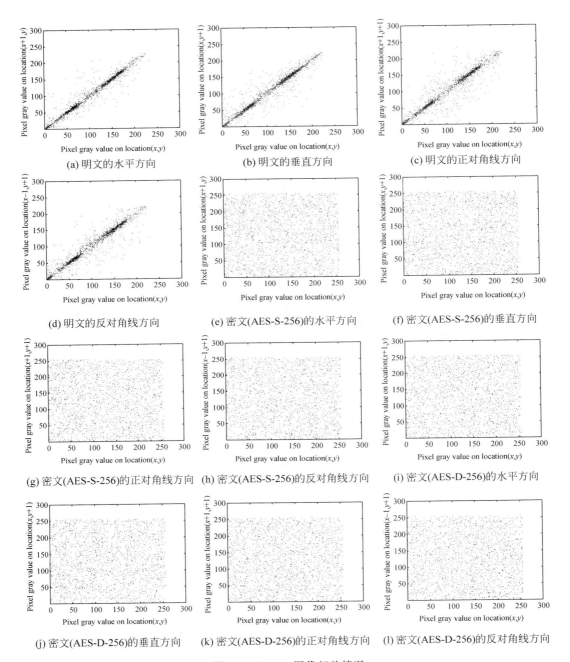

(a) 明文的水平方向　　　　(b) 明文的垂直方向　　　　(c) 明文的正对角线方向

(d) 明文的反对角线方向　　(e) 密文(AES-S-256)的水平方向　　(f) 密文(AES-S-256)的垂直方向

(g) 密文(AES-S-256)的正对角线方向　(h) 密文(AES-S-256)的反对角线方向　(i) 密文(AES-D-256)的水平方向

(j) 密文(AES-D-256)的垂直方向　(k) 密文(AES-D-256)的正对角线方向　(l) 密文(AES-D-256)的反对角线方向

图 4-3　Pepper 图像相关情况

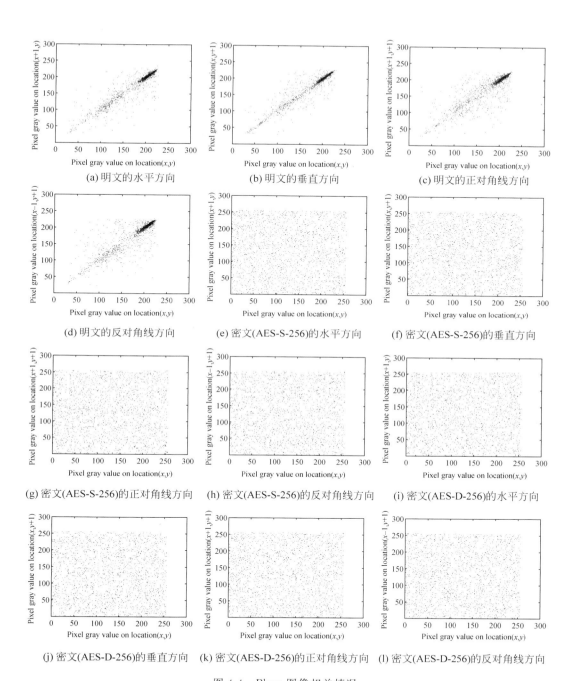

图 4-4　Plane 图像相关情况

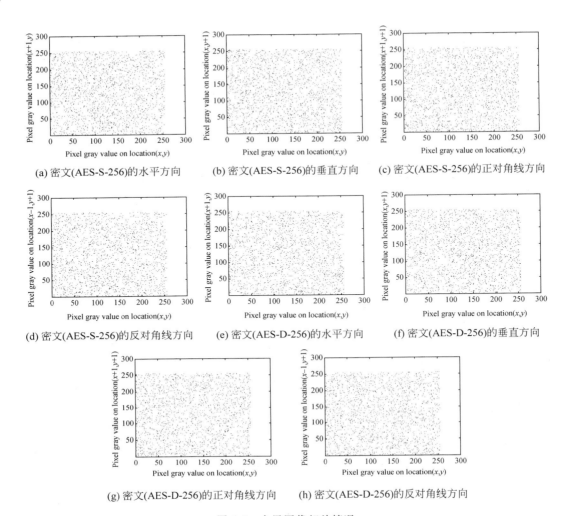

(a) 密文(AES-S-256)的水平方向   (b) 密文(AES-S-256)的垂直方向   (c) 密文(AES-S-256)的正对角线方向

(d) 密文(AES-S-256)的反对角线方向   (e) 密文(AES-D-256)的水平方向   (f) 密文(AES-D-256)的垂直方向

(g) 密文(AES-D-256)的正对角线方向   (h) 密文(AES-D-256)的反对角线方向

图 4-5　全黑图像相关情况

【程序 4-4】 相关特性测试程序 pc008.m。

```
1    clc;clear;close all;
2    P1 = imread('Lena.tif');
3    % P1 = imread('Baboon.tif');
4    % P1 = imread('Pepper.tif');
5    % P1 = imread('Plane.tif');
6    % P1 = zeros(256,256);
7    % P1 = ones(256,256) * 255;
8    iptsetpref('imshowborder','tight');
9    figure(1);imshow(uint8(P1));
10   K = [121,197,242,122,157,101,43,123,131,153,7,82,154,175,148,62];
11   % K = [209,205,203,42,36,98,30,88,35,231,231,15,76,33,103,63,…
12   %     181,122,200,141,150,90,165,119];
13   % K = [125,75,220,190,88,246,195,78,205,120,96,106,212,15,215,238,…
14   %     206,131,76,171,173,206,16,124,188,116,220,121,211,42,148,113];
15   tic;
```

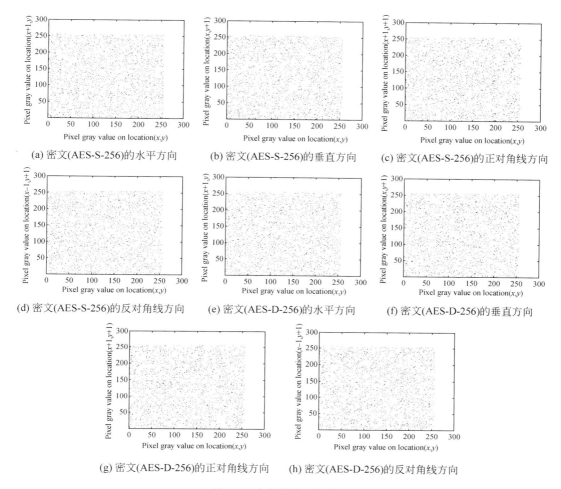

(a) 密文(AES-S-256)的水平方向　　(b) 密文(AES-S-256)的垂直方向　　(c) 密文(AES-S-256)的正对角线方向

(d) 密文(AES-S-256)的反对角线方向　　(e) 密文(AES-D-256)的水平方向　　(f) 密文(AES-D-256)的垂直方向

(g) 密文(AES-D-256)的正对角线方向　　(h) 密文(AES-D-256)的反对角线方向

图 4-6　全白图像相关情况

```
16    C1 = AES_S_EncEx(P1,K);
17    % C1 = AES_D_EncEx(P1,K);
18    toc;
19    figure(2);imshow(uint8(C1));
20    r = ImCoef(P1,2000);
21    % r = ImCoef(C1,2000);
```

程序 4-4 中,第 2 行读入明文图像 P1;第 10 行设定密钥 K;第 16 行调用 AES_S_EncEx 加密 P1 得到相应的密文 C1;第 20 行计算明文 P1 的相关系数;第 21 行计算密文 C1 的相关系数。

由表 4-5 可知,明文图像相邻像素点的相关系数接近于 1,说明明文具有颇强的相关性;而密文图像相邻像素点的相关系数接近于 0,近似无相关性(两个独立不相关的随机序列的相关系数理论值为 0)。定量说明 AES-S 系统和 AES-D 系统生成的密文图像近似具有噪声特性,可有效地对抗基于相关特性的分析。

图 4-1～图 4-6 展示了明文图像 Lena、Baboon、Pepper、Plane、全黑图像和全白图像及它们的密文图像(由 AES-S-256 系统或 AES-D-256 系统加密)在水平、垂直、正对角线和反

对角线方向上的相关情况。可见,明文图像在各个方向上的相邻像素点对密集在相图的直线 y＝x 旁边,而密文图像在各个方向上的相邻像素点对在矩形(左下角坐标为(0,0),右上角坐标为(255,255))区域内看似均匀散布着,定性说明明文图像在各个方向上具有颇强的相关性,而密文图像在各个方向上不具有相关性。

4.4.2　直方图分析

图像的直方图表征了图像中各个灰度值的分布情况。图 1-2 已经展示了 Lena、Baboon、Pepper、Plane、全黑图像和全白图像的直方图,本节将展示借助 AES-S 系统和 AES-D 系统加密得到的密文图像的直方图,如图 4-7 和图 4-8 所示。不失一般性,AES-S 系统和 AES-D 系统的密钥选为 $\mathbf{K}_1＝\{121,197,242,122,157,101,43,123,131,153,7,82,154,175,148,62\}$、$\mathbf{K}_2＝\{209,205,203,42,36,98,30,88,35,231,231,15,76,33,103,63,181,122,200,141,150,90,165,119\}$ 或 $\mathbf{K}_3＝\{125,75,220,190,88,246,195,78,205,120,96,106,212,15,215,238,206,131,76,171,173,206,16,124,188,116,220,121,211,42,148,113\}$。同时,为了节省篇幅,仅在图 4-7 和图 4-8 中展示密钥为 $\mathbf{K}_3$ 时的密文的直方图。

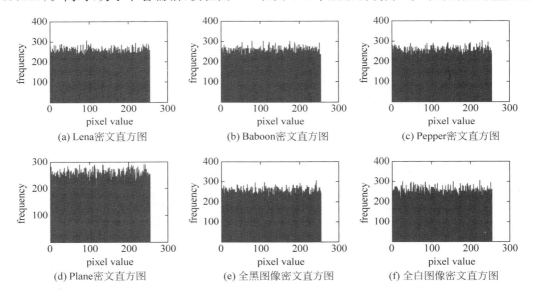

(a) Lena密文直方图　　　　(b) Baboon密文直方图　　　　(c) Pepper密文直方图

(d) Plane密文直方图　　　　(e) 全黑图像密文直方图　　　　(f) 全白图像密文直方图

图 4-7　AES-S 系统(密钥为 $\mathbf{K}_3$)得到的密文的直方图

直观上,图 1-2 表明明文图像具有跌宕起伏的直方图,而图 4-7 和图 4-8 表明密文图像具有平坦的直方图。常使用 χ^2 统计量(单边假设检验)在数量上衡量两者的差别。

给定一组观察到的频数分布,记为 $f_i,i＝1,2,\cdots,n$,假设其理论频数分布为 $g_i,i＝1,2,\cdots,n$,作假设 H_0:样本来自该理论分布。当假设 H_0 成立时,有

$$\chi^2 = \sum_{i=1}^{n} \frac{(f_i - g_i)^2}{g_i} \tag{4-6}$$

式(4-6)称为 Pearson χ^2 统计量,服从自由度为 $n-1$ 的 χ^2 分布。

对于灰度等级为 256 的灰度图像而言,设图像大小为 $M \times N$,假设其直方图中每个灰度值的像素点频数 f_i 服从均匀分布,即 $g_i＝g＝MN/256,i＝0,1,2,\cdots,255$,则

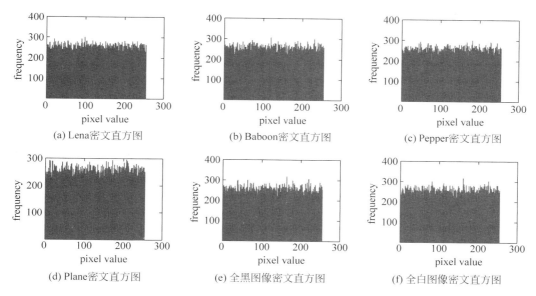

(a) Lena密文直方图　(b) Baboon密文直方图　(c) Pepper密文直方图

(d) Plane密文直方图　(e) 全黑图像密文直方图　(f) 全白图像密文直方图

图 4-8　AES-D 系统(密钥为 K_3)得到的密文的直方图

$$\chi^2 = \sum_{i=0}^{255} \frac{(f_i - g)^2}{g} \qquad (4\text{-}7)$$

服从自由度为 255 的 χ^2 分布。给定显著性水平 α,使得

$$\mathcal{P}\{\chi^2 \geqslant \chi_\alpha^2(n-1)\} = \alpha \qquad (4\text{-}8)$$

即 $\chi^2 < \chi_\alpha^2(n-1)$ 时接收假设 H_0。当取显著性水平 $\alpha = 0.01$、0.05 和 0.1 时,有 $\chi_{0.01}^2(255) = 310.45739$,$\chi_{0.05}^2(255) = 293.24783$,$\chi_{0.1}^2(255) = 284.33591$。常用的显著性水平为 $\alpha = 0.05$。

　　下面借助程序 4-5 对明文图像(图 1-1)和密钥选择为 K_1、K_2 和 K_3 的情况下经 AES-S 系统和 AES-D 系统加密所得的密文图像的直方图进行 χ^2 检验,检验结果列于表 4-6 中。

表 4-6　χ^2 检验结果($\alpha = 0.05$,$\chi_{0.05}^2(255) = 293.24783$)

项　目	Lena	Baboon	Pepper	Plane	全黑图像	全白图像
明文	4.6002e4	4.5506e4	3.5693e4	1.8724e5	1.6711e7	1.6711e7
密文(AES-S-128)	242.6641	280.6797	268.8438	244.4453	255.7266	248.9922
密文(AES-S-192)	185.8125	268.2031	270.9531	219.0313	281.6094	254.6797
密文(AES-S-256)	257.4141	289.2813	273.2891	262.3906	238.5703	**300.7188**
密文(AES-D-128)	243.0391	218.0547	251.8672	280.1797	**309.7656**	248.7578
密文(AES-D-192)	256.6563	262.5938	246.4609	310.9922	211.5234	284.5781
密文(AES-D-256)	225.4609	282.7344	237.8203	272.7969	**306.3594**	286.2578

　　由表 4-6 可知,明文图像的 χ^2 统计量的计算值明显大于 $\chi_{0.05}^2(255)$,而密文图像的 χ^2 统计量的计算值小于 $\chi_{0.01}^2(255)$,绝大部分小于 $\chi_{0.05}^2(255)$,故可认为密文图像近似均匀分布,即在显著性水平 0.05 的情况下,认为密文图像与均匀分布无显著差异。

【程序 4-5】 图像直方图 χ^2 检验程序 pc009.m。

```
1   clc;clear;close all;
2   P1 = imread('Lena.tif');
3   % P1 = imread('Baboon.tif');
4   % P1 = imread('Pepper.tif');
5   % P1 = imread('Plane.tif');
6   % P1 = zeros(256,256);
7   % P1 = ones(256,256) * 255;
8   iptsetpref('imshowborder','tight');
9   figure(1);imshow(uint8(P1));
10  K = [121,197,242,122,157,101,43,123,131,153,7,82,154,175,148,62];
11  % K = [209,205,203,42,36,98,30,88,35,231,231,15,76,33,103,63,181,···
12  %      122,200,141,150,90,165,119];
13  % K = [125,75,220,190,88,246,195,78,205,120,96,106,212,15,215,238,···
14  %      206,131,76,171,173,206,16,124,188,116,220,121,211,42,148,113];
15  tic;
16  C1 = AES_S_EncEx(P1,K);
17  % C1 = AES_D_EncEx(P1,K);
18  toc;
19  figure(2);imshow(uint8(C1));
20  P1 = double(P1);
21  C1 = double(C1);
22  figure(3);hist(C1(:),256);
23  xlabel('pixel value'); ylabel('frequency');
24  set(gca,'fontsize',12,'fontname','times new roman','tickdir','out');
25  set(gcf,'position',[400 100 300 220],'color','w');
26  [M,N] = size(P1);g = M * N/256; fp1 = hist(P1(:),256); chai1 = sum((fp1 - g).^2)/g;
27  fc1 = hist(C1(:),256); chai2 = sum((fc1 - g).^2)/g;
```

程序 4-5 中,第 26 行首先计算图像中每个灰度值的平均像素点数,保存在变量 g 中,然后计算明文图像的 χ^2 统计量的值;第 27 行计算密文图像的 χ^2 统计量的值。

4.5 敏感性分析

图像密码系统的敏感性分析包括 3 个方面,即密钥敏感性分析、明文敏感性分析和密文敏感性分析。密钥敏感性分析旨在通过密钥的微小变化观察图像加密系统加密同一明文图像得到的两个密文图像间的差别程度,或者通过密钥的微小变化观察图像解密系统解密同一密文图像得到的两个解密图像间的差别程度;明文敏感性分析旨在使用同一密钥情况下观察图像加密系统加密两个微小差异的明文图像得到的两个密文图像间的差异程度,又称为加密系统敏感性分析;密文敏感性分析旨在使用同一密钥情况下观察图像解密系统解密两个微小差异的密文图像得到的两个解密图像间的差异程度,又称为解密系统敏感性分析。

衡量两幅相同大小的图像的差异程度有定性和定量两种方式。定性方面,求两幅图像的差图像,并将差图像显示出来,可以定性观察两幅图像的差异程度,黑色或近黑色的区域代表两幅图像在这个区域的像素点的值相等或比较接近,白色或近白色的区域代表两幅图像在这个区域的像素点的值差别最大或相差较大。

定量方面,有以下 3 种方法。这里将两幅大小相同的图像记为 $\boldsymbol{P}_1$ 和 $\boldsymbol{P}_2$,图像大小为 $M \times N$。

(1) 比较两幅图像相应位置的像素点的值,记录不同的像素点个数占全部像素点的比例,这就是常用的 NPCR[6-7],计算公式为

$$\text{NPCR}(\boldsymbol{P}_1, \boldsymbol{P}_2) = \frac{1}{MN} \sum_{i=1}^{M} \sum_{j=1}^{N} | \text{Sign}(\boldsymbol{P}_1(i,j) - \boldsymbol{P}_2(i,j)) | \times 100\% \qquad (4\text{-}9)$$

其中,$\text{Sign}(\cdot)$ 为符号函数,如式(4-10)所示。

$$\text{Sign}(x) = \begin{cases} 1, & x > 0 \\ 0, & x = 0 \\ -1, & x < 0 \end{cases} \qquad (4\text{-}10)$$

如果两幅图像均为随机图像,则对任一位置,两幅图像在该位置的像素点的值相同的概率为 $p_0 = 1/256$,不相同的概率为 $p_1 = 1 - p_0 = 255/256$。由于位置的任意性,所以,两幅随机图像的 NPCR 理论期望值为 $255/256 \approx 99.6094\%$。

如果其中一幅图像为给定的图像,另一幅图像为随机图像,则对任一位置,两幅图像在该位置的像素点不同的概率仍为 $255/256$,即给定图像与随机图像的 NPCR 理论期望值为 $255/256 \approx 99.6094\%$。

(2) 比较两幅图像相应位置的像素点的值,记录它们的差值,然后计算全部相应位置像素点的差值与最大差值(即 255)的比值的平均值,这就是常用的 UACI[6-7]。

如果两幅图像的所有相应位置的像素点的值均不同,即 NPCR 为 100%,但是,它们相应位置的像素点的值相差很小,那么这两幅图像的视觉差别仍然很小,即 NPCR 作为衡量两幅图像的差别的指标具有片面性。UACI 则弥补了这一不足,它除了比较相应位置的像素点的值"不同"外,还计算了"不同"的程度,其计算公式为

$$\text{UACI}(\boldsymbol{P}_1, \boldsymbol{P}_2) = \frac{1}{MN} \sum_{i}^{M} \sum_{j}^{N} \frac{| \boldsymbol{P}_1(i,j) - \boldsymbol{P}_2(i,j) |}{255 - 0} \times 100\% \qquad (4\text{-}11)$$

如果两幅图像 $\boldsymbol{P}_1$ 和 $\boldsymbol{P}_2$ 均为随机图像,则对于任一位置 (i,j),$\boldsymbol{P}_1(i,j) - \boldsymbol{P}_2(i,j)$ 的取值概率见表 4-7。

表 4-7 两随机图像 $\boldsymbol{P}_1(i,j) - \boldsymbol{P}_2(i,j)$ 的取值概率分布(概率值/65536)

取值	-255	-254	-253	⋯	-2	-1	0	1	2	⋯	253	254	255
概率	1	2	3	⋯	254	255	256	255	254	⋯	3	2	1

在表 4-7 中,各个概率取值为表中的值除以 65536,因此,对于任一位置 (i,j),$| \boldsymbol{P}_1(i,j) - \boldsymbol{P}_2(i,j) |$ 的期望值为 $2 \times \dfrac{255 \times 1 + 254 \times 2 + 253 \times 3 + \cdots + 2 \times 254 + 1 \times 255}{65536} = \dfrac{5592320}{65536} = \dfrac{21845}{256}$。由于位置具有任意性,所以两幅随机图像的 UACI 的期望值为 $(21845/256)/255 = 257/768 \approx 33.4635\%$。

如果其中一幅图像为给定的图像,另一幅图像为随机图像,则这两幅图像的 UACI 期望值需要按程序 4-6 给出的算法计算。

【程序 4-6】 计算任一给定图像与随机图像间的 UACI 值。

```
1    function e_uaci = UACIExpect(A)
2    A = double(A);[M,N] = size(A);tot_n = zeros(1,256);tot_s = 0:255;
3    for i = 1:M
4        for j = 1:N
5            for k = 0:255    % 0 - - - twice
6                if k < = A(i,j)
7                    tot_n(k + 1) = tot_n(k + 1) + 1;
8                end
9                if k < = 255 - A(i,j)
10                   tot_n(k + 1) = tot_n(k + 1) + 1;
11               end
12           end
13       end
14   end
15   tot_n(1) = tot_n(1)/2;e_uaci = sum(tot_s. * tot_n)/sum(tot_n)/255;
16   fprintf('UACI = % 10.4f % \n',e_uaci * 100);
17   end
```

在程序 4-6 中,输入给定的图像 A,则计算出 A 与同样大小的随机图像间的 UACI 期望值。对于图 1-1 所示的 Lena、Baboon、Pepper、Plane、全黑图像与全白图像,它们和相同大小(256×256 像素)的随机图像间的 UACI 期望值见表 4-8。

表 4-8　Lena、Baboon、Pepper、Plane、全黑图像、全白图像和随机图像间的 UACI 期望值

项　　目	Lena	Baboon	Pepper	Plane	全黑图像	全白图像
UACI 期望值	28.6850%	27.9209%	30.9134%	32.3785%	50.0000%	50.0000%

表 4-8 所示的结果由下面的程序 4-7 计算得到。

【程序 4-7】 Lena、Baboon、Pepper、Plane、全黑图像、全白图像和随机图像间的 UACI 期望值。

```
1    % filename: pc010.m
2    clc;clear;
3    P1 = imread('Lena.tif');
4    P2 = imread('Baboon.tif');
5    P3 = imread('Pepper.tif');
6    P4 = imread('Plane.tif');
7    M = 256;N = 256;
8    P5 = zeros(M,N);P6 = ones(M,N) * 255;
9    u1 = UACIExpect(P1);u2 = UACIExpect(P2);u3 = UACIExpect(P3);
10   u4 = UACIExpect(P4);u5 = UACIExpect(P5);u6 = UACIExpect(P6);
```

在程序 4-7 中,第 9、10 行调用 UACIExpect 函数计算给定图像与随机图像间的 UACI 期望值。

(3) 比较相同大小的两幅图像 P_1 和 P_2 的差别,先求得它们的差图像,记为 $D = \mathrm{abs}(P_1 - P_2)$,$\mathrm{abs}(\cdot)$ 为求绝对值函数,然后按如图 4-9 所示将差图像 D 分成 4 个相邻像素点一组的 2×2 的图像块,对于图像大小为 $M×N$ 的图像而言,共可分出 $(M-1)×(N-1)$

个小图像块。接着,计算每个小图像块中任两个元素的差值的绝对值的平均值。例如,第 i 个小图像块记为

$$\boldsymbol{D}_i = \begin{bmatrix} d_{i1} & d_{i2} \\ d_{i3} & d_{i4} \end{bmatrix} \tag{4-12}$$

其任两个元素差值的绝对值的平均值为

$$m_i = \frac{1}{6}(\mid d_{i1} - d_{i2} \mid + \mid d_{i1} - d_{i3} \mid + \mid d_{i1} - d_{i4} \mid + \mid d_{i2} - d_{i3} \mid + \mid d_{i2} - d_{i4} \mid + \mid d_{i3} - d_{i4} \mid)$$

$$\tag{4-13}$$

最后计算全部小图像块的 m_i 的平均值与像素点最大差值(即 255)的比值,记为 BACI (Block Average Changing Intensity),如式(4-14)所示。

$$\text{BACI}(\boldsymbol{P}_1, \boldsymbol{P}_2) = \frac{1}{(M-1)(N-1)} \sum_{i=1}^{(M-1)(N-1)} \frac{m_i}{255} \tag{4-14}$$

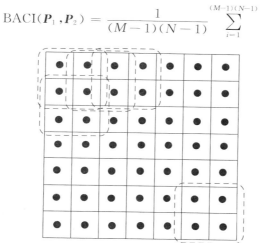

图 4-9 图形分块方式示意

如果两幅图像 $\boldsymbol{P}_1$ 和 $\boldsymbol{P}_2$ 相应位置的像素点均不同,即 NPCR 为 100%,而相应位置的像素点的值的差值与 255 的比值在 257/768 附近波动,则 UACI 的值接近理论值,但是,$\boldsymbol{P}_1$ 和 $\boldsymbol{P}_2$ 的视觉效果仍然相近。采用程序 4-8 构造两幅与 Lena 相近的图像,如图 4-10(b)、(c)所示,这两幅图像与 Lena 图像间具有良好的 NPCR 和 UACI 值,但是视觉效果相近。

【程序 4-8】 构造两幅与 Lena 相近的图像,但与 Lena 间有良好的 NPCR 和 UACI。

```
1    % filename: pc011.m
2    clc;clear;
3    P1 = imread('Lena.tif'); figure(1);imshow(P1);
4    P1 = double(P1); [M,N] = size(P1);
5    P2 = mod(round(abs(257/768 * 255 + P1)),256);
6    P3 = mod(round(abs(257/768 * 255 - P1)),256);
7    figure(2);imshow(uint8(P2));figure(3);box on;imshow(uint8(P3));
8    NPCRUACI(P1,P2);NPCRUACI(P1,P3);
```

在程序 4-8 中,第 3 行读入 Lena 图像;第 5 行构造图像 P2;第 6 行构造图像 P3;第 7 行显示图像 P2 和 P3,如图 4-10 所示。第 8 行调用自定义函数 NPCRUACI 计算它们之间的 NPCR 和 UACI 的值,该函数如程序 4-9 所示。

(a) Lena图像P1　　　　(b) 构造图P2　　　　(c) 构造图P3

(d) P1与P2的差图像　　　(e) P1与P3的差图像

图 4-10　Lena 图像和其构造图像

【程序 4-9】　NPCRUACI 函数。

```
1    function nu = NPCRUACI(P1,P2)
2    nu = zeros(1,2);
3    P1 = double(P1);P2 = double(P2);[M,N] = size(P1);
4    D = (P1~ = P2);nu(1) = sum(sum(D))/(M * N) * 100;
5    fprintf('NPCR = % 8.4f % %.    ',nu(1));
6    nu(2) = sum(sum(abs(P1 - P2)))/(255 * M * N) * 100;
7    fprintf('UACI = % 8.4f % %.\n',nu(2));
8    end
```

程序 4-9 按式(4-9)和式(4-11)计算图像 P1 和 P2 间的 NPCR 和 UACI 的值。

在图 4-10 中,图像 P1 与 P2 间的 NPCR=100%,UACI=37.0627%;图像 P1 与 P3 间的 NPCR=100%,UACI=27.1131%。但是,P1、P2 和 P3 的视觉效果相近。事实上可以构造很多这类图像。这说明 NPCR 和 UACI 两者在描述两图像的差异时仍有不足之处,BACI 则弥补了这一不足。

在图 4-10 中,图像 P1 和 P2 间的 BACI(P1,P2)=0.8094%;图像 P1 和 P3 间的 BACI(P1,P3)=1.9083%。如果两幅图像为随机图像,则它们之间的 BACI 期望值为 26.7712%,显然,图 4-10 所示的图像间的 BACI(P1,P2) 和 BACI(P1,P3) 与理论值相差甚远,因此可认为 P1 与 P2、P1 与 P3 视觉效果相近。

下面分析两幅随机图像间的 BACI 期望值。

对于任一个 2×2 的小图像块 $\boldsymbol{D}_i, i=1,2,\cdots,(M-1)(N-1)$,如式(4-12)所示,其各个元素的取值概率情况见表 4-9。

表 4-9　D_i 的各个元素的取值概率值(概率/65536)

取值	0	1	2	3	⋯	253	254	255
概率	256	255×2	254×2	253×2	⋯	3×2	2×2	1×2

在表 4-9 中,各个概率的值为表中的概率值除以 65536,即概率值的总和为 1。借助表 4-9 和程序 4-10 可计算两幅随机图像间的 BACI 期望值。

【程序 4-10】　两幅随机图像间的 BACI 期望值。

```
1    clc;clear;
2    p = [128,255: - 1:1] * 2;
3    pn = zeros(1,256);
4    for i = 0:255
5        for j = 0:255
6            pn(abs(i - j) + 1) = pn(abs(i - j) + 1) + p(i + 1) * p(j + 1);
7        end
8    end
9    pr = sum((0:255). * pn)/power(256,4)/255 * 100;
```

在程序 4-10 中,第 2 行为表 4-9 中的概率分布;第 4~9 行计算 BACI 的期望值,保存在 pr 中。

程序 4-10 计算得到的 BACI 期望值为 26.7712%。由著名的 Mathematica 软件计算得到的精确值为 $16843009/62914560 \approx 26.77124182\%$。

如果其中一幅图像为给定的图像,另一幅图像为随机图像,则这两幅图像的 BACI 期望值需要按程序 4-11 给出的算法计算。

【程序 4-11】　计算任一给定图像与随机图像间的 BACI 值。

```
1    function e_baci = BACIExpect(A)
2    A = double(A);[M,N] = size(A);
3    m = 0;
4    for i = 1:M - 1
5        for j = 1:N - 1
6            d = A(i:i + 1,j:j + 1);
7            b = zeros(1,6);
8            for s1 = 0:255
9                for s2 = 0:255
10                   b(1) = b(1) + abs(abs(d(1,1) - s1) - abs(d(1,2) - s2));
11                   b(2) = b(2) + abs(abs(d(1,1) - s1) - abs(d(2,1) - s2));
12                   b(3) = b(3) + abs(abs(d(1,1) - s1) - abs(d(2,2) - s2));
13                   b(4) = b(4) + abs(abs(d(1,2) - s1) - abs(d(2,1) - s2));
14                   b(5) = b(5) + abs(abs(d(1,2) - s1) - abs(d(2,2) - s2));
15                   b(6) = b(6) + abs(abs(d(2,1) - s1) - abs(d(2,2) - s2));
16               end
17           end
18           b = b/(256 ^2);
19           m = m + sum(b)/6;
20       end
21   end
22   m = m/((M - 1) * (N - 1))/255;
23   fprintf('BACI = % 10.4f % \n',m * 100);e_baci = m;
24   end
```

在程序 4-11 中,输入给定的图像 A,则借助式(4-13)和式(4-14)可计算出 A 与同样大小的随机图像间的 BACI 期望值。对于图 1-1 所示的 Lena、Baboon、Pepper、Plane、全黑图像与全白图像,它们和相同大小(256×256 像素)的随机图像间的 BACI 期望值见表 4-10。

表 4-10　Lena、Baboon、Pepper、Plane、全黑图像、全白图像和随机图像间的 BACI 期望值

项　　目	Lena	Baboon	Pepper	Plane	全黑图像	全白图像
BACI 期望值	21.3932%	20.7106%	23.2234%	25.4579%	33.4635%	33.4635%

表 4-10 由下面的程序 4-12 计算得到。

【程序 4-12】 Lena、Baboon、Pepper、Plane、全黑图像、全白图像和随机图像间的 BACI
期望值。

```
1      % pc013.m
2      clc;clear;
3      P1 = imread('Lena.tif');
4      P2 = imread('Baboon.tif');
5      P3 = imread('Pepper.tif');
6      P4 = imread('Plane.tif');
7      M = 256;N = 256;
8      P5 = zeros(M,N);P6 = ones(M,N) * 255;
9      b1 = BACIExpect(P1);b2 = BACIExpect(P2);b3 = BACIExpect(P3);
10     b4 = BACIExpect(P4);b5 = BACIExpect(P5);b6 = BACIExpect(P6);
```

在程序 4-12 中,第 9、10 行调用 BACIExpect 函数计算给定图像与随机图像间的 BACI
期望值。

4.5.1　密钥敏感性分析

密钥敏感性分析包括两个方面:其一,对于图像加密系统而言,旨在分析当密钥发生微
小变化时,加密同一幅明文图像得到的两个密文图像的差异程度。如果两个密文图像具有
显著的差别,则称该图像加密系统具有强的密钥敏感性;如果两个密文图像的差异较小,则
称该图像加密系统具有弱的密钥敏感性。其二,对于解密系统而言,又分为两种情况,当密
钥为正确的解密密钥时,分析该密钥发生微小变化时,解密同一幅密文图像得到的明文和另
一幅解密图像间的差异程度;当密钥为错误的解密密钥时,分析该密钥发生微小变化时,解
密同一幅密文图像得到的两幅解密图像间的差异程度。如果这种差异程度显著,则图像解
密系统具有强的密钥敏感性。优良的图像密码系统应具有强的密钥敏感性。

对于基于 AES 的图像密码系统 AES-S 和 AES-D 而言,密钥可取为 128 位、192 位或
256 位。下面首先讨论图像加密系统中密钥的敏感性。

不妨以 128 位长密钥的 AES-S 系统为例,随机从其密钥空间中选取 100 个密钥,然后
进行如下试验:对于每个选定的密钥 K_1,随机改变它的某一位(若原值为 1,则改为 0;若原
值为 0,则改为 1),得到的新密钥记为 K_2,分别以 K_1 和 K_2 作为密钥加密同一明文图像,分
析得到的两个密文图像的差异,计算它们的 NPCR、UACI 和 BACI 的值。重复试验 100 次
计算 NPCR、UACI 和 BACI 的平均值。同样,对 192 位和 256 位长密钥的 AES-S 系统及
128 位、192 位和 256 位长密钥的 AES-D 系统进行相似的实验,计算各自 NPCR、UACI 和
BACI 的平均值。程序 4-13 实现了上述实验,实验结果列于表 4-11 中。

【程序 4-13】 图像加密系统的密钥敏感性分析。

```
1      % filename: pc014.m
2      clc;clear;close all;
3      P1 = imread('Lena.tif');
4      P2 = imread('Baboon.tif');
5      P3 = imread('Pepper.tif');
6      P4 = imread('Plane.tif');
7      M = 256;N = 256;
8      P5 = zeros(M,N);
9      P6 = ones(M,N) * 255;
10     tic;
11     nub1 = zeros(1,3); nub2 = zeros(1,3); nub3 = zeros(1,3);
12     nub4 = zeros(1,3); nub5 = zeros(1,3); nub6 = zeros(1,3);
13     nub7 = zeros(1,3); nub8 = zeros(1,3); nub9 = zeros(1,3);
14     nub10 = zeros(1,3); nub11 = zeros(1,3); nub12 = zeros(1,3);
15     kLen = 128; % 192,256
16     n = 100;
17     for i = 1:n
18         K1 = mod(floor(rand(1,kLen/8) * 10e6),256);
19         Loc = mod(floor(rand * 10e5),kLen);
20         K2 = K1;K2(floor(Loc/8) + 1) = bitxor(K2(floor(Loc/8) + 1),pow2(mod(Loc,8)));
21         C11 = AES_S_EncEx(P1,K1);
22         C21 = AES_S_EncEx(P2,K1);
23         C31 = AES_S_EncEx(P3,K1);
24         C41 = AES_S_EncEx(P4,K1);
25         C51 = AES_S_EncEx(P5,K1);
26         C61 = AES_S_EncEx(P6,K1);
27         C12 = AES_S_EncEx(P1,K2);
28         C22 = AES_S_EncEx(P2,K2);
29         C32 = AES_S_EncEx(P3,K2);
30         C42 = AES_S_EncEx(P4,K2);
31         C52 = AES_S_EncEx(P5,K2);
32         C62 = AES_S_EncEx(P6,K2);
33
34         C13 = AES_D_EncEx(P1,K1);
35         C23 = AES_D_EncEx(P2,K1);
36         C33 = AES_D_EncEx(P3,K1);
37         C43 = AES_D_EncEx(P4,K1);
38         C53 = AES_D_EncEx(P5,K1);
39         C63 = AES_D_EncEx(P6,K1);
40         C14 = AES_D_EncEx(P1,K2);
41         C24 = AES_D_EncEx(P2,K2);
42         C34 = AES_D_EncEx(P3,K2);
43         C44 = AES_D_EncEx(P4,K2);
44         C54 = AES_D_EncEx(P5,K2);
45         C64 = AES_D_EncEx(P6,K2);
46
47         nub1 = nub1 + NPCRUACIBACI(C11,C12);
48         nub2 = nub2 + NPCRUACIBACI(C21,C22);
49         nub3 = nub3 + NPCRUACIBACI(C31,C32);
```

```
50          nub4 = nub4 + NPCRUACIBACI(C41,C42);
51          nub5 = nub5 + NPCRUACIBACI(C51,C52);
52          nub6 = nub6 + NPCRUACIBACI(C61,C62);
53
54          nub7 = nub7 + NPCRUACIBACI(C13,C14);
55          nub8 = nub8 + NPCRUACIBACI(C23,C24);
56          nub9 = nub9 + NPCRUACIBACI(C33,C34);
57          nub10 = nub10 + NPCRUACIBACI(C43,C44);
58          nub11 = nub11 + NPCRUACIBACI(C53,C54);
59          nub12 = nub12 + NPCRUACIBACI(C63,C64);
60      end
61      toc;
62      nub1 = nub1/n; nub2 = nub2/n; nub3 = nub3/n;
63      nub4 = nub4/n; nub5 = nub5/n; nub6 = nub6/n;
64      nub7 = nub7/n; nub8 = nub8/n; nub9 = nub9/n;
65      nub10 = nub10/n; nub11 = nub11/n; nub12 = nub12/n;
```

在程序 4-13 中，第 3～9 行读入 Lena、Baboon、Pepper、Plane、全黑图像和全白图像，分别保存在变量 P1～P6 中。第 11～14 行定义保存 NPCR、UACI 和 BACI 指标的向量，其中，nub1 保存长度为 kLen 的密钥发生微小变化时 AES-S 系统加密 Lena 图像情况下计算得到的 NPCR、UACI 和 BACI；nub2 保存长度为 kLen 的密钥发生微小变化时 AES-S 系统加密 Baboon 图像情况下计算得到的 NPCR、UACI 和 BACI；nub3 保存长度为 kLen 的密钥发生微小变化时 AES-S 系统加密 Pepper 图像情况下计算得到的 NPCR、UACI 和 BACI；nub4 保存长度为 kLen 的密钥发生微小变化时 AES-S 系统加密 Plane 图像情况下计算得到的 NPCR、UACI 和 BACI；nub5 保存长度为 kLen 的密钥发生微小变化时 AES-S 系统加密全黑图像情况下计算得到的 NPCR、UACI 和 BACI；nub6 保存长度为 kLen 的密钥发生微小变化时 AES-S 系统加密全白图像情况下计算得到的 NPCR、UACI 和 BACI；nub7 保存长度为 kLen 的密钥发生微小变化时 AES-D 系统加密 Lena 图像情况下计算得到的 NPCR、UACI 和 BACI；nub8 保存长度为 kLen 的密钥发生微小变化时 AES-D 系统加密 Baboon 图像情况下计算得到的 NPCR、UACI 和 BACI；nub9 保存长度为 kLen 的密钥发生微小变化时 AES-D 系统加密 Pepper 图像情况下计算得到的 NPCR、UACI 和 BACI；nub10 保存长度为 kLen 的密钥发生微小变化时 AES-D 系统加密 Plane 图像情况下计算得到的 NPCR、UACI 和 BACI；nub11 保存长度为 kLen 的密钥发生微小变化时 AES-D 系统加密全黑图像情况下计算得到的 NPCR、UACI 和 BACI；nub12 保存长度为 kLen 的密钥发生微小变化时 AES-D 系统加密全白图像情况下计算得到的 NPCR、UACI 和 BACI。

第 17～60 行循环 100 次，每次循环中，第 18 行生成密钥 K1，第 19、20 行生成密钥 K2（K2 与 K1 仅有一位不同）；第 21～26 行借助密钥 K1 使用 AES-S 系统加密 Lena、Baboon、Pepper、Plane、全黑图像和全白图像，得到它们的密文，分别保存在 C11、C21、C31、C41、C51 和 C61 中；然后，第 27～32 行借助密钥 K2 使用 AES-S 系统加密 Lena、Baboon、Pepper、Plane、全黑图像和全白图像，得到它们的密文，分别保存在 C12、C22、C32、C42、C52 和 C62 中；第 34～39 行借助密钥 K1 使用 AES-D 系统加密 Lena、Baboon、Pepper、Plane、全黑图像和全白图像，得到它们的密文，分别保存在 C13、C23、C33、C43、C53 和 C63 中；然后，第 40～45 行借助密钥 K2 使用 AES-D 系统加密 Lena、Baboon、Pepper、Plane、全黑图像和全白图像,得到它们的密文,分别保存在 C14、C24、C34、C44、C54 和 C64 中。第 47～59 行调用自定义函数 NPCRUACIBACI(见程序 4-14)计算微小改变密钥后加密同一图像得到的两个密文间的 NPCR、UACI 和 BACI 指标,并将它们累加。例如,第 47 行计算 C11 和 C12 之间的 NPCR、UACI 和 BACI 的值,将它们累加到向量 nu1 中。

第 62～65 行计算 NPCR、UACI 和 BACI 的平均值,将结果列于表 4-11 中。

表 4-11　图像加密系统的密钥敏感性分析结果(单位:%)

项 目		Lena	Baboon	Pepper	Plane	全黑图像	全白图像	理论值
AES-S (128 位)	NPCR	99.6037	99.6096	99.6093	99.6087	99.6102	99.6085	99.6094
	UACI	33.4498	33.4695	33.4463	33.4612	33.4623	33.4768	33.4635
	BACI	26.7668	26.7734	26.7614	26.7712	26.7729	26.7803	26.7712
AES-S (192 位)	NPCR	99.6053	99.6132	99.6124	99.6098	99.6132	99.6123	99.6094
	UACI	33.4686	33.4729	33.4655	33.4644	33.4576	33.4728	33.4635
	BACI	26.7634	26.7736	26.7667	26.7726	26.7688	26.7677	26.7712
AES-S (256 位)	NPCR	99.6103	99.6083	99.6100	99.6081	99.6084	99.6087	99.6094
	UACI	33.4843	33.4601	33.4671	33.4663	33.4610	33.4460	33.4635
	BACI	26.7766	26.7773	26.7871	26.7684	26.7690	26.7604	26.7712
AES-D (128 位)	NPCR	99.6093	99.6073	99.6096	99.6137	99.6053	99.6109	99.6094
	UACI	33.4586	33.4562	33.4497	33.4660	33.4601	33.4496	33.4635
	BACI	26.7617	26.7676	26.7754	26.7595	26.7586	26.7708	26.7712
AES-D (192 位)	NPCR	99.6076	99.6094	99.6084	99.6072	99.6095	99.6102	99.6094
	UACI	33.4618	33.4762	33.4584	33.4621	33.4473	33.4659	33.4635
	BACI	26.7673	26.7805	26.7651	26.7850	26.7678	26.7709	26.7712
AES-D (256 位)	NPCR	99.6095	99.6086	99.6075	99.6167	99.6100	99.6091	99.6094
	UACI	33.4564	33.4678	33.4731	33.4555	33.4558	33.4657	33.4635
	BACI	26.7688	26.7753	26.7671	26.7654	26.7688	26.7569	26.7712

【程序 4-14】　自定义函数 NPCRUACIBACI。

```
1    function nu = NPCRUACIBACI(P1,P2)
2    nu = zeros(1,3);
3    P1 = double(P1);P2 = double(P2);[M,N] = size(P1);
4    D = (P1~ = P2);nu(1) = sum(sum(D))/(M*N)*100; % fprintf('NPCR = %8.4f% %.\n',nu(1));
5    nu(2) = sum(sum(abs(P1-P2)))/(255*M*N)*100; % fprintf('UACI = %8.4f% %.\n',nu(2));
6    D = abs(P1-P2);m = 0;
7    for i = 1:M-1
8        for j = 1:N-1
9            d = D(i:i+1,j:j+1);
10           m = m + (abs(d(1,1)-d(1,2)) + abs(d(1,1)-d(2,1)) + abs(d(1,1)-d(2,2)) + …
11               abs(d(1,2)-d(2,1)) + abs(d(1,2)-d(2,2)) + abs(d(2,1)-d(2,2)))/6/255;
12       end
13   end
14   nu(3) = m/((M-1)*(N-1))*100; % fprintf('BACI = %8.4f% %.\n',nu(3));
15   end
```

在程序 4-14 中,第 4 行计算 NPCR 的值,保存在向量 nu 的第 1 个元素中;第 5 行计算 UACI 的值,保存在向量 nu 的第 2 个元素中;第 6～14 行计算 BACI 的值,保存在向量 nu

的第 3 个元素中。

　　由表 4-11 可知,密钥微小改变情况下 AES-S 系统和 AES-D 系统加密 Lena、Baboon、Pepper、Plane、全黑图像和全白图像所得到的密文图像间的差别迥异,因为计算得到的 NPCR、UACI 和 BACI 的平均值与它们的理论值非常接近。由于密钥是从密钥空间中随机选择的,因此可以认为密钥空间中的每个密钥都是有效的。

　　下面定性地分析一下基于 AES 的图像加密系统的密钥敏感性,以明文图像 Lena(图 1-1(a))为例,其大小为 256×256 像素,随机生成一个长度为 128 位、192 位或 256 位的密钥,再随机改变密钥的一位,借助微小改变前后的密钥使用 AES-S 系统和 AES-D 系统加密 Lena 图像,然后求得到的两个密文图像的差图像,由程序 4-15 实现,实验结果如图 4-11 所示。

(a) AES-S-128(K1)　　(b) AES-S-128(K2)　　(c) 图(a)+256−图(b)

(d) AES-S-192(K1)　　(e) AES-S-192(K2)　　(f) 图(d)+256−图(e)

(g) AES-S-256(K1)　　(h) AES-S-256(K2)　　(i) 图(g)+256−图(h)

(j) AES-D-128(K1)　　(k) AES-D-128(K2)　　(l) 图(j)+256−图(k)

图 4-11　密钥敏感性定性分析结果

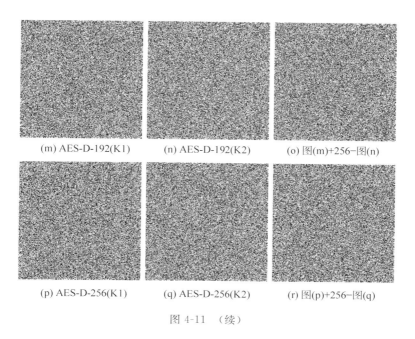

(m) AES-D-192(K1)　　　　(n) AES-D-192(K2)　　　　(o) 图(m)+256−图(n)

(p) AES-D-256(K1)　　　　(q) AES-D-256(K2)　　　　(r) 图(p)+256−图(q)

图 4-11　（续）

【程序 4-15】　密钥敏感性定性分析。

```
1        % filename: pc015.m
2      clc;clear;close all;
3      P1 = imread('Lena.tif');
4      iptsetpref('imshowborder','tight');
5      tic;
6      for i = 1:3
7          kLen = 128 + 64 * (i − 1);
8          K1 = mod(floor(rand(1,kLen/8) * 10e6),256);
9          Loc = mod(floor(rand * 10e5),kLen);
10         K2 = K1;
11         K2(floor(Loc/8) + 1) = bitxor(K2(floor(Loc/8) + 1),pow2(mod(Loc,8)));
12
13         C11 = AES_S_EncEx(P1,K1);C12 = AES_S_EncEx(P1,K2);
14         C13 = mod(C11 + 256 − C12,256);
15         C21 = AES_D_EncEx(P1,K1);C22 = AES_D_EncEx(P1,K2);
16         C23 = mod(C21 + 256 − C22,256);
17         figure(6 * (i − 1) + 1);imshow(uint8(C11));
18         figure(6 * (i − 1) + 2);imshow(uint8(C12));
19         figure(6 * (i − 1) + 3);imshow(uint8(C13));
20         figure(6 * (i − 1) + 4);imshow(uint8(C21));
21         figure(6 * (i − 1) + 5);imshow(uint8(C22));
22         figure(6 * (i − 1) + 6);imshow(uint8(C23));
23     end
24     toc;
```

在程序 4-15 中,第 3 行读入明文图像 Lena,保存在 P1 中;第 8 行随机产生密钥 K1;
第 9~11 行得到微小变化的密钥 K2;第 13 行借助 K1 和 K2 使用 AES-S 加密 Lena,第 14
行计算第 13 行得到的两个密文图像的差图像;第 15 行借助 K1 和 K2 使用 AES-D 加密

Lena,第 16 行计算第 15 行得到的两个密文图像的差图像；第 17～22 行输出加密后的密文图像及其差图像,如图 4-11 所示。

由图 4-11 可见,微小改变密钥的值,加密同一明文图像得到的两个密文图像的差图像呈现噪声样式,直观上反映了两个密文差异显著,即图像加密系统 AES-S 和 AES-D 具有强的密钥敏感性。

上述借助图像加密系统 AES-S 和 AES-D 分析密钥的敏感性,下面阐述一下基于 AES 的图像解密系统中密钥的敏感性。

图像解密系统中密钥的敏感性分析需要考虑两个方面：其一,对于某一密文 C,使用正确的密钥 K_1 解密 C 将还原出原始明文图像 P_1,将密钥 K_1 做微小变化后的密钥记为 K_2,使用错误的密钥 K_2 解密 C 将得到另一幅图像,记为 P_2,比较 P_1 和 P_2 的差别,如果 P_1 和 P_2 差别迥异,则称图像解密系统具有强的密钥敏感性；相反,如果 P_1 与 P_2 差别较小,说明图像解密系统具有弱的密钥敏感性,将不能有效地对抗选择密文或已知密文攻击。其二,对于某一密文 C,使用差别微小的两个错误的密钥 K_1 和 K_2 解密 C 得到两个图像,记为 P_1 和 P_2,比较 P_1 和 P_2 的差别,如果两者差别迥异,则称图像解密系统具有强的密钥敏感性；否则称图像解密系统的密钥敏感性较弱,可能无法有效地对抗选择密文或已知密文攻击。

程序 4-16 分析了 AES-S 和 AES-D 图像解密系统的密钥敏感性。这里,随机产生一个合法密钥 K_1 和一个错误密钥 W_1。先用正确密钥 K_1 加密明文图像 P_1,得到相应的密文图像,记为 C_1,然后将正确密钥 K_1 做微小变化后得到的密钥记为 K_2,用 K_2 解密 C_1 得到的图像记为 P_2；接着用错误密钥 W_1 解密 C_1 得到一幅图像,记为 I_1；之后,将 W_1 做微小变化后得到的密钥记为 W_2,用 W_2 解密 C_1 得到的图像记为 I_2。比较 P_1 与 P_2、I_1 与 I_2 的差异,计算它们的 NPCR、UACI 和 BACI。最后,重复 100 次试验计算 NPCR、UACI 和 BACI 的平均值,列于表 4-12～表 4-14 中。

【程序 4-16】 图像解密系统的密钥敏感性分析。

```
1      % filename: pc016.m
2      clc;clear;close all;
3      P1 = imread('Lena.tif');P2 = imread('Baboon.tif');P3 = imread('Pepper.tif');
4      P4 = imread('Plane.tif');M = 256;N = 256;
5      P5 = zeros(M,N);P6 = ones(M,N) * 255;
6      tic;
7      nub1 = zeros(1,3);nub2 = zeros(1,3);nub3 = zeros(1,3);
8      nub4 = zeros(1,3);nub5 = zeros(1,3);nub6 = zeros(1,3);
9      nub7 = zeros(1,3);nub8 = zeros(1,3);nub9 = zeros(1,3);
10     nub10 = zeros(1,3);nub11 = zeros(1,3);nub12 = zeros(1,3);
11     kLen = 128;  % 128;192;256
12     n = 100;
13     for i = 1:n
14         K1 = mod(floor(rand(1,kLen/8) * 10e6),256);
15         Loc = mod(floor(rand * 10e5),kLen);
16         K2 = K1; K2(floor(Loc/8) + 1) = bitxor(K2(floor(Loc/8) + 1),pow2(mod(Loc,8)));
17         W1 = mod(floor(rand(1,kLen/8) * 10e6),256);
```

```
18        Loc = mod(floor(rand * 10e5),kLen);
19        W2 = W1;W2(floor(Loc/8) + 1) = bitxor(W2(floor(Loc/8) + 1),pow2(mod(Loc,8)));
20        C1 = AES_S_EncEx(P1,K1);        C2 = AES_S_EncEx(P2,K1);
21        C3 = AES_S_EncEx(P3,K1);        C4 = AES_S_EncEx(P4,K1);
22        C5 = AES_S_EncEx(P5,K1);        C6 = AES_S_EncEx(P6,K1);
23
24        P12 = AES_S_DecEx(C1,K2);       P22 = AES_S_DecEx(C2,K2);
25        P32 = AES_S_DecEx(C3,K2);       P42 = AES_S_DecEx(C4,K2);
26        P52 = AES_S_DecEx(C5,K2);       P62 = AES_S_DecEx(C6,K2);
27
28        I11 = AES_S_DecEx(C1,W1);       I21 = AES_S_DecEx(C2,W1);
29        I31 = AES_S_DecEx(C3,W1);       I41 = AES_S_DecEx(C4,W1);
30        I51 = AES_S_DecEx(C5,W1);       I61 = AES_S_DecEx(C6,W1);
31        I12 = AES_S_DecEx(C1,W2);       I22 = AES_S_DecEx(C2,W2);
32        I32 = AES_S_DecEx(C3,W2);       I42 = AES_S_DecEx(C4,W2);
33        I52 = AES_S_DecEx(C5,W2);       I62 = AES_S_DecEx(C6,W2);
34
35        nub1 = nub1 + NPCRUACIBACI(P1,P12);      nub2 = nub2 + NPCRUACIBACI(P2,P22);
36        nub3 = nub3 + NPCRUACIBACI(P3,P32);      nub4 = nub4 + NPCRUACIBACI(P4,P42);
37        nub5 = nub5 + NPCRUACIBACI(P5,P52);      nub6 = nub6 + NPCRUACIBACI(P6,P62);
38        nub7 = nub7 + NPCRUACIBACI(I11,I12);     nub8 = nub8 + NPCRUACIBACI(I21,I22);
39        nub9 = nub9 + NPCRUACIBACI(I31,I32);     nub10 = nub10 + NPCRUACIBACI(I41,I42);
40        nub11 = nub11 + NPCRUACIBACI(I51,I52);   nub12 = nub12 + NPCRUACIBACI(I61,I62);
41    end
42    toc;
43    nub1 = nub1/n;nub2 = nub2/n;nub3 = nub3/n;nub4 = nub4/n;
44    nub5 = nub5/n;nub6 = nub6/n;nub7 = nub7/n;nub8 = nub8/n;
45    nub9 = nub9/n;nub10 = nub10/n;nub11 = nub11/n;nub12 = nub12/n;
```

在程序 4-16 中,第 3～5 行读入明文图像 Lena、Baboon、Pepper、Plane、全黑图像和全白图像,保存在 P1～P6 中。第 7～10 行中,nub1～nub6 分别针对明文图像 Lena、Baboon、Pepper、Plane、全黑图像和全白图像,用于保存 AES-S 解密系统对合法密钥的敏感性指标;nub7～nub12 分别针对明文图像 Lena、Baboon、Pepper、Plane、全黑图像和全白图像,用于保存 AES-D 解密系统对非法密钥的敏感性指标。

第 13～41 行循环执行 100 次,在每次循环中,第 14～16 行随机产生合法密钥 K1 及其微小变化的密钥 K2;第 17～19 行随机产生非法密钥 W1 及其微小变化的密钥 W2。第 20～22 行用合法密钥 K1 和 AES-S 系统产生密文 C1～C6。第 24～26 行用 K2 解密 C1～C6 得到相应的解密图像 P12～P62。第 28～33 行用 W1 和 W2 解密 C1～C6 得到相应的解密图像 I11～I61 和 I12～I62。第 35～40 行计算 P1 与 P12、P2 与 P22、P3 与 P32、P4 与 P42、P5 与 P52、P6 与 P62、I11 与 I12、I21 与 I22、I31 与 I32、I41 与 I42、I51 与 I52、I61 与 I62 间的 NPCR、UACI 和 BACI 的值,并各自累加起来。第 43～45 行计算 NPCR、UACI 和 BACI 的平均值,计算结果列于表 4-12～表 4-14 中。注意,将程序 4-16 中的 AES_S 改为 AES_D 才能得到 AES-D 解密系统的密钥敏感性分析结果。

表 4-12　图像解密系统的合法密钥敏感性分析结果 I（单位：%）

项　　目		Lena		Baboon		Pepper	
		实验值	理论值	实验值	理论值	实验值	理论值
AES-S (128 位)	NPCR	99.5973	99.6094	99.6060	99.6094	99.6187	99.6094
	UACI	28.6980	28.6850	27.9291	27.9209	30.9285	30.9134
	BACI	21.4201	21.3932	20.7383	20.7106	23.2384	23.2234
AES-S (192 位)	NPCR	99.6117	99.6094	99.6040	99.6094	99.6063	99.6094
	UACI	28.6792	28.6850	27.9114	27.9209	30.9209	30.9134
	BACI	21.3928	21.3932	20.7146	20.7106	23.2234	23.2234
AES-S (256 位)	NPCR	99.6068	99.6094	99.6088	99.6094	99.6056	99.6094
	UACI	28.6835	28.6850	27.8930	27.9209	30.8863	30.9134
	BACI	21.3848	21.3932	20.6941	20.7106	23.2052	23.2234
AES-D (128 位)	NPCR	99.5956	99.6094	99.6086	99.6094	99.6060	99.6094
	UACI	28.6678	28.6850	27.9444	27.9209	30.8974	30.9134
	BACI	21.3989	21.3932	20.7032	20.7106	23.2135	23.2234
AES-D (192 位)	NPCR	99.6048	99.6094	99.6143	99.6094	99.5959	99.6094
	UACI	28.6703	28.6850	27.9226	27.9209	30.9142	30.9134
	BACI	21.3886	21.3932	20.6731	20.7106	23.2255	23.2234
AES-D (256 位)	NPCR	99.5996	99.6094	99.6167	99.6094	99.6111	99.6094
	UACI	28.6531	28.6850	27.9031	27.9209	30.9136	30.9134
	BACI	21.3973	21.3932	20.7299	20.7106	23.2477	23.2234

表 4-13　图像解密系统的合法密钥敏感性分析结果 II（单位：%）

项　　目		Plane		全黑图像		全白图像	
		实验值	理论值	实验值	理论值	实验值	理论值
AES-S (128 位)	NPCR	99.6008	99.6094	99.6126	99.6094	99.6008	99.6094
	UACI	32.4292	32.3785	49.9684	50.0000	49.9910	50.0000
	BACI	25.4482	25.4579	33.4712	33.4635	33.4267	33.4635
AES-S (192 位)	NPCR	99.6129	99.6094	99.6056	99.6094	99.6129	99.6094
	UACI	32.4177	32.3785	50.0017	50.0000	49.9614	50.0000
	BACI	25.4946	25.4579	33.4578	33.4635	33.4150	33.4635
AES-S (256 位)	NPCR	99.6182	99.6094	99.6207	99.6094	99.6072	99.6094
	UACI	32.4045	32.3785	49.9857	50.0000	50.0043	50.0000
	BACI	25.4594	25.4579	33.4510	33.4635	33.4743	33.4635
AES-D (128 位)	NPCR	99.6007	99.6094	99.6149	99.6094	99.5976	99.6094
	UACI	32.3440	32.3785	49.9754	50.0000	50.0440	50.0000
	BACI	25.4527	25.4579	33.4542	33.4635	33.4934	33.4635
AES-D (192 位)	NPCR	99.6046	99.6094	99.6071	99.6094	99.6124	99.6094
	UACI	32.4129	32.3785	49.9801	50.0000	50.0197	50.0000
	BACI	25.4379	25.4579	33.4763	33.4635	33.4608	33.4635
AES-D (256 位)	NPCR	99.6091	99.6094	99.6164	99.6094	99.6071	99.6094
	UACI	32.3781	32.3785	49.9643	50.0000	49.9636	50.0000
	BACI	25.4408	25.4579	33.4875	33.4635	33.4636	33.4635

表 4-14   图像解密系统的非法密钥敏感性分析结果(单位:%)

项	目	Lena	Baboon	Pepper	Plane	全黑图像	全白图像	理论值
AES-S (128 位)	NPCR	99.6106	99.6068	99.5932	99.6048	99.6262	99.5932	99.6094
	UACI	33.4323	33.4223	33.4948	33.4566	33.4675	33.4948	33.4635
	BACI	26.7427	26.7393	26.7574	26.7732	26.7814	26.7574	26.7712
AES-S (192 位)	NPCR	99.6213	99.6126	99.5993	99.6190	99.6095	99.5993	99.6094
	UACI	33.5022	33.4609	33.4550	33.5324	33.5016	33.4550	33.4635
	BACI	26.8018	26.7772	26.7739	26.8031	26.7553	26.7739	26.7712
AES-S (256 位)	NPCR	99.6121	99.6129	99.6228	99.6265	99.6136	99.6068	99.6094
	UACI	33.4839	33.4318	33.4952	33.4897	33.4241	33.4518	33.4635
	BACI	26.7766	26.7460	26.7708	26.7626	26.7604	26.8006	26.7712
AES-D (128 位)	NPCR	99.6021	99.6144	99.6114	99.6115	99.6056	99.6178	99.6094
	UACI	33.4573	33.4828	33.4403	33.5078	33.3910	33.4949	33.4635
	BACI	26.8133	26.7942	26.7562	26.7853	26.7542	26.7637	26.7712
AES-D (192 位)	NPCR	99.6179	99.6091	9.6191	99.6022	99.6004	99.6059	99.6094
	UACI	33.4816	33.5061	33.4731	33.4857	33.4149	33.4709	33.4635
	BACI	26.7653	26.7653	26.7780	26.7577	26.7502	26.7775	26.7712
AES-D (256 位)	NPCR	99.5959	99.6100	99.6240	99.6014	99.6248	99.6075	99.6094
	UACI	33.4097	33.4918	33.4398	33.4633	33.4956	33.4641	33.4635
	BACI	26.7554	26.7680	26.7643	26.7663	26.7662	26.7646	26.7712

由表 4-12～表 4-14,可见 NPCR、UACI 和 BACI 的实验值与理论值非常接近,可认为基于 AES 的图像解密系统具有强的密钥敏感性。

4.5.2 明文敏感性分析

明文敏感性分析又称加密系统敏感性分析,旨在使用同一密钥借助图像加密系统对差别微小的两个明文图像进行加密,得到两个相应的密文图像,比较这两个密文图像的差异,如果这两个密文图像的差别迥异,则称该图像加密系统具有强的明文敏感性;如果这两个密文图像的差别较小,则称该图像加密系统具有弱的明文敏感性,这类系统一般不能对抗选择明文攻击或已知明文攻击。所谓的差别微小的两个明文图像,可以通过微小改变某一给定明文图像的某个或某几个像素点的值得到。例如,从某一明文图像 P_1 中随机选取一个像素点 (i,j),改变它的值 $P_1(i,j)$,变化的量为 1,即令变化后的值为 $(P_1(i,j)+1) \bmod 256$,将得到与 P_1 差别微小的明文图像 P_2。

明文敏感性分析的一般过程为:①对于某一明文图像 P_1,借助给定的密钥使用图像加密系统加密 P_1 得到相应的密文图像,记为 C_1;②从 P_1 中随机选取 1 个像素点,改变选取的该像素点的值,变化量为 1,改变后的图像记为 P_2,使用同一密钥加密 P_2 得到其相应的密文,记为 C_2;③比较 C_1 和 C_2 的差别,计算 NPCR、UACI 和 BACI 的值;④重复第②～③步 100 次,每次计算一组 NPCR、UACI 和 BACI 的值,最后计算这 100 组 NPCR、UACI 和 BACI 的平均值,如程序 4-17 所示。

【程序 4-17】 明文敏感性分析。

```
1        % filename: pc017.m
```

```matlab
2      clc;clear;close all;
3      P1 = imread('Lena.tif'); P2 = imread('Baboon.tif');
4      P3 = imread('Pepper.tif');P4 = imread('Plane.tif');
5      M = 256;N = 256;
6      P5 = zeros(M,N); P6 = ones(M,N) * 255;
7      tic;
8      nub1 = zeros(1,3);nub2 = zeros(1,3);nub3 = zeros(1,3);
9      nub4 = zeros(1,3);nub5 = zeros(1,3);nub6 = zeros(1,3);
10     nub7 = zeros(1,3);nub8 = zeros(1,3);nub9 = zeros(1,3);
11     nub10 = zeros(1,3);nub11 = zeros(1,3);nub12 = zeros(1,3);
12     kLen = 128;  % 128;192;256
13     n = 100;
14     for i = 1:n
15         K1 = mod(floor(rand(1,kLen/8) * 10e6),256);
16
17         C11 = AES_S_EncEx(P1,K1);      C21 = AES_S_EncEx(P2,K1);
18         C31 = AES_S_EncEx(P3,K1);      C41 = AES_S_EncEx(P4,K1);
19         C51 = AES_S_EncEx(P5,K1);      C61 = AES_S_EncEx(P6,K1);
20         C13 = AES_D_EncEx(P1,K1);      C23 = AES_D_EncEx(P2,K1);
21         C33 = AES_D_EncEx(P3,K1);      C43 = AES_D_EncEx(P4,K1);
22         C53 = AES_D_EncEx(P5,K1);      C63 = AES_D_EncEx(P6,K1);
23
24         ix = mod(floor(rand * 10 ^8),M) + 1; iy = mod(floor(rand * 10 ^8),N) + 1;
25         P12 = P1;P12(ix,iy) = mod(P12(ix,iy) + 1,256);
26         P22 = P2;P22(ix,iy) = mod(P22(ix,iy) + 1,256);
27         P32 = P3;P32(ix,iy) = mod(P32(ix,iy) + 1,256);
28         P42 = P4;P42(ix,iy) = mod(P42(ix,iy) + 1,256);
29         P52 = P5;P52(ix,iy) = mod(P52(ix,iy) + 1,256);
30         P62 = P6;P62(ix,iy) = mod(P62(ix,iy) + 1,256);
31
32         C12 = AES_S_EncEx(P12,K1);      C22 = AES_S_EncEx(P22,K1);
33         C32 = AES_S_EncEx(P32,K1);      C42 = AES_S_EncEx(P42,K1);
34         C52 = AES_S_EncEx(P52,K1);      C62 = AES_S_EncEx(P62,K1);
35         C14 = AES_D_EncEx(P12,K1);      C24 = AES_D_EncEx(P22,K1);
36         C34 = AES_D_EncEx(P32,K1);      C44 = AES_D_EncEx(P42,K1);
37         C54 = AES_D_EncEx(P52,K1);      C64 = AES_D_EncEx(P62,K1);
38
39         nub1 = nub1 + NPCRUACIBACI(C11,C12);
40         nub2 = nub2 + NPCRUACIBACI(C21,C22);
41         nub3 = nub3 + NPCRUACIBACI(C31,C32);
42         nub4 = nub4 + NPCRUACIBACI(C41,C42);
43         nub5 = nub5 + NPCRUACIBACI(C51,C52);
44         nub6 = nub6 + NPCRUACIBACI(C61,C62);
45
46         nub7 = nub7 + NPCRUACIBACI(C13,C14);
47         nub8 = nub8 + NPCRUACIBACI(C23,C24);
48         nub9 = nub9 + NPCRUACIBACI(C33,C34);
49         nub10 = nub10 + NPCRUACIBACI(C43,C44);
50         nub11 = nub11 + NPCRUACIBACI(C53,C54);
51         nub12 = nub12 + NPCRUACIBACI(C63,C64);
52     end
```

```
53    toc;
54    nub1 = nub1/n;nub2 = nub2/n;nub3 = nub3/n;
55    nub4 = nub4/n;nub5 = nub5/n;nub6 = nub6/n;
56    nub7 = nub7/n;nub8 = nub8/n;nub9 = nub9/n;
57    nub10 = nub10/n;nub11 = nub11/n;nub12 = nub12/n;
```

在程序 4-17 中,第 3~6 行读入明文图像 Lena、Baboon、Pepper、Plane、全黑图像和全白图像,保存在 P1~P6 中。第 8、9 行的 nub1~nub6 用于保存 AES-S 系统明文敏感性的分析指标;第 10、11 行的 nub7~nub12 用于保存 AES-D 系统明文敏感性的分析指标。第 12 行设定密钥的长度 kLen。

第 14~52 行为循环体,循环执行 100 次。第 15 行随机生成密钥 K1;第 17~19 行为由 AES-S 系统加密 Lena、Baboon、Pepper、Plane、全黑图像和全白图像得到的密文图像 C11~C61;第 20~22 行为由 AES-D 系统加密 Lena、Baboon、Pepper、Plane、全黑图像和全白图像得到的密文图像 C13~C63。第 24~30 行产生与 P1~P6 有微小差异的图像 P12~P62。第 32~34 行为由 AES-S 系统加密 P12~P62 得到的密文图像 C12~C62;第 35~37 行为由 AES-D 系统加密 P12~P62 得到的密文图像 C14~C64。第 39~51 行调用 NPCRUACIBACI 函数计算 C11 与 C12、C21 与 C22、C31 与 C32、C41 与 C42、C51 与 C52、C61 与 C62、C13 与 C14、C23 与 C24、C33 与 C34、C43 与 C44、C53 与 C54、C63 与 C64 间的 NPCR、UACI 和 BACI 的值,并各自累加起来。第 54~57 行计算各组 NPCR、UACI 和 BACI 的累加值的平均值,列于表 4-15 中。

表 4-15　明文敏感性分析结果(单位:%)

项	目	Lena	Baboon	Pepper	Plane	全黑图像	全白图像	理论值
AES-S (128 位)	NPCR	55.4448	55.4455	55.4477	55.4447	55.4474	55.4460	99.6094
	UACI	18.6275	18.6256	18.6303	18.6224	18.6266	18.6337	33.4635
	BACI	14.9662	14.9607	14.9565	14.9581	14.9636	14.9627	26.7712
AES-S (192 位)	NPCR	49.7190	49.7161	49.7197	49.7207	49.7189	49.7207	99.6094
	UACI	16.7190	16.6989	16.6934	16.7132	16.7056	16.7106	33.4635
	BACI	13.4179	13.4102	13.4196	13.4243	13.4081	13.4182	26.7712
AES-S (256 位)	NPCR	44.7783	44.7782	44.7757	44.7787	44.7761	44.7768	99.6094
	UACI	15.0471	15.0440	15.0492	15.0332	15.0421	15.0381	33.4635
	BACI	12.0789	12.0799	12.0855	12.0803	12.0831	12.0742	26.7712
AES-D (128 位)	NPCR	99.6084	99.6096	99.6109	99.6124	99.6122	99.6102	99.6094
	UACI	33.4653	33.4690	33.4524	33.4733	33.4658	33.4659	33.4635
	BACI	26.7609	26.7691	26.7708	26.7634	26.7669	26.7773	26.7712
AES-D (192 位)	NPCR	99.6092	99.6118	99.6063	99.6116	99.6144	99.6093	99.6094
	UACI	33.4567	33.4526	33.4771	33.4570	33.4830	33.4626	33.4635
	BACI	26.7627	26.7614	26.7706	26.7610	26.7773	26.7738	26.7712
AES-D (256 位)	NPCR	99.6049	99.6114	99.6114	99.6071	99.6098	99.6125	99.6094
	UACI	33.4798	33.4582	33.4759	33.4567	33.4743	33.4650	33.4635
	BACI	26.7845	26.7676	26.7814	26.7607	26.7618	26.7701	26.7712

表 4-15 表明,AES-S 图像加密系统的明文敏感性表现一般,其 NPCR、UACI 和 BACI 计算值约为理论值的一半。这是因为,由第 3 章的图 3-10 可知,AES-S 系统仅实现了单向

扩散,如果被改变的明文像素点位于 P_0 中,则 NPCR、UACI 和 BACI 的计算值约为理论值;如果被改变的明文像素点位于 P_{n_1} 中,则 NPCR、UACI 和 BACI 的计算值约为 0;如果被改变的明文像素点位于 P_i 中,则 NPCR、UACI 和 BACI 的计算值约为理论值的 $(n_1-i)/n_1$。因此,100 次实验所得的 NPCR、UACI 和 BACI 的计算值的平均值约为理论值的一半。事实上,AES-S 系统中,每个像素点值发生变化的小图像块的 NPCR、UACI 和 BACI 的计算值均约为理论值,所以,不能根据此说明 AES-S 系统无法对抗选择或已知明文攻击。因为 AES 是安全的,AES-S 系统也是安全的,且能够对抗选择或已知明文攻击,但是 AES-S 系统的安全性相当于一个 AES 系统的安全性。

由于 AES-D 加密系统是两个 AES-S 加密系统的组合,且实现了双向扩散(图 3-10),所以,AES-D 图像加密系统具有强的明文敏感性。表 4-15 表明,基于 AES-D 加密系统计算得到的 NPCR、UACI 和 BACI 的计算值接近于理论值。AES-D 系统比 AES-S 系统更加安全,AES-D 系统相当于 $2n_1$ 个 AES 系统的安全性,其中,$n_1=MN/16$,M 和 N 为图像的行数和列数。

4.5.3 密文敏感性分析

密文敏感性分析又称解密系统敏感性分析,旨在分析密文图像发生微小变化后,经解密系统还原后的图像与原始明文图像的差别,如果还原后的图像与原始明文图像相差迥异,则称图像解密系统具有强的密文敏感性;如果还原后的图像与原始明文图像相差不大,称图像解密系统具有弱的密文敏感性,该类图像解密系统在对抗选择密文攻击或已知密文攻击上具有缺陷。

所谓的密文图像的微小变化,是指微小改变给定密文图像的某个或某几个像素点的值,例如,从一幅密文图像 C_1 中随机选取一个像素点 (i,j),改变它的值 $C_1(i,j)$,变化量为 1,即令变化后的值为 $(C_1(i,j)+1) \bmod 256$,将得到与 C_1 差别微小的密文图像 C_2。

密文敏感性分析的一般过程为:①对于选定的一幅明文图像 P_1,借助给定的密钥使用图像加密系统加密 P_1 得到相应的密文图像,记为 C_1;②从 C_1 中随机选取 1 个像素点,改变选取的该个像素点的值,变化量为 1,变化后的图像记为 C_2,使用同一密钥解密 C_2 得到还原后的图像,记为 P_2;③比较 P_1 和 P_2 的差别,计算 NPCR、UACI 和 BACI 的值;④重复第②~③步 100 次,每次计算一组 NPCR、UACI 和 BACI 的值,最后计算 100 组 NPCR、UACI 和 BACI 的平均值,如程序 4-18 所示。

【程序 4-18】 密文敏感性分析。

```
1      % filename: pc018.m
2      clc;clear;close all;
3      P1 = imread('Lena.tif');P2 = imread('Baboon.tif');
4      P3 = imread('Pepper.tif');P4 = imread('Plane.tif');
5      M = 256;N = 256;
6      P5 = zeros(M,N);P6 = ones(M,N) * 255;
7      tic;
8      nub1 = zeros(1,3);nub2 = zeros(1,3);nub3 = zeros(1,3);
9      nub4 = zeros(1,3);nub5 = zeros(1,3);nub6 = zeros(1,3);
10     nub7 = zeros(1,3);nub8 = zeros(1,3);nub9 = zeros(1,3);
11     nub10 = zeros(1,3);nub11 = zeros(1,3);nub12 = zeros(1,3);
```

```
12        kLen = 128;  % 128;192;256
13        n = 100;
14        for i = 1:n
15            K1 = mod(floor(rand(1,kLen/8) * 10e6),256);
16
17            C11 = AES_S_EncEx(P1,K1);        C21 = AES_S_EncEx(P2,K1);
18            C31 = AES_S_EncEx(P3,K1);        C41 = AES_S_EncEx(P4,K1);
19            C51 = AES_S_EncEx(P5,K1);        C61 = AES_S_EncEx(P6,K1);
20            C13 = AES_D_EncEx(P1,K1);        C23 = AES_D_EncEx(P2,K1);
21            C33 = AES_D_EncEx(P3,K1);        C43 = AES_D_EncEx(P4,K1);
22            C53 = AES_D_EncEx(P5,K1);        C63 = AES_D_EncEx(P6,K1);
23
24            ix = mod(floor(rand * 10 ^8),M) + 1;iy = mod(floor(rand * 10 ^8),N) + 1;
25            C12 = C11;C12(ix,iy) = mod(C12(ix,iy) + 1,256);
26            C22 = C21;C22(ix,iy) = mod(C22(ix,iy) + 1,256);
27            C32 = C31;C32(ix,iy) = mod(C32(ix,iy) + 1,256);
28            C42 = C41;C42(ix,iy) = mod(C42(ix,iy) + 1,256);
29            C52 = C51;C52(ix,iy) = mod(C52(ix,iy) + 1,256);
30            C62 = C61;C62(ix,iy) = mod(C62(ix,iy) + 1,256);
31            C14 = C13;C14(ix,iy) = mod(C14(ix,iy) + 1,256);
32            C24 = C23;C24(ix,iy) = mod(C24(ix,iy) + 1,256);
33            C34 = C33;C34(ix,iy) = mod(C34(ix,iy) + 1,256);
34            C44 = C43;C44(ix,iy) = mod(C44(ix,iy) + 1,256);
35            C54 = C53;C54(ix,iy) = mod(C54(ix,iy) + 1,256);
36            C64 = C63;C64(ix,iy) = mod(C64(ix,iy) + 1,256);
37
38            P12 = AES_S_DecEx(C12,K1);   P22 = AES_S_DecEx(C22,K1);
39            P32 = AES_S_DecEx(C32,K1);   P42 = AES_S_DecEx(C42,K1);
40            P52 = AES_S_DecEx(C52,K1);   P62 = AES_S_DecEx(C62,K1);
41            P14 = AES_D_DecEx(C14,K1);   P24 = AES_D_DecEx(C24,K1);
42            P34 = AES_D_DecEx(C34,K1);   P44 = AES_D_DecEx(C44,K1);
43            P54 = AES_D_DecEx(C54,K1);   P64 = AES_D_DecEx(C64,K1);
44
45            nub1 = nub1 + NPCRUACIBACI(P1,P12);
46            nub2 = nub2 + NPCRUACIBACI(P2,P22);
47            nub3 = nub3 + NPCRUACIBACI(P3,P32);
48            nub4 = nub4 + NPCRUACIBACI(P4,P42);
49            nub5 = nub5 + NPCRUACIBACI(P5,P52);
50            nub6 = nub6 + NPCRUACIBACI(P6,P62);
51            nub7 = nub7 + NPCRUACIBACI(P1,P14);
52            nub8 = nub8 + NPCRUACIBACI(P2,P24);
53            nub9 = nub9 + NPCRUACIBACI(P3,P34);
54            nub10 = nub10 + NPCRUACIBACI(P4,P44);
55            nub11 = nub11 + NPCRUACIBACI(P5,P54);
56            nub12 = nub12 + NPCRUACIBACI(P6,P64);
57        end
58        toc;
59        nub1 = nub1/n;nub2 = nub2/n;nub3 = nub3/n;
60        nub4 = nub4/n;nub5 = nub5/n;nub6 = nub6/n;
61        nub7 = nub7/n;nub8 = nub8/n;nub9 = nub9/n;
62        nub10 = nub10/n;nub11 = nub11/n;nub12 = nub12/n;
```

在程序 4-18 中,第 3~6 行读入明文图像 Lena、Baboon、Pepper、Plane、全黑图像和全白图像,保存在 P1~P6 中。第 8、9 行的 nub1~nub6 用于保存 AES-S 系统密文敏感性的分析指标;第 10、11 行的 nub7~nub12 用于保存 AES-D 系统密文敏感性的分析指标。第 12 行设定密钥的长度 kLen。

第 14~57 行为循环体,循环执行 100 次。第 15 行随机产生密钥 K1;第 17~19 行为由 AES-S 系统加密 P1~P6 得到相应的密文图像 C11~C61;第 20~22 行为由 AES-D 系统加密 P1~P6 得到相应的密文图像 C13~C63。第 24~30 行产生与 C11~C61 有微小差异的图像 C12~C62;第 31~36 行产生与 C13~C63 有微小差异的图像 C14~C64。第 38~40 行为由 AES-S 系统解密 C12~C62 得到相应的解密图像 P12~P62;第 41~43 行为由 AES-D 系统解密 C14~C64 得到相应的解密图像 P14~P64。第 45~56 行调用 NPCRUACIBACI 函数计算 P1 与 P12、P2 与 P22、P3 与 P32、P4 与 P42、P5 与 P52、P6 与 P62、P1 与 P14、P2 与 P24、P3 与 P34、P4 与 P44、P5 与 P54、P6 与 P64 间的 NPCR、UACI 和 BACI 的值,并累加起来。第 59~62 行计算各组 NPCR、UACI 和 BACI 的累加值的平均值,列于表 4-16 和表 4-17 中。

表 4-16　密文敏感性分析结果 I(单位:%)

项　目		Lena		Baboon		Pepper	
		实验值	理论值	实验值	理论值	实验值	理论值
AES-S (128 位)	NPCR	49.8787	99.6094	49.8773	99.6094	49.8769	99.6094
	UACI	14.5581	28.6850	13.8342	27.9209	15.7258	30.9134
	BACI	10.9697	21.3932	10.2482	20.7106	11.8238	23.2234
AES-S (192 位)	NPCR	45.4336	99.6094	45.4366	99.6094	45.4344	99.6094
	UACI	13.2757	28.6850	12.6128	27.9209	14.3570	30.9134
	BACI	10.0211	21.3932	9.3292	20.7106	10.7788	23.2234
AES-S (256 位)	NPCR	48.8511	99.6094	48.8507	99.6094	48.8478	99.6094
	UACI	14.2568	28.6850	13.5836	27.9209	15.3855	30.9134
	BACI	10.7475	21.3932	10.0653	20.7106	11.5678	23.2234
AES-D (128 位)	NPCR	99.6116	99.6094	99.6082	99.6094	99.6065	99.6094
	UACI	28.6803	28.6850	27.9202	27.9209	30.9157	30.9134
	BACI	21.3839	21.3932	20.7103	20.7106	23.2187	23.2234
AES-D (192 位)	NPCR	99.6103	99.6094	99.6119	99.6094	99.6105	99.6094
	UACI	28.6799	28.6850	27.9193	27.9209	30.9239	30.9134
	BACI	21.3907	21.3932	20.7099	20.7106	23.2293	23.2234
AES-D (256 位)	NPCR	99.6079	99.6094	99.6064	99.6094	99.6099	99.6094
	UACI	28.6853	28.6850	27.9232	27.9209	30.9135	30.9134
	BACI	21.3925	21.3932	20.7121	20.7106	23.2244	23.2234

表 4-17　密文敏感性分析结果 II（单位：%）

项目		Plane		全黑图像		全白图像	
		实验值	理论值	实验值	理论值	实验值	理论值
AES-S (128 位)	NPCR	49.8798	99.6094	49.8813	99.6094	49.8775	99.6094
	UACI	16.1361	32.3785	25.0538	50.0000	25.0485	50.0000
	BACI	12.6787	25.4579	16.8436	33.4635	16.8441	33.4635
AES-S (192 位)	NPCR	45.4352	99.6094	45.4341	99.6094	45.4340	99.6094
	UACI	14.6676	32.3785	22.8009	50.0000	22.8177	50.0000
	BACI	11.4948	25.4579	15.3520	33.4635	15.3472	33.4635
AES-S (256 位)	NPCR	48.8511	99.6094	48.8520	99.6094	48.8489	99.6094
	UACI	15.7965	32.3785	24.5237	50.0000	24.5131	50.0000
	BACI	12.4123	25.4579	16.5037	33.4635	16.5003	33.4635
AES-D (128 位)	NPCR	99.6091	99.6094	99.6089	99.6094	99.6090	99.6094
	UACI	32.3820	32.3785	49.9826	50.0000	49.9913	50.0000
	BACI	25.4567	25.4579	33.4746	33.4635	33.4503	33.4635
AES-D (192 位)	NPCR	99.6090	99.6094	99.6095	99.6094	99.6075	99.6094
	UACI	32.3914	32.3785	49.9984	50.0000	49.9851	50.0000
	BACI	25.4644	25.4579	33.4623	33.4635	33.4675	33.4635
AES-D (256 位)	NPCR	99.6092	99.6094	99.6077	99.6094	99.6113	99.6094
	UACI	32.3951	32.3785	49.9873	50.0000	49.9899	50.0000
	BACI	25.4613	25.4579	33.4627	33.4635	33.4597	33.4635

表 4-16 和表 4-17 表明，AES-S 图像解密系统的密文敏感性表现一般，其 NPCR、UACI 和 BACI 计算值约为理论值的一半。这是因为，由第 3 章的图 3-11 可知，AES-S 系统仅实现了单向扩散，如果被改变的密文像素点位于 C_0 中，则 NPCR、UACI 和 BACI 的计算值约为 0；如果被改变的密文像素点位于 C_{n1} 中，则 NPCR、UACI 和 BACI 的计算值约为理论值；如果被改变的密文像素点位于 C_i 中，则 NPCR、UACI 和 BACI 的计算值约为理论值的 i/n_1。因此，100 次实验所得的 NPCR、UACI 和 BACI 的计算值的平均值约为理论值的一半。事实上，AES-S 解密系统中，每个像素点值发生变化的小图像块的 NPCR、UACI 和 BACI 的计算值均接近理论值，所以不能据此说明 AES-S 解密系统无法对抗选择或已知密文攻击。因为 AES 是安全的，AES-S 解密系统也是安全的，且能够对抗选择或已知密文攻击，但是 AES-S 解密系统的安全性只相当于一个 AES 解密系统的安全性。

由于 AES-D 解密系统是两个 AES-S 解密系统的组合，且实现了双向扩散（图 3-11），所以，AES-D 图像解密系统具有强的密文敏感性。表 4-16 和表 4-17 表明，基于 AES-D 解密系统计算得到的 NPCR、UACI 和 BACI 的计算值接近于理论值。AES-D 解密系统比 AES-S 解密系统更加安全，AES-D 解密系统相当于 $2n_1$ 个 AES 解密系统的安全性，其中，$n_1 = MN/16$，M 和 N 为图像的行数和列数。

4.6 本章小结

本章基于 AES-S 系统和 AES-D 系统详细讨论了图像密码系统的性能分析方法,包括图像加密/解密速度、密钥空间、信息熵、统计特性、密钥敏感性、明文敏感性和密文敏感性等。需要指出的是,针对本书使用的计算机配置,提出了图像加密与解密的"优秀最低标准"和"合格最低标准"速度,这两个速度对于其他配置的计算机而言,数值将有所不同。同时,还可以看到 AES-S 系统的明文敏感性和密文敏感性都一般,但是 AES-S 系统是安全的,且能对抗已知/选择明文攻击和已知/选择密文攻击,这是因为针对每个被改变的小图像块本身而言,AES-S 系统具有强的明文敏感性和密文敏感性。因此,针对 AES-S 系统应该着眼于基于其小图像块进行明文敏感性和密文敏感性分析。这说明必须结合图像密码系统的结构考察图像密码系统的各个指标测试方式和安全性,不能套用公式进行指标分析,更不能单纯由某个指标的数值评定一个图像密码系统的性能优劣。

第**5**章

明文关联的数字图像加密算法

典型的基于混沌系统的数字图像密码系统如图 5-1 所示,包括加密系统与解密系统。对于加密系统而言,输入为密钥和明文图像,输出为密文图像;对于解密系统而言,输入为密钥和密文图像,输出为明文图像。

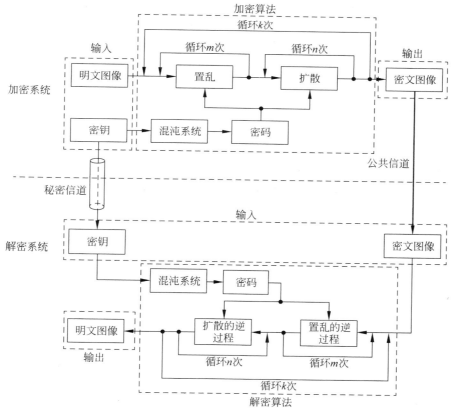

图 5-1　典型的基于混沌系统的数字图像密码系统

由图 5-1 可知,典型的基于混沌系统的图像密码系统中,加密算法由"置乱—扩散"的循环结构组成。本章将研究基于"扩散—置乱—扩散"结构的新型图像密码算法,其结构如

图 5-2 所示[121,127,130,134-135]。

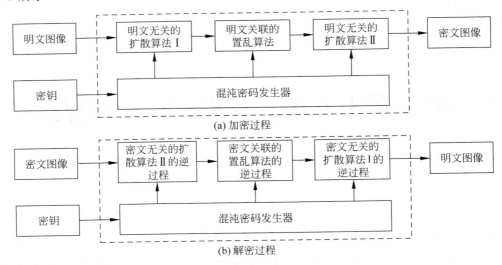

(a) 加密过程

(b) 解密过程

图 5-2　置乱算法与明文关联的图像密码系统

在图 5-2 所示的图像密码系统中,加密或解密过程包括混沌密码发生器、两个扩散算法和一个置乱算法,没有循环处理,且只有置乱算法与明文相关联。由于置乱算法与明文相关联,因此,这类系统称为明文关联的图像密码系统,记为 PRIC(Plaintext-Related Image Cryptosystem)。

5.1　PRIC

如图 5-2 所示,PRIC 主要包括 4 部分,即混沌密码发生器、明文无关的扩散算法 I 模块、明文关联的置乱算法模块和明文无关的扩散算法 II 模块。

这里使用了分段线性混沌映射(PWLCM),如式(5-1)所示。

$$x_i = f(x_{i-1}, p) = \begin{cases} \dfrac{x_{i-1}}{p}, & 0 < x_{i-1} < p \\ \dfrac{x_{i-1} - p}{0.5 - p}, & p \leqslant x_{i-1} < 0.5 \\ f(1 - x_{i-1}, p), & 0.5 \leqslant x_{i-1} < 1 \end{cases} \tag{5-1}$$

其中,p 为 PWLCM 的参数,$0 < p < 0.5$;x 为 PWLCM 的状态变量,$0 < x < 1$。状态变量的初始值 x_0 不能取 p。

这里使用了两个 PWLCM,其中一个的初始值和参数记为 x_0 和 p,另一个的初始值和参数记为 y_0 和 q。这里,$\{x_0, p, y_0, q\}$ 属于密钥的一部分。

设 P 表示明文图像,大小为 $M \times N$。密钥用 K 表示,$K = \{x_0, p, y_0, q, r_1, r_2, r_3, r_4\}$,其中,$x_0$ 与 p 和 y_0 与 q 分别表示两个 PWLCM 的初始值与参数,r_1、r_2、r_3 和 r_4 为 4 个 8 位的随机整数,取值区间为 $[0, 255]$。

PRIC 的加密过程如下所示。

1. 混沌密码发生器

混沌密码发生器用于产生与明文图像大小相同的 4 个随机矩阵,记为 $\boldsymbol{X}$、$\boldsymbol{Y}$、$\boldsymbol{R}$ 和 $\boldsymbol{W}$,大小均为 $M\times N$。生成这 4 个随机矩阵的步骤如下所示。

Step 1. 将 x_0 和 p 分别作为式(5-1)的初始值和参数,迭代 PWLCM r_1+r_2 次跳过过渡态,然后继续迭代 MN 次,得到长度为 MN 的状态变量序列,记为 $\{x_i\}$,$i=1,2,\cdots,MN$。

Step 2. 将 y_0 和 q 分别作为式(5-1)的初始值和参数,迭代 PWLCM r_3+r_4 次跳过过渡态,然后继续迭代 MN 次,得到长度为 MN 的状态变量序列,记为 $\{y_i\}$,$i=1,2,\cdots,MN$。

Step 3. 由向量 $\{x_i\}$ 和 $\{y_i\}$,$i=1,2,\cdots,MN$ 按式(5-2)~式(5-5)得到矩阵 $\boldsymbol{X}$、$\boldsymbol{Y}$、$\boldsymbol{R}$ 和 $\boldsymbol{W}$。

$$\boldsymbol{X}(u,v) = \mathrm{floor}\left[\left(\frac{r_1+1}{r_1+r_3+2}\boldsymbol{x}_{(u-1)\times N+v} + \frac{r_3+1}{r_1+r_3+2}\boldsymbol{y}_{(u-1)\times N+v}\right)\times 10^{14}\right]\mathrm{mod}\ 256 \quad (5\text{-}2)$$

$$\boldsymbol{Y}(u,v) = \mathrm{floor}\left[\left(\frac{r_2+1}{r_2+r_4+2}\boldsymbol{x}_{(u-1)\times N+v} + \frac{r_4+1}{r_2+r_4+2}\boldsymbol{y}_{(u-1)\times N+v}\right)\times 10^{13}\right]\mathrm{mod}\ 256 \quad (5\text{-}3)$$

$$\boldsymbol{R}(u,v) = \mathrm{floor}\left[\left(\frac{r_1+1}{r_1+r_4+2}\boldsymbol{x}_{(u-1)\times N+v} + \frac{r_4+1}{r_1+r_4+2}\boldsymbol{y}_{(u-1)\times N+v}\right)\times 10^{12}\right]\mathrm{mod}\ M \quad (5\text{-}4)$$

$$\boldsymbol{W}(u,v) = \mathrm{floor}\left[\left(\frac{r_2+1}{r_2+r_3+2}\boldsymbol{x}_{(u-1)\times N+v} + \frac{r_3+1}{r_2+r_3+2}\boldsymbol{y}_{(u-1)\times N+v}\right)\times 10^{11}\right]\mathrm{mod}\ N \quad (5\text{-}5)$$

其中,$\mathrm{floor}(t)$ 返回小于或等于数 t 的最大整数,$u=1,2,\cdots,M$,$v=1,2,\cdots,N$。

通过上述步骤计算得到的矩阵 $\boldsymbol{X}$ 用于前向扩散模块中,$\boldsymbol{Y}$ 用于后向扩散模块中,$\boldsymbol{R}$ 和 $\boldsymbol{W}$ 用于置乱模块中。

2. 明文无关的扩散算法 I 模块

通过明文无关的扩散算法 I(即明文无关的前向扩散算法)模块将明文 $\boldsymbol{P}$ 转化为矩阵 $\boldsymbol{A}$,其运算步骤如下。

Step 1. 借助式(5-6)和式(5-7)将 $\boldsymbol{P}(1,j)$ 转化为 $\boldsymbol{A}(1,j)$,$j=1,2,\cdots,N$。

$$\boldsymbol{A}(1,1) = (\boldsymbol{P}(1,1) + \boldsymbol{X}(1,1) + r_3 + r_4)\,\mathrm{mod}\ 256 \quad (5\text{-}6)$$

$$\boldsymbol{A}(1,j) = (\boldsymbol{P}(1,j) + \boldsymbol{X}(1,j) + \boldsymbol{A}(1,j-1))\,\mathrm{mod}\ 256, \quad j=2,3,\cdots,N \quad (5\text{-}7)$$

Step 2. 借助式(5-8)将 $\boldsymbol{P}(i,1)$ 转化为 $\boldsymbol{A}(i,1)$,$i=2,3,\cdots,M$。

$$\boldsymbol{A}(i,1) = (\boldsymbol{P}(i,1) + \boldsymbol{X}(i,1) + \boldsymbol{A}(i-1,1))\,\mathrm{mod}\ 256, \quad i=2,3,\cdots,M \quad (5\text{-}8)$$

Step 3. 借助式(5-9)将 $\boldsymbol{P}(i,j)$ 转化为 $\boldsymbol{A}(i,j)$,$i=2,3,\cdots,M$,$j=2,3,\cdots,N$。

$$\boldsymbol{A}(i,j) = (\boldsymbol{P}(i,j) + \boldsymbol{A}(i-1,j) + \boldsymbol{A}(i,j-1) + \boldsymbol{X}(i,j))\,\mathrm{mod}\ 256,$$
$$i=2,3,\cdots,M, \quad j=2,3,\cdots,N \quad (5\text{-}9)$$

经过上述扩散操作后,得到矩阵 $\boldsymbol{A}$。

3. 明文关联的置乱算法模块

将像素点 $\boldsymbol{A}(i,j)$,$i=1,2,\cdots,M$,$j=1,2,\cdots,N$ 与 $\boldsymbol{A}(m,n)$ 置换位置,其置换步骤如下所示。

Step 1. 计算 $\boldsymbol{A}(i,j)$ 所在行的全部元素(不含 $\boldsymbol{A}(i,j)$)的和,记为 row_i,即

$$row_i = \mathrm{sum}(\boldsymbol{A}(i,1\ \mathrm{to}\ N)) - \boldsymbol{A}(i,j) \quad (5\text{-}10)$$

Step 2. 计算 $\boldsymbol{A}(i,j)$ 所在列的全部元素(不含 $\boldsymbol{A}(i,j)$)的和,记为 col_i,即

$$col_i = \mathrm{sum}(\boldsymbol{A}(1\ \mathrm{to}\ M,j)) - \boldsymbol{A}(i,j) \quad (5\text{-}11)$$

Step 3. 按式(5-12)和式(5-13)计算坐标 (m,n) 的值,即

$$m = row_i + \boldsymbol{R}(i,j)\ \mathrm{mod}\ M \quad (5\text{-}12)$$

$$n = col_i + \boldsymbol{W}(i,j) \bmod N \tag{5-13}$$

Step 4. 如果 $m=i$ 或 $n=j$，则 $\boldsymbol{A}(i,j)$ 与 $\boldsymbol{A}(m,n)$ 的位置保持不变，否则，$\boldsymbol{A}(i,j)$ 与 $\boldsymbol{A}(m,n)$ 互换位置，同时根据 $\boldsymbol{A}(m,n)$ 的低 3 位的值，将 $\boldsymbol{A}(i,j)$ 进行循环移位，即

$$\boldsymbol{A}(i,j) = \boldsymbol{A}(i,j) <<< (\boldsymbol{A}(m,n) \,\&\, 0\text{x}7) \tag{5-14}$$

这里，"$x<<<y$" 表示 x 循环左移 y 位。

Step 5. 按 Step 1～Step 4 的方法，先置乱矩阵 $\boldsymbol{A}$ 的第 M 行 $\boldsymbol{A}(M, 1\ to\ N-1)$，然后再置乱矩阵 $\boldsymbol{A}$ 的第 N 列 $\boldsymbol{A}(1\ to\ M-1, N)$，接着按从左向右再从上而下的扫描顺序依次置乱矩阵 $\boldsymbol{A}$ 的元素 $\boldsymbol{A}(1\ to\ M-1, 1\ to\ N-1)$，最后置乱矩阵 $\boldsymbol{A}$ 的元素 $\boldsymbol{A}(M,N)$。

将按上述方法对图像 $\boldsymbol{A}$ 进行置乱后的图像记为 $\boldsymbol{B}$。

4. 明文无关的扩散算法 Ⅱ 模块

通过明文无关的扩散算法 Ⅱ（即明文无关的后向扩散算法）模块将矩阵 $\boldsymbol{B}$ 转化为矩阵 $\boldsymbol{C}$，其运算步骤如下。

Step 1. 将 $\boldsymbol{B}(M,j)$ 转化为 $\boldsymbol{C}(M,j)$，$j=N, N-1, \cdots, 2, 1$，借助式（5-15）和式（5-16）。

$$\boldsymbol{C}(M,N) = (\boldsymbol{B}(M,N) + \boldsymbol{Y}(M,N) + r_1 + r_2) \bmod 256 \tag{5-15}$$

$$\boldsymbol{C}(M,j) = (\boldsymbol{B}(M,j) + \boldsymbol{Y}(M,j) + \boldsymbol{C}(M,j+1)) \bmod 256,$$
$$j = N-1, N-2, \cdots, 3, 2, 1 \tag{5-16}$$

Step 2. 将 $\boldsymbol{B}(i,N)$ 转化为 $\boldsymbol{C}(i,N)$，$i=M-1, M-2, \cdots, 2, 1$，借助式（5-17）。

$$\boldsymbol{C}(i,N) = (\boldsymbol{B}(i,N) + \boldsymbol{Y}(i,N) + \boldsymbol{C}(i+1,N)) \bmod 256,$$
$$i = M-1, M-2, \cdots, 2, 1 \tag{5-17}$$

Step 3. 将 $\boldsymbol{B}(i,j)$ 转化为 $\boldsymbol{C}(i,j)$，$i=M-1, M-2, \cdots, 2, 1$，$j=N-1, N-2, \cdots, 2, 1$，借助式（5-18）。

$$\boldsymbol{C}(i,j) = (\boldsymbol{B}(i,j) + \boldsymbol{C}(i+1,j) + \boldsymbol{C}(i,j+1) + \boldsymbol{Y}(i,j)) \bmod 256,$$
$$i = M-1, M-2, \cdots, 2, 1, \quad j = N-1, N-2, \cdots, 2, 1 \tag{5-18}$$

经过上述扩散操作后得到的矩阵 $\boldsymbol{C}$ 即为密文图像。

PRIC 的解密过程为上述加密过程的逆过程。

5.2　PRIC MATLAB 程序

PRIC 的密码生成算法如程序 5-1 所示。

【程序 5-1】 PRIC 的密码生成算法。

```
1     function [X,Y,R,W] = PRICKeyGen(P,K)
2     P = double(P);[M,N] = size(P);
3     x0 = K(1);p = K(2);y0 = K(3);q = K(4);r1 = K(5);r2 = K(6);r3 = K(7);r4 = K(8);
4     for i = 1:r1 + r2
5         x1 = PWLCM(x0,p);x0 = x1;
6     end
7     x = zeros(1,M * N);
8     for i = 1:M * N
9         x1 = PWLCM(x0,p);x(i) = x1;x0 = x1;
10    end
11    for i = 1:r3 + r4
```

```
12          y1 = PWLCM(y0,q);y0 = y1;
13      end
14      y = zeros(1,M * N);
15      for i = 1:M * N
16          y1 = PWLCM(y0,q);y(i) = y1;y0 = y1;
17      end
18      X = zeros(M,N);Y = zeros(M,N);R = zeros(M,N);W = zeros(M,N);
19      a1 = (r1 + 1)/(r1 + r3 + 2);b1 = 1 - a1;a2 = (r2 + 1)/(r2 + r4 + 2);b2 = 1 - a2;
20      a3 = (r1 + 1)/(r1 + r4 + 2);b3 = 1 - a3;a4 = (r2 + 1)/(r2 + r3 + 2);b4 = 1 - a4;
21      for i = 1:M
22          for j = 1:N
23              X(i,j) = mod(floor((a1 * x((i - 1) * N + j) + b1 * y((i - 1) * N + j)) * power(10,14)),256);
24              Y(i,j) = mod(floor((a2 * x((i - 1) * N + j) + b2 * y((i - 1) * N + j)) * power(10,13)),256);
25              R(i,j) = mod(floor((a3 * x((i - 1) * N + j) + b3 * y((i - 1) * N + j)) * power(10,12)),M);
26              W(i,j) = mod(floor((a4 * x((i - 1) * N + j) + b4 * y((i - 1) * N + j)) * power(10,11)),N);
27          end
28      end
29  end
```

在程序 5-1 中,密码生成函数 PRICKeyGen 的输入为明文图像 P 和密钥 K,这里仅使用了明文图像的大小,没有使用明文图像的像素信息。第 4~6 行迭代 PWLCM 系统 $r1 + r2$ 次跳过过渡态,第 8~10 行迭代 PWLCM 系统 MN 次得到混沌状态序列 x;同理,第 11~17 行得到混沌状态序列 y;第 21~28 行由混沌状态序列 x 和 y 得到伪随机矩阵 X、Y、R 和 W。这里使用的 PWLCM 函数如程序 5-2 所示。

【程序 5-2】　PWLCM 函数。

```
1   function y = PWLCM(x,p)
2   if x < p
3       y = x/p;
4   elseif x < 0.5
5       y = (x - p)/(0.5 - p);
6   else
7       y = PWLCM(1 - x,p);
8   end
9   end
```

PRIC 的加密算法如程序 5-3 所示。

【程序 5-3】　PRIC 的加密算法。

```
1   function [C] = PRICEnc(P,X,Y,R,W,K)
2   P = double(P);[M,N] = size(P);r1 = K(5);r2 = K(6);r3 = K(7);r4 = K(8);
3   % 前向扩散
4   A = zeros(M,N);A(1,1) = mod(P(1,1) + X(1,1) + r3 + r4,256);
5   for j = 2:N
6       A(1,j) = mod(P(1,j) + A(1,j - 1) + X(1,j),256);
7   end
8   for i = 2:M
9       A(i,1) = mod(P(i,1) + A(i - 1,1) + X(i,1),256);
10  end
11  for i = 2:M
```

```
12          for j = 2:N
13              A(i,j) = mod(P(i,j) + A(i-1,j) + A(i,j-1) + X(i,j),256);
14          end
15      end
```

第 4～15 行为明文无关的前向扩散算法,将明文图像 P 变换为矩阵 A。

```
16      % 置乱
17      rows = sum(transpose(A));cols = sum(A);i = M;
18      for j = 1:N-1
19          rows(i) = rows(i) - A(i,j);cols(j) = cols(j) - A(i,j);
20          m = mod(rows(i) + R(i,j),M) + 1;n = mod(cols(j) + W(i,j),N) + 1;
21          if (m == i) || (n == j)
22              rows(i) = rows(i) + A(i,j);cols(j) = cols(j) + A(i,j);
23          else
24              rows(m) = rows(m) - A(m,n);cols(n) = cols(n) - A(m,n);
25              sh = mod(A(m,n),8);ep = pow2(8 - sh);
26              A(i,j) = mod(A(i,j),ep) * pow2(sh) + floor(A(i,j)/ep);
27              t = A(i,j);A(i,j) = A(m,n);A(m,n) = t;
28              rows(i) = rows(i) + A(i,j);cols(j) = cols(j) + A(i,j);
29              rows(m) = rows(m) + A(m,n);cols(n) = cols(n) + A(m,n);
30          end
31      end
32      j = N;
33      for i = 1:M-1
34          rows(i) = rows(i) - A(i,j);cols(j) = cols(j) - A(i,j);
35          m = mod(rows(i) + R(i,j),M) + 1;n = mod(cols(j) + W(i,j),N) + 1;
36          if (m == i) || (n == j)
37              rows(i) = rows(i) + A(i,j);cols(j) = cols(j) + A(i,j);
38          else
39              rows(m) = rows(m) - A(m,n);cols(n) = cols(n) - A(m,n);
40              sh = mod(A(m,n),8);ep = pow2(8 - sh);
41              A(i,j) = mod(A(i,j),ep) * pow2(sh) + floor(A(i,j)/ep);
42              t = A(i,j);A(i,j) = A(m,n);A(m,n) = t;
43              rows(i) = rows(i) + A(i,j);cols(j) = cols(j) + A(i,j);
44              rows(m) = rows(m) + A(m,n);cols(n) = cols(n) + A(m,n);
45          end
46      end
47      for i = 1:M-1
48          for j = 1:N-1
49              rows(i) = rows(i) - A(i,j);cols(j) = cols(j) - A(i,j);
50              m = mod(rows(i) + R(i,j),M) + 1;n = mod(cols(j) + W(i,j),N) + 1;
51              if (m == i) || (n == j)
52                  rows(i) = rows(i) + A(i,j);cols(j) = cols(j) + A(i,j);
53              else
54                  rows(m) = rows(m) - A(m,n);cols(n) = cols(n) - A(m,n);
55                  sh = mod(A(m,n),8);ep = pow2(8 - sh);
56                  A(i,j) = mod(A(i,j),ep) * pow2(sh) + floor(A(i,j)/ep);
57                  t = A(i,j);A(i,j) = A(m,n);A(m,n) = t;
58                  rows(i) = rows(i) + A(i,j);cols(j) = cols(j) + A(i,j);
59                  rows(m) = rows(m) + A(m,n);cols(n) = cols(n) + A(m,n);
```

```
60              end
61          end
62      end
63      i = M; j = N;
64      rows(i) = rows(i) − A(i,j); cols(j) = cols(j) − A(i,j);
65      m = mod(rows(i) + R(i,j),M) + 1; n = mod(cols(j) + W(i,j),N) + 1;
66      if (m == i) || (n == j)
67      else
68          sh = mod(A(m,n),8); ep = pow2(8 − sh);
69          A(i,j) = mod(A(i,j),ep) * pow2(sh) + floor(A(i,j)/ep);
70          t = A(i,j); A(i,j) = A(m,n); A(m,n) = t;
71      end
72      B = A;
```

第 17～72 行为明文关联的置乱算法，置乱后的矩阵保存在 B 中。

```
73      % 后向扩散
74      C = zeros(M,N); C(M,N) = mod(B(M,N) + Y(M,N) + r1 + r2,256);
75      for j = N − 1: − 1:1
76          C(M,j) = mod(B(M,j) + C(M,j + 1) + Y(M,j),256);
77      end
78      for i = M − 1: − 1:1
79          C(i,N) = mod(B(i,N) + C(i + 1,N) + Y(i,N),256);
80      end
81      for i = M − 1: − 1:1
82          for j = N − 1: − 1:1
83              C(i,j) = mod(B(i,j) + C(i,j + 1) + C(i + 1,j) + Y(i,j),256);
84          end
85      end
86      end
```

第 73～86 行为明文无关的后向扩散算法，由矩阵 B 得到密文图像 C。

对于程序 5-3 所示的加密函数 PRICEnc，输入为明文图像 P 和密码生成函数 PRICKeyGen 生成的随机矩阵 X、Y、R、W 以及密钥 K，输出为密文图像 C。

PRIC 系统的解密算法如程序 5-4 所示。

【程序 5-4】 PRIC 的解密算法。

```
1       function [P2] = PRICDec(C,X,Y,R,W,K)
2       C = double(C); [M,N] = size(C); r1 = K(5); r2 = K(6); r3 = K(7); r4 = K(8);
3       % 向后扩散的逆操作
4       B2 = zeros(M,N); B2(M,N) = mod(768 + C(M,N) − Y(M,N) − r1 − r2,256);
5       for j = N − 1: − 1:1
6           B2(M,j) = mod(512 + C(M,j) − C(M,j + 1) − Y(M,j),256);
7       end
8       for i = M − 1: − 1:1
9           B2(i,N) = mod(512 + C(i,N) − C(i + 1,N) − Y(i,N),256);
10      end
11      for i = M − 1: − 1:1
12          for j = N − 1: − 1:1
13              B2(i,j) = mod(768 + C(i,j) − C(i,j + 1) − C(i + 1,j) − Y(i,j),256);
```

```matlab
14          end
15      end
```

第 4～15 行为明文无关的后向扩散算法的逆算法。

```matlab
16      % 置乱的逆操作
17      A2 = B2; rows = sum(transpose(A2)); cols = sum(A2);
18      i = M; j = N;
19      rows(i) = rows(i) - A2(i, j); cols(j) = cols(j) - A2(i, j);
20      m = mod(rows(i) + R(i, j), M) + 1; n = mod(cols(j) + W(i, j), N) + 1;
21      if (m == i) || (n == j)
22          rows(i) = rows(i) + A2(i, j); cols(j) = cols(j) + A2(i, j);
23      else
24          rows(m) = rows(m) - A2(m, n); cols(n) = cols(n) - A2(m, n);
25          sh = mod(A2(i, j), 8); sv = A2(m, n); ep = pow2(sh);
26          A2(m, n) = mod(sv, ep) * pow2(8 - sh) + floor(sv/ep);
27          t = A2(i, j); A2(i, j) = A2(m, n); A2(m, n) = t;
28          rows(i) = rows(i) + A2(i, j); cols(j) = cols(j) + A2(i, j);
29          rows(m) = rows(m) + A2(m, n); cols(n) = cols(n) + A2(m, n);
30      end
31      for i = M - 1: - 1:1
32          for j = N - 1: - 1:1
33              rows(i) = rows(i) - A2(i, j); cols(j) = cols(j) - A2(i, j);
34              m = mod(rows(i) + R(i, j), M) + 1; n = mod(cols(j) + W(i, j), N) + 1;
35              if (m == i) || (n == j)
36                  rows(i) = rows(i) + A2(i, j); cols(j) = cols(j) + A2(i, j);
37              else
38                  rows(m) = rows(m) - A2(m, n); cols(n) = cols(n) - A2(m, n);
39                  sh = mod(A2(i, j), 8); sv = A2(m, n); ep = pow2(sh);
40                  A2(m, n) = mod(sv, ep) * pow2(8 - sh) + floor(sv/ep);
41                  t = A2(i, j); A2(i, j) = A2(m, n); A2(m, n) = t;
42                  rows(i) = rows(i) + A2(i, j); cols(j) = cols(j) + A2(i, j);
43                  rows(m) = rows(m) + A2(m, n); cols(n) = cols(n) + A2(m, n);
44              end
45          end
46      end
47      j = N;
48      for i = M - 1: - 1:1
49          rows(i) = rows(i) - A2(i, j); cols(j) = cols(j) - A2(i, j);
50          m = mod(rows(i) + R(i, j), M) + 1; n = mod(cols(j) + W(i, j), N) + 1;
51          if (m == i) || (n == j)
52              rows(i) = rows(i) + A2(i, j); cols(j) = cols(j) + A2(i, j);
53          else
54              rows(m) = rows(m) - A2(m, n); cols(n) = cols(n) - A2(m, n);
55              sh = mod(A2(i, j), 8); sv = A2(m, n); ep = pow2(sh);
56              A2(m, n) = mod(sv, ep) * pow2(8 - sh) + floor(sv/ep);
57              t = A2(i, j); A2(i, j) = A2(m, n); A2(m, n) = t;
58              rows(i) = rows(i) + A2(i, j); cols(j) = cols(j) + A2(i, j);
59              rows(m) = rows(m) + A2(m, n); cols(n) = cols(n) + A2(m, n);
60          end
61      end
```

```
62      i = M;
63      for j = N - 1: - 1:1
64          rows(i) = rows(i) - A2(i,j);cols(j) = cols(j) - A2(i,j);
65          m = mod(rows(i) + R(i,j),M) + 1;n = mod(cols(j) + W(i,j),N) + 1;
66          if (m == i) || (n == j)
67              rows(i) = rows(i) + A2(i,j);cols(j) = cols(j) + A2(i,j);
68          else
69              rows(m) = rows(m) - A2(m,n);cols(n) = cols(n) - A2(m,n);
70              sh = mod(A2(i,j),8);sv = A2(m,n);ep = pow2(sh);
71              A2(m,n) = mod(sv,ep) * pow2(8 - sh) + floor(sv/ep);
72              t = A2(i,j);A2(i,j) = A2(m,n);A2(m,n) = t;
73              rows(i) = rows(i) + A2(i,j);cols(j) = cols(j) + A2(i,j);
74              rows(m) = rows(m) + A2(m,n);cols(n) = cols(n) + A2(m,n);
75          end
76      end
```

第 17~76 行为明文关联的置乱算法的逆算法。

```
77      % 前向扩散的逆操作
78      P2 = zeros(M,N);P2(1,1) = mod(768 + A2(1,1) - X(1,1) - r3 - r4,256);
79      for j = 2:N
80          P2(1,j) = mod(512 + A2(1,j) - A2(1,j - 1) - X(1,j),256);
81      end
82      for i = 2:M
83          P2(i,1) = mod(512 + A2(i,1) - A2(i - 1,1) - X(i,1),256);
84      end
85      for i = 2:M
86          for j = 2:N
87              P2(i,j) = mod(768 + A2(i,j) - A2(i - 1,j) - A2(i,j - 1) - X(i,j),256);
88          end
89      end
90      end
```

第 77~89 行为明文无关的前向扩散算法的逆算法。

在程序 5-4 所示的解密函数 PRICDec 中,输入为密文图像 C 和密码生成函数 PRICKeyGen 生成的随机矩阵 X、Y、R、W 以及密钥 K,输出为明文图像 P2。

基于上述的加密与解密函数,借助程序 5-5 进行仿真实验,依次对图像 Lena、Baboon、Pepper、Plane、全黑图像和全白图像(图 1-1)进行加密和解密测试,实验结果如图 5-3 所示。

【程序 5-5】   PRIC 加密与解密实验。

```
1       % filename:pc019.m
2       clear;close all;clc;
3       P1 = imread('Lena.tif');P2 = imread('Baboon.tif');
4       P3 = imread('Pepper.tif');P4 = imread('Plane.tif');
5       M = 256;N = 256;P5 = zeros(M,N);P6 = ones(M,N) * 255;
6       iptsetpref('imshowborder','tight');
7       K = [0.7896,0.5487,0.3535,0.6677,69,138,91,105];
8       tic;[X,Y,R,W] = PRICKeyGen(P1,K);
9       C1 = PRICEnc(P1,X,Y,R,W,K);toc;C2 = PRICEnc(P2,X,Y,R,W,K);
10      C3 = PRICEnc(P3,X,Y,R,W,K);C4 = PRICEnc(P4,X,Y,R,W,K);
```

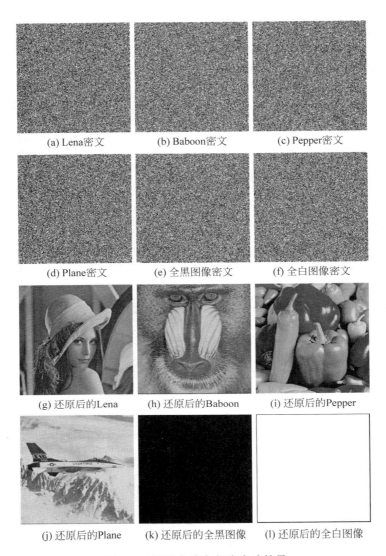

(a) Lena密文 (b) Baboon密文 (c) Pepper密文

(d) Plane密文 (e) 全黑图像密文 (f) 全白图像密文

(g) 还原后的Lena (h) 还原后的Baboon (i) 还原后的Pepper

(j) 还原后的Plane (k) 还原后的全黑图像 (l) 还原后的全白图像

图 5-3 PRIC 加密与解密实验结果

```
11    C5 = PRICEnc(P5,X,Y,R,W,K);C6 = PRICEnc(P6,X,Y,R,W,K);
12    figure(1);imshow(uint8(C1));figure(2);imshow(uint8(C2));
13    figure(3);imshow(uint8(C3));figure(4);imshow(uint8(C4));
14    figure(5);imshow(uint8(C5));figure(6);imshow(uint8(C6));
15    tic;[X,Y,R,W] = PRICKeyGen(C1,K);
16    P11 = PRICDec(C1,X,Y,R,W,K);toc;P21 = PRICDec(C2,X,Y,R,W,K);
17    P31 = PRICDec(C3,X,Y,R,W,K);P41 = PRICDec(C4,X,Y,R,W,K);
18    P51 = PRICDec(C5,X,Y,R,W,K);P61 = PRICDec(C6,X,Y,R,W,K);
19    figure(7);imshow(uint8(P11));figure(8);imshow(uint8(P21));
20    figure(9);imshow(uint8(P31));figure(10);imshow(uint8(P41));
21    figure(11);imshow(uint8(P51));figure(12);imshow(uint8(P61));
```

在程序 5-5 中,第 3～6 行读入明文图像 Lena、Baboon、Pepper、Plane、全黑图像和全白图像,保存在 P1～P6 中。不失一般性,第 7 行设定密钥为 K = {0.7896,0.5487,0.3535,

0.6677,69,138,91,105}；第 8 行和第 15 行产生密码矩阵；第 9～11 行将明文图像 P1～P6 分别加密为密文图像 C1～C6，如图 5-3(a)～(f)所示；第 16～18 行将密文图像 C1～C6 分别解密为图像 P11～P61，如图 5-3(g)～(l)所示。

由图 5-3 可知，密文图像呈噪声样式，不具有任何可视信息，而且解密还原后的图像与明文图像完全相同。经测试，针对 256×256 像素大小的灰度图像，PRIC 在 MATLAB 下的加密时间为 0.2172s，解密时间为 0.2148s(注：两个时间均含有密钥发生器的运行时间)。

5.3　PRIC C♯程序

在第 3.2.3 节项目 MyCSFrame 的基础上，添加一个新类 MyPRIC(文件 MyPRIC.cs)；然后，在组合选择框 cmbBoxSelectMethod 的 items 属性中添加一项 PRIC(注：PRIC 单独占一行)；最后修改 MainForm.cs 文件，得到 C♯语言的 PRIC 图像密码系统工程。为了节省篇幅，MainForm.cs 文件仅给出新添加的代码，并进行了注解和说明。

PRIC 运行结果图如图 5-4 所示。在图 5-4 中，组合选择框 cmbBoxSelectMethod 选择了 PRIC 后，则密钥输入区 Secret Keys 中有 8 个文本框处于可输入状态，其中，前 4 个需要输入双精度浮点数，后 4 个输入为 0～255 间的整数。图 5-4 中，依次输入了"0.7896、0.5487、0.3535、0.6677、69、138、91、105"。然后，单击 Encrypt 显示加密后的图像，单击 Decrypt 显示解密后的图像。

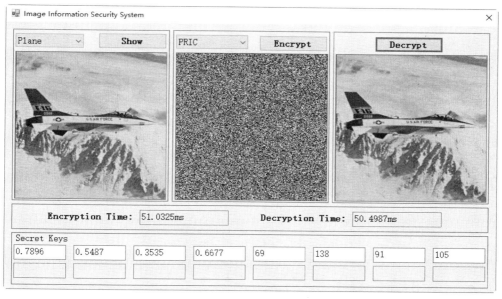

图 5-4　PRIC 运行结果图

借助图 5-4 所示的 PRIC，多次执行加密和解密操作，以最短时间作为在 C♯语言下加密/解密 256×256 像素的灰度图像所花费的时间，则得到最快加密时间为 0.0508s，解密时间为 0.0504s。

下面介绍在 MyPRIC.cs 文件和 MainForm.cs 文件中新添加的内容，由于代码较长，故将中文注解放在每个方法(或函数)的后面。

【程序 5-6】 MyPRIC. s 文件。

```
1      using System;
2
3      namespace MyCSFrame
4      {
5          class MyPRIC
6          {
7              private readonly int height = 256;
8              private readonly int width = 256;
```

第 7、8 行定义图像的宽 height 和高 width 均为 256。

```
9              private byte[,] plainImage = new byte[256, 256];
10             private byte[,] cipherImage = new byte[256, 256];
11             private byte[,] recoveredImage = new byte[256, 256];
12             private double[] key = new double[8];
```

第 9~12 行定义存放明文图像、密文图像、解密后的图像和密钥的数组 plainImage、cipherImage、recoveredImage 和 key。

```
13             private byte[,] X = new byte[256, 256];
14             private byte[,] Y = new byte[256, 256];
15             private byte[,] R = new byte[256, 256];
16             private byte[,] W = new byte[256, 256];
17             int r1 = 0, r2 = 0, r3 = 0, r4 = 0;
18
```

第 13~16 行定义密码矩阵 X、Y、R 和 W。第 17 行定义密钥中的 4 个整型变量r1~r4。

```
19             public void setPlainImage(MyImageData myImDat)
20             {
21                 for (int i = 0; i < 256; i++)
22                     for (int j = 0; j < 256; j++)
23                         plainImage[i, j] = myImDat.PlainImage[i, j];
24             }
```

第 19~24 行的方法 setPlainImage 用于从对象 myImDat 中读取明文图像。

```
25             public void getCipherImage(MyImageData myImDat)
26             {
27                 for (int i = 0; i < 256; i++)
28                     for (int j = 0; j < 256; j++)
29                         myImDat.CipherImage[i, j] = cipherImage[i, j];
30             }
```

第 25~30 行的方法 getCipherImage 用于将密文图像赋给对象 myImDat 中的成员 CipherImage。

```
31             public void getRecoveredImage(MyImageData myImDat)
32             {
```

```
33                for (int i = 0; i < 256; i++)
34                    for (int j = 0; j < 256; j++)
35                        myImDat.RecoveredImage[i, j] = recoveredImage[i, j];
36                }
```

第 31~36 行的方法 getRecoveredImage 用于将解密后的图像赋给对象 myImDat 中的
成员 RecoveredImage。

第 37~74 行的方法 MyKeyGen 为密钥发生器，由密钥 key 产生密码矩阵 X、Y、R
和 W。

```
37            public void MyKeyGen(double[] key)
38            {
39                double x0, p, y0, q;
40                x0 = key[0];p = key[1];y0 = key[2];q = key[3];
41                r1 = Convert.ToInt32(key[4]) % 256;
42                r2 = Convert.ToInt32(key[5]) % 256;
43                r3 = Convert.ToInt32(key[6]) % 256;
44                r4 = Convert.ToInt32(key[7]) % 256;
```

第 40 行由 key 得到 PWLCM 的两组初值和参数 x_0、p、y_0 和 q；第 41~44 行由 key 得
到 r1~r4。

```
45                int i, j;
46                for (i = 0; i < r1 + r2; i++)
47                    x0 = PWLCM(x0, p);
48                for (i = 0; i < r3 + r4; i++)
49                    y0 = PWLCM(y0, q);
```

第 46~49 行为迭代 PWLCM 以跳过过渡态。

```
50                double a1 = (1.0 + r1) / (2.0 + r1 + r3);
51                double b1 = 1 - a1;
52                double a2 = (1.0 + r2) / (2.0 + r2 + r4);
53                double b2 = 1 - a2;
54                double a3 = (1.0 + r1) / (2.0 + r1 + r4);
55                double b3 = 1 - a3;
56                double a4 = (1.0 + r2) / (2.0 + r2 + r3);
57                double b4 = 1 - a4;
58                for (i = 0;i < height;i++)
59                {
60                    for(j = 0;j < width;j++)
61                    {
62                        x0 = PWLCM(x0, p);
63                        y0 = PWLCM(y0, q);
64                        X[i, j] = Convert.ToByte(Convert.ToInt64((a1 * x0 + b1 * y0)
65                            * 1.0e14) % 256);
66                        Y[i, j] = Convert.ToByte(Convert.ToInt64((a2 * x0 + b2 * y0)
67                            * 1.0e13) % 256);
68                        R[i, j] = Convert.ToByte(Convert.ToInt64((a3 * x0 + b3 * y0)
69                            * 1.0e12) % height);
70                        W[i, j] = Convert.ToByte(Convert.ToInt64((a4 * x0 + b4 * y0)
```

```
71                      * 1.0e11) % width);
72                  }
73              }
74          }
```

第 62、63 行得到新的 PWLCM 状态值 x0 和 y0。第 64～71 行计算 X、Y、R 和 W 矩阵的元素值。

```
75          double PWLCM(double x, double p)
76          {
77              double y;
78              if (x < p)
79                  y = x / p;
80              else if (x < 0.5)
81                  y = (x - p) / (0.5 - p);
82              else
83                  y = PWLCM(1 - x, p);
84              return y;
85          }
```

第 75～85 行为 PWLCM 函数,使用了递归调用方法。

第 86～230 行为 PRIC 的加密方法。

```
86          public void PRICEnc()
87          {
88              int i, j, m, n;
89              //前向扩散
90              byte[,] A = new byte[height, width];
91              A[0, 0] = Convert.ToByte((plainImage[0, 0] + X[0, 0] + r3 + r4) % 256);
92              for (j = 1; j < width; j++)
93              {
94                  A[0, j] = Convert.ToByte((plainImage[0, j] + A[0, j - 1] + X[0, j])
95                      % 256);
96              }
97              for (i = 1; i < height; i++)
98              {
99                  A[i, 0] = Convert.ToByte((plainImage[i, 0] + A[i - 1, 0] + X[i, 0])
100                     % 256);
101             }
102             for(i = 1; i < height; i++)
103             {
104                 for(j = 1; j < width; j++)
105                 {
106                     A[i, j] = Convert.ToByte((plainImage[i, j] + A[i - 1, j]
107                         + A[i, j - 1] + X[i, j]) % 256);
108                 }
109             }
```

第 90～109 行为明文无关的前向扩散算法的实现代码,借助矩阵 X 将明文图像 plainImage 变换为矩阵 A。

第 110～206 行为明文关联的置乱算法的实现代码。

```
110                    //置乱
111                    int[] rows = new int[height], cols = new int[width];
112                    for(i = 0;i < height;i++)
113                    {
114                        rows[i] = 0;
115                        for(j = 0;j < width;j++)
116                        {
117                            rows[i] += A[i, j];
118                        }
119                    }
120                    for (j = 0; j < width; j++)
121                    {
122                        cols[j] = 0;
123                        for (i = 0; i < height; i++)
124                        {
125                            cols[j] += A[i, j];
126                        }
127                    }
```

第 111～127 行计算矩阵 A 各行的和 rows 和各列的和 cols。

```
128                    i = height - 1;
129                    for(j = 0;j < width - 1;j++)
130                    {
131                        rows[i] = rows[i] - A[i, j];cols[j] = cols[j] - A[i, j];
132                        m = (rows[i] + R[i, j])      % height
133                        n = (cols[j] + W[i, j])      % width
134                        if ((m == i) || (n == j))
135                        {
136                            rows[i] = rows[i] + A[i, j]; cols[j] = cols[j] + A[i, j];
137                        }
138                        else
139                        {
140                            rows[m] = rows[m] - A[m, n]; cols[n] = cols[n] - A[m, n];
141                            int sh = A[m, n] % 8; int ep = 8 - sh;
142                            A[i, j] = Convert.ToByte(((A[i, j] << sh) + (A[i, j] >> ep))
143                                % 256);
144                            byte t = A[i, j];A[i, j] = A[m, n];A[m, n] = t;
145                            rows[i] = rows[i] + A[i, j]; cols[j] = cols[j] + A[i, j];
146                            rows[m] = rows[m] + A[m, n]; cols[n] = cols[n] + A[m, n];
147                        }
148                    }
```

第 128～148 行置乱矩阵 A 的最后一行(不含 A[height−1,width−1])。

```
149                    j = width - 1;
150                    for(i = 0;i < height - 1;i++)
151                    {
152                        rows[i] = rows[i] - A[i, j]; cols[j] = cols[j] - A[i, j];
153                        m = (rows[i] + R[i, j])      % height;
154                        n = (cols[j] + W[i, j])      % width;
155                        if ((m == i) || (n == j))
```

```
156                                {
157                                    rows[i] = rows[i] + A[i, j]; cols[j] = cols[j] + A[i, j];
158                                }
159                                else
160                                {
161                                    rows[m] = rows[m] - A[m, n]; cols[n] = cols[n] - A[m, n];
162                                    int sh = A[m, n] % 8; int ep = 8 - sh;
163                                    A[i, j] = Convert.ToByte(((A[i, j] << sh) + (A[i, j] >> ep))
164                                        % 256);
165                                    byte t = A[i, j]; A[i, j] = A[m, n]; A[m, n] = t;
166                                    rows[i] = rows[i] + A[i, j]; cols[j] = cols[j] + A[i, j];
167                                    rows[m] = rows[m] + A[m, n]; cols[n] = cols[n] + A[m, n];
168                                }
169                            }
```

第 149~169 行置乱矩阵 A 的最后一列(不含 A[height−1, width−1])。

```
170                        for (i = 0; i < height - 1; i++)
171                        {
172                            for (j = 0; j < width - 1; j++)
173                            {
174                                rows[i] = rows[i] - A[i, j]; cols[j] = cols[j] - A[i, j];
175                                m = (rows[i] + R[i, j]) % height
176                                n = (cols[j] + W[i, j]) % width
177                                if ((m == i) || (n == j))
178                                {
179                                    rows[i] = rows[i] + A[i, j]; cols[j] = cols[j] + A[i, j];
180                                }
181                                else
182                                {
183                                    rows[m] = rows[m] - A[m, n]; cols[n] = cols[n] - A[m, n];
184                                    int sh = A[m, n] % 8; int ep = 8 - sh;
185                                    A[i, j] = Convert.ToByte(((A[i, j] << sh) + (A[i, j] >> ep))
186                                        % 256);
187                                    byte t = A[i, j]; A[i, j] = A[m, n]; A[m, n] = t;
188                                    rows[i] = rows[i] + A[i, j]; cols[j] = cols[j] + A[i, j];
189                                    rows[m] = rows[m] + A[m, n]; cols[n] = cols[n] + A[m, n];
190                                }
191                            }
192                        }
```

第 170~192 行置乱矩阵 A 的第 0~height−2 行、第 0~width−2 列的元素。

```
193                        i = height - 1;
194                        j = width - 1;
195                        rows[i] = rows[i] - A[i, j]; cols[j] = cols[j] - A[i, j];
196                        m = (rows[i] + R[i, j])          % height
197                        n = (cols[j] + W[i, j])          % width
198                        if ((m == i) || (n == j))
199                        {
200                        }
201                        else
```

```
202                 {
203                     int sh = A[m, n] % 8; int ep = 8 - sh;
204                     A[i, j] = Convert.ToByte(((A[i, j] << sh) + (A[i, j] >> ep)) % 256);
205                     byte t = A[i, j]; A[i, j] = A[m, n]; A[m, n] = t;
206                 }
```

第 193~206 行置乱 A[height-1,width-1]。

```
207             //后向扩散
208             cipherImage[height - 1, width - 1] = Convert.ToByte((A[height - 1, width - 1]
209                 + Y[height - 1, width - 1] + r1 + r2) % 256);
210             i = height - 1;
211             for(j = width - 2;j >= 0; j--)
212             {
213                 cipherImage[i, j] = Convert.ToByte((A[i, j] + cipherImage[i, j + 1]
214                     + Y[i, j]) % 256);
215             }
216             j = width - 1;
217             for(i = height - 2;i >= 0;i--)
218             {
219                 cipherImage[i, j] = Convert.ToByte((A[i, j] + cipherImage[i + 1, j]
220                     + Y[i, j]) % 256);
221             }
222             for(i = height - 2;i >= 0;i--)
223             {
224                 for(j = width - 2;j >= 0;j--)
225                 {
226                     cipherImage[i, j] = Convert.ToByte((A[i, j] + cipherImage[i, j + 1]
227                         + cipherImage[i + 1, j] + Y[i, j]) % 256);
228                 }
229             }
230         }
```

第 208~229 行为明文无关的后向扩散算法的实现代码,借助矩阵 Y 将矩阵 A 变换为密文图像 cipherImage。

第 231~382 行为 PRIC 的解密函数 PRICDec,是 PRICEnc 的逆过程。

```
231         public void PRICDec()
232         {
233             int i,j,m, n;
234             //后向扩散的逆操作
235             byte[,] B = new byte[height, width];
236             B[height - 1, width - 1] = Convert.ToByte((768
237                 + cipherImage[height - 1, width - 1]
238                 - Y[height - 1, width - 1] - r1 - r2) % 256);
239             i = height - 1;
240             for (j = width - 2; j >= 0; j--)
241             {
242                 B[i, j] = Convert.ToByte((512 + cipherImage[i, j] - cipherImage[i, j + 1]
243                     - Y[i, j]) % 256);
244             }
```

```
245                    j = width - 1;
246                    for (i = height - 2; i >= 0; i--)
247                    {
248                        B[i, j] = Convert.ToByte((512 + cipherImage[i, j] - cipherImage[i + 1, j]
249                            - Y[i, j]) % 256);
250                    }
251                    for (i = height - 2; i >= 0; i--)
252                    {
253                        for (j = width - 2; j >= 0; j--)
254                        {
255                            B[i, j] = Convert.ToByte((768 + cipherImage[i, j]
256                                - cipherImage[i, j + 1] - cipherImage[i + 1, j] - Y[i, j]) % 256);
257                        }
258                    }
```

第 235~258 行为明文无关的后向扩散算法的逆算法的实现代码,借助密码矩阵 Y 和密文图像 cipherImage 得到矩阵 B。

第 260~360 行为明文关联的置乱算法的逆算法的实现代码。

```
259                    //置乱的逆操作
260                    int[] rows = new int[height], cols = new int[width];
261                    for (i = 0; i < height; i++)
262                    {
263                        rows[i] = 0;
264                        for (j = 0; j < width; j++)
265                        {
266                            rows[i] += B[i, j];
267                        }
268                    }
269                    for (j = 0; j < width; j++)
270                    {
271                        cols[j] = 0;
272                        for (i = 0; i < height; i++)
273                        {
274                            cols[j] += B[i, j];
275                        }
276                    }
```

第 260~276 行计算矩阵 B 各行的和 rows 和各列的和 cols。

```
277                    i = height - 1;
278                    j = width - 1;
279                    rows[i] = rows[i] - B[i, j]; cols[j] = cols[j] - B[i, j];
280                    m = (rows[i] + R[i, j])          % height
281                    n = (cols[j] + W[i, j])          % width
282                    if ((m == i) || (n == j))
283                    {
284                        rows[i] = rows[i] + B[i, j]; cols[j] = cols[j] + B[i, j];
285                    }
286                    else
287                    {
```

```
288                 rows[m] = rows[m] - B[m, n]; cols[n] = cols[n] - B[m, n];
289                 int sh = B[i, j] % 8; int ep = 8 - sh;
290                 B[m, n] = Convert.ToByte(((B[m, n] >> sh) + (B[m, n] << ep))
291                     % 256);
292                 byte t = B[i, j]; B[i, j] = B[m, n]; B[m, n] = t;
293                 rows[i] = rows[i] + B[i, j]; cols[j] = cols[j] + B[i, j];
294                 rows[m] = rows[m] + B[m, n]; cols[n] = cols[n] + B[m, n];
295             }
```

第 277～295 行为 B[height-1,width-1] 的置乱还原操作。

```
296             for (i = height - 2; i >= 0; i--)
297             {
298                 for (j = width - 2; j >= 0; j--)
299                 {
300                     rows[i] = rows[i] - B[i, j]; cols[j] = cols[j] - B[i, j];
301                     m = (rows[i] + R[i, j]) % height
302                     n = (cols[j] + W[i, j]) % width
303                     if ((m == i) || (n == j))
304                     {
305                         rows[i] = rows[i] + B[i, j]; cols[j] = cols[j] + B[i, j];
306                     }
307                     else
308                     {
309                         rows[m] = rows[m] - B[m, n]; cols[n] = cols[n] - B[m, n];
310                         int sh = B[i, j] % 8; int ep = 8 - sh;
311                         B[m, n] = Convert.ToByte(((B[m, n] >> sh)
312                             + (B[m, n] << ep)) % 256);
313                         byte t = B[i, j]; B[i, j] = B[m, n]; B[m, n] = t;
314                         rows[i] = rows[i] + B[i, j]; cols[j] = cols[j] + B[i, j];
315                         rows[m] = rows[m] + B[m, n]; cols[n] = cols[n] + B[m, n];
316                     }
317                 }
318             }
```

第 296～318 行为 B 矩阵的第 0～height-2 行和第 0～width-2 列的置乱还原操作。

```
319             j = width - 1;
320             for (i = height - 2; i >= 0; i--)
321             {
322                 rows[i] = rows[i] - B[i, j]; cols[j] = cols[j] - B[i, j];
323                 m = (rows[i] + R[i, j])    % height
324                 n = (cols[j] + W[i, j])    % width
325                 if ((m == i) || (n == j))
326                 {
327                     rows[i] = rows[i] + B[i, j]; cols[j] = cols[j] + B[i, j];
328                 }
329                 else
330                 {
331                     rows[m] = rows[m] - B[m, n]; cols[n] = cols[n] - B[m, n];
332                     int sh = B[i, j] % 8; int ep = 8 - sh;
333                     B[m, n] = Convert.ToByte(((B[m, n] >> sh) + (B[m, n] << ep))
```

```
334                                        % 256);
335                       byte t = B[i, j]; B[i, j] = B[m, n]; B[m, n] = t;
336                       rows[i] = rows[i] + B[i, j]; cols[j] = cols[j] + B[i, j];
337                       rows[m] = rows[m] + B[m, n]; cols[n] = cols[n] + B[m, n];
338                   }
339               }
```

第 319～339 行为 B 矩阵的最后一列(不含 B[height−1, width−1])的置乱还原操作。

```
340               i = height - 1;
341               for (j = width - 2; j >= 0; j--)
342               {
343                   rows[i] = rows[i] - B[i, j]; cols[j] = cols[j] - B[i, j];
344                   m = (rows[i] + R[i, j])        % height
345                   n = (cols[j] + W[i, j])        % width
346                   if ((m == i) || (n == j))
347                   {
348                       rows[i] = rows[i] + B[i, j]; cols[j] = cols[j] + B[i, j];
349                   }
350                   else
351                   {
352                       rows[m] = rows[m] - B[m, n]; cols[n] = cols[n] - B[m, n];
353                       int sh = B[i, j] % 8; int ep = 8 - sh;
354                       B[m, n] = Convert.ToByte(((B[m, n] >> sh) + (B[m, n] << ep))
355                           % 256);
356                       byte t = B[i, j]; B[i, j] = B[m, n]; B[m, n] = t;
357                       rows[i] = rows[i] + B[i, j]; cols[j] = cols[j] + B[i, j];
358                       rows[m] = rows[m] + B[m, n]; cols[n] = cols[n] + B[m, n];
359                   }
360               }
```

第 340～360 行为 B 矩阵的最后一行(不含 B[height−1, width−1])的置乱还原操作。

```
361               //后向扩散的逆操作
362               recoveredImage[0, 0] = Convert.ToByte((768 + B[0, 0] - X[0, 0] - r3
363                   - r4) % 256);
364               for (j = 1; j < width; j++)
365               {
366                   recoveredImage[0, j] = Convert.ToByte((512 + B[0, j] - B[0, j - 1]
367                       - X[0, j]) % 256);
368               }
369               for (i = 1; i < height; i++)
370               {
371                   recoveredImage[i, 0] = Convert.ToByte((512 + B[i, 0] - B[i - 1, 0]
372                       - X[i, 0]) % 256);
373               }
374               for (i = 1; i < height; i++)
375               {
376                   for (j = 1; j < width; j++)
377                   {
378                       recoveredImage[i, j] = Convert.ToByte((768 + B[i, j] - B[i - 1, j]
379                           - B[i, j - 1] - X[i, j]) % 256);
```

```
380                        }
381                    }
382                }
383            }
384    }
```

第 362～381 行为明文无关的前向扩散算法的逆算法的实现代码,借助矩阵 B 和密码
矩阵 X 得到解密后的图像 recoveredImage。

【程序 5-7】　MainForm.cs 文件中添加的内容(相对于程序 3-32 而言)。

```
1    using System;
2    using System.Diagnostics;
3    using System.Drawing;
4    using System.Windows.Forms;
5
6    namespace MyCSFrame
7    {
8        public partial class MainForm : Form
9        {
```

第 10～42 行因代码不变而忽略。

第 43 行定义类 MyPRIC 的实例 myPRIC。

```
43            MyPRIC myPRIC = new MyPRIC();
```

第 44～55 行因代码不变而忽略。

```
56            private void cmbBoxSelectMethod_SelectedIndexChanged(object sender,
57                EventArgs e)
58            {
```

第 59～102 行因代码不变而忽略。

如果组合选择框选择了 PRIC,即第 103 行为真,则使得 txtKey01～txtKey08 处于可编
辑状态(第 105～108 行),用于输入密钥。

```
103                if(cmbBoxSelectMethod.Text.Equals("PRIC"))
104                {
105                    txtKey01.ReadOnly = false; txtKey02.ReadOnly = false;
106                    txtKey03.ReadOnly = false; txtKey04.ReadOnly = false;
107                    txtKey05.ReadOnly = false; txtKey06.ReadOnly = false;
108                    txtKey07.ReadOnly = false; txtKey08.ReadOnly = false;
109                }
110            }
111            private void btnEncrypt_Click(object sender, EventArgs e)
112            {
```

第 113～593 行因代码不变而忽略。

如果组合选择框选择了 PRIC,即第 594 行为真,则进行 PRIC 系统加密处理。

```
594                if (cmbBoxSelectMethod.Text.Equals("PRIC"))    //对于 PRIC
595                {
```

```
596                    double[ ] key = new double[8];
597                    try
598                    {
599                        for( int i = 0;i < 8;i++)
600                        {
601                            TextBox tb = (TextBox)Controls.Find("txtKey" +
602                                (i / 9).ToString() + ((i + 1) % 10).ToString(), true)[0];
603                            key[i] = Double.Parse(tb.Text);
604                        }
605                        myPRIC.setPlainImage(myImageData);
606                        Stopwatch sw = new Stopwatch();
607                        sw.Start();
608                        myPRIC.MyKeyGen(key);
609                        myPRIC.PRICEnc();
610                        sw.Stop();
611                        TimeSpan ts = sw.Elapsed;
612                        txtEncTime.Text = ts.TotalMilliseconds.ToString() + "ms";
613                        myPRIC.getCipherImage(myImageData);
614                        picBoxCipher.Image = myImageData.MyShowCipherImage();
615                        btnDecrypt.Enabled = true;
616                    }
```

第596行定义密钥key。第599～604行由文本编辑框txtKey01～txtKey08读入密钥值,保存在key中。第605行将对象myImageData中的明文图像数据读入到myPRIC对象中;第608行调用对象myPRIC的方法MyKeyGen产生密码矩阵;第609行调用对象myPRIC的方法PRICEnc执行加密处理;第613行将对象myPRIC中的密文图像赋给对象myImageData。

```
617                    catch (FormatException fe)
618                    {
619                        string str = fe.ToString();
620                    }
621                    catch (IndexOutOfRangeException iore)
622                    {
623                        string str = iore.ToString();
624                    }
625                }
626            }
627        private void btnDecrypt_Click(object sender, EventArgs e)
628        {
```

第629～781行因代码不变而忽略。

```
782            if (cmbBoxSelectMethod.Text.Equals("PRIC"))      //对于PRIC
783            {
784                double[ ] key = new double[8];
785                try
786                {
787                    for (int i = 0; i < 8; i++)
788                    {
```

```
789                              TextBox tb = (TextBox)Controls.Find("txtKey" +
790                                  (i / 9).ToString() + ((i + 1) % 10).ToString(), true)[0];
791                              key[i] = Double.Parse(tb.Text);
792                          }
793                          Stopwatch sw = new Stopwatch();
794                          sw.Start();
795                          myPRIC.MyKeyGen(key);
796                          myPRIC.PRICDec();
797                          sw.Stop();
798                          TimeSpan ts = sw.Elapsed;
799                          txtDecTime.Text = ts.TotalMilliseconds.ToString() + "ms";
800                          myPRIC.getRecoveredImage(myImageData);
801                      picBoxRecovered.Image = myImageData.MyShowRecoveredImage();
802                      }
803                      catch (FormatException fe)
804                      {
805                          string str = fe.ToString();
806                      }
807                  }
808              }
809          }
810      }
```

第 795 行调用对象 myPRIC 的方法 MyKeyGen 产生密码矩阵；第 796 行调用对象 myPRIC 的方法 PRICDec 进行解密操作；第 800 行将 myPRIC 对象中的解密图像数据赋给对象 myImageData。

5.4 PRIC 性能分析

采用第 4 章列举的图像密码系统安全性能评价方法，下面从加密/解密速度、密钥空间、信息熵、统计特性、密钥敏感性分析、明文敏感性分析和密文敏感性分析七个方面评估 PRIC 的安全性能。由于 PRIC 性能测试程序与第 4 章的程序相似，为了节省篇幅，这里不再给出具体的算法程序。

1. 加密/解密速度

不失一般性，密钥取 $K = \{0.7896, 0.5487, 0.3535, 0.6677, 69, 138, 91, 105\}$，以大小为 256×256 像素的 Plane 图像为例，多次运行图 5-4 所示的 PRIC（每次加密和解密处理的时间都包括密码生成函数的执行时间），以最快的加密速度和解密速度为 PRIC 的加密速度和解密速度，计算结果列于表 5-1 中。

表 5-1 C♯语言下的加密与解密速度

项 目	加密速度/(Mb/s)	解密速度/(Mb/s)
PRIC(含密码生成器)	10.3206	10.4025
PRIC(不含密码生成器)	**25.5111**	**25.5195**
优秀最低速度标准	13.9546	12.8366
合格最低速度标准	7.2496	6.6223

表 5-1 中的优秀最低速度标准和合格最低速度标准来自表 4-2。由表 5-1 可知，PRIC 的加密与解密速度均高于"合格最低速度标准"，而低于"优秀最低速度标准"。

事实上，图像密码系统的密钥在一段时间内是持续有效的，即由选定的密钥产生的一组密码常常用于加密大量数字图像，这样，在考虑 PRIC 的处理速度时省略密码生成器的时间是合理的。表 5-1 中也给出了 C♯ 语言下 PRIC 系统（不含密码生成器）的处理速度，此时，加密速度约为 25.5111Mb/s，解密速度约为 25.5195Mb/s。该速度近似为"优秀最低速度标准"的 2 倍，说明 PRIC 系统的加密与解密速度是优秀的。

2. 密钥空间

在 PRIC 系统中，密钥 $\boldsymbol{K}=\{x_0,p,y_0,q,r_1,r_2,r_3,r_4\}$，其中，$x_0,y_0\in(0,1)$，步长为 10^{-14}，$p,q\in(0,0.5)$，步长为 10^{-14}，$r_1\sim r_4$ 为 $[0,255]$ 中的整数，步进为 1，因此，密钥空间的大小约为 1.0737×10^{65}，密钥熵约为 216bit，密钥长度大于 128bit 和 192bit，而小于 256bit，说明密钥长度适中。

3. 信息熵

不失一般性，这里设定密钥为 $\boldsymbol{K}=\{0.7896,0.5487,0.3535,0.6677,69,138,91,105\}$，以 Lena、Baboon、Pepper、Plane、全黑图像和全白图像（图 1-1）为例，计算 PRIC 加密这些图像得到的密文图像的信息熵、相对熵和冗余度，计算结果列于表 5-2 中（注：这些明文图像的信息熵、相对熵和冗余度见表 4-3）。

表 5-2　PRIC 系统加密得到的密文的熵、相对熵和冗余度

项　　目	Lena 密文	Baboon 密文	Pepper 密文	Plane 密文	全黑图像密文	全白图像密文
熵	7.996938	7.997356	7.997186	7.997237	7.996879	7.997223
相对熵	0.999617	0.999669	0.999648	0.999655	0.999610	0.999653
冗余度	0.0383%	0.0330%	0.0352%	0.0345%	0.0390%	0.0347%

由表 5-2 可知，PRIC 系统加密得到的各个密文的冗余度均小于 0.05%，对比表 4-4，可认为 PRIC 达到了基于 AES 的图像密码系统加密得到的密文的信息熵的标准，从而可以对抗基于信息熵的分析。

4. 统计特性

不失一般性，密钥取为 $\boldsymbol{K}=\{0.7896,0.5487,0.3535,0.6677,69,138,91,105\}$，以 Lena、Baboon、Pepper、Plane、全黑图像和全白图像为例，PRIC 系统加密得到的密文图像的直方图 χ^2 检验结果见表 5-3，随机从图像中选取 2000 对水平、垂直、正对角和反对角线上的相邻像素点，计算它们的相关系数，见表 5-4。这些明文图像的相关系数和直方图 χ^2 检验结果见表 4-5 和表 4-6。

表 5-3　直方图 χ^2 检验结果（$\chi^2_{0.05}(255)=293.2478$）

项　　目	Lena	Baboon	Pepper	Plane	全黑图像	全白图像
检验值	277.1250	240.2891	256.8828	250.9063	283.7188	252.2578

表 5-4　相关系数

图　　像	水　平	垂　直	正对角	反对角
Lena 密文	0.010957	0.035003	0.022693	−0.003639
Baboon 密文	−0.000245	0.029668	0.006744	−0.007986
Pepper 密文	−0.047435	0.002545	0.035976	0.038373
Plane 密文	−0.027976	−0.006304	0.000909	−0.000735
全黑图像密文	0.010232	−0.006980	−0.045003	−0.023785
全白图像密文	−0.005121	0.022040	−0.006213	−0.016061

对比表 5-3 和表 4-6 可知,PRIC 系统加密得到的密文图像的直方图 χ^2 检验结果均小于 $\chi^2_{0.05}(255)$,故可认为密文图像近似均匀分布,即在显著性水平 0.05 的情况下,认为密文图像的直方图分布与均匀分布无显著差异。

对比表 5-4 和表 4-5 可知,PRIC 系统加密得到的密文图像在各个方向上的相关系数值均非常接近于 0,说明密文图像相邻像素点间无相关性,从而可以有效地对抗基于相关特性的分析。

5. 密钥敏感性分析

密钥敏感性分析包括加密系统的密钥敏感性分析和解密系统的密钥敏感性分析两种,其中,解密系统的密钥敏感性分析又包括解密系统的合法密钥敏感性分析和解密系统的非法密钥敏感性分析。

加密算法的密钥敏感性测试方法为:随机产生 100 个密钥,对于每个密钥,微小改变其值(x_0、p、y_0 或 q 改变 10^{-14},或者 $r_1 \sim r_4$ 改变 1),使用改变前后的两个密钥,加密明文图像 Lena、Baboon、Pepper、Plane、全黑图像和全白图像,分析加密同一明文所得的两个密文间的 NPCR、UACI 和 BACI 的值,最后计算 100 次试验的平均值,列于表 5-5 中。

表 5-5　PRIC 加密系统的密钥敏感性分析结果(%)

项　　目		Lena	Baboon	Pepper	Plane	全黑图像	全白图像	理论值
x_0	NPCR	99.6079	99.6111	99.6094	99.6086	99.6098	99.6097	99.6094
	UACI	33.4737	33.4697	33.4465	33.4541	33.4699	33.4510	33.4635
	BACI	26.7683	26.7684	26.7624	26.7660	26.7733	26.7614	26.7712
p	NPCR	99.6078	99.6102	99.6122	99.6096	99.6117	99.6120	99.6094
	UACI	33.4766	33.4589	33.4683	33.4676	33.4740	33.4755	33.4635
	BACI	26.7742	26.7733	26.7749	26.7729	26.7631	26.7768	26.7712
y_0	NPCR	99.6046	99.6063	99.6050	99.6112	99.6050	99.6153	99.6094
	UACI	33.4733	33.4585	33.4796	33.4521	33.4649	33.4660	33.4635
	BACI	26.7709	26.7626	26.7796	26.7808	26.7709	26.7735	26.7712
q	NPCR	99.6118	99.6103	99.6110	99.6098	99.6081	99.6075	99.6094
	UACI	33.4882	33.4531	33.4634	33.4667	33.4843	33.4610	33.4635
	BACI	26.7781	26.7676	26.7653	26.7677	26.7814	26.7705	26.7712
r_1	NPCR	99.6090	99.6096	99.6088	99.6087	99.6105	99.6121	99.6094
	UACI	33.4585	33.4769	33.4686	33.4670	33.4590	33.4601	33.4635
	BACI	26.7776	26.7784	26.7776	26.7830	26.7789	26.7780	26.7712

续表

项 目		Lena	Baboon	Pepper	Plane	全黑图像	全白图像	理论值
r_2	NPCR	99.6113	99.6088	99.6089	99.6095	99.6057	99.6094	99.6094
	UACI	33.4607	33.4648	33.4560	33.4454	33.4652	33.4618	33.4635
	BACI	26.7577	26.7738	26.7712	26.7602	26.7739	26.7804	26.7712
r_3	NPCR	99.6081	99.6096	99.6049	99.6091	99.6108	99.6122	99.6094
	UACI	33.4708	33.4626	33.4469	33.4597	33.4577	33.4684	33.4635
	BACI	26.7722	26.7582	26.7694	26.7723	26.7737	26.7687	26.7712
r_4	NPCR	99.6092	99.6116	99.6052	99.6063	99.6064	99.6082	99.6094
	UACI	33.4676	33.4556	33.4505	33.4712	33.4659	33.4652	33.4635
	BACI	26.7709	26.7703	26.7600	26.7732	26.7782	26.7819	26.7712

解密算法的合法密钥敏感性测试方法为：随机产生 100 个密钥，对于每个密钥，先使用它加密明文图像得到相应的密文图像，然后，微小改变密钥的值(x_0、p、y_0 或 q 改变 10^{-14}，或者 $r_1 \sim r_4$ 改变 1)，用微小改变的密钥解密密文图像，得到还原后的图像。分析原始明文和还原后的图像间的 NPCR、UACI 和 BACI 的值，最后计算 100 次试验的平均值，列于表 5-6 至表 5-7 中。

表 5-6 PRIC 解密系统的合法密钥敏感性分析结果 I（%）

项 目		Lena		Baboon		Pepper	
		计算值	理论值	计算值	理论值	计算值	理论值
x_0	NPCR	99.6082	99.6094	99.6090	99.6094	99.6080	99.6094
	UACI	28.6826	28.6850	27.9153	27.9209	30.9098	30.9134
	BACI	21.3931	21.3932	20.7050	20.7106	23.2170	23.2234
p	NPCR	99.6094	99.6094	99.6103	99.6094	99.6080	99.6094
	UACI	28.6956	28.6850	27.9193	27.9209	30.9273	30.9134
	BACI	21.3894	21.3932	20.7119	20.7106	23.2146	23.2234
y_0	NPCR	99.6105	99.6094	99.6116	99.6094	99.6106	99.6094
	UACI	28.6827	28.6850	27.9082	27.9209	30.9143	30.9134
	BACI	21.3853	21.3932	20.7165	20.7106	23.2289	23.2234
q	NPCR	99.6061	99.6094	99.6105	99.6094	99.6038	99.6094
	UACI	28.6824	28.6850	27.9263	27.9209	30.9132	30.9134
	BACI	21.3912	21.3932	20.7085	20.7106	23.2187	23.2234
r_1	NPCR	99.6087	99.6094	99.6109	99.6094	99.6078	99.6094
	UACI	28.6930	28.6850	27.9233	27.9209	30.9194	30.9134
	BACI	21.3910	21.3932	20.7066	20.7106	23.2328	23.2234
r_2	NPCR	99.6076	99.6094	99.6125	99.6094	99.6111	99.6094
	UACI	28.6817	28.6850	27.9278	27.9209	30.9108	30.9134
	BACI	21.3883	21.3932	20.7046	20.7106	23.2197	23.2234
r_3	NPCR	99.6106	99.6094	99.6084	99.6094	99.6095	99.6094
	UACI	28.6995	28.6850	27.9250	27.9209	30.9381	30.9134
	BACI	21.3938	21.3932	20.7205	20.7106	23.2231	23.2234
r_4	NPCR	99.6140	99.6094	99.6097	99.6094	99.6123	99.6094
	UACI	28.6891	28.6850	27.9182	27.9209	30.9067	30.9134
	BACI	21.4005	21.3932	20.7075	20.7106	23.2222	23.2234

　　解密算法的非法密钥敏感性测试方法为：随机产生 100 个密钥，对于每个密钥，先使用它加密明文图像得到相应的密文图像；然后，随机产生与前述 100 个密钥互不相同的 100 个密钥，对于每个密钥，微小改变它的值（x_0、p、y_0 或 q 改变 10^{-14}，或者 $r_1 \sim r_4$ 改变 1），用微小改变前后的两个密钥解密密文图像，得到两个解密后的图像。分析这两个解密后的图像间的 NPCR、UACI 和 BACI 的值，最后计算 100 次试验的平均值，列于表 5-8 中。

表 5-7　PRIC 解密系统的合法密钥敏感性分析结果 II（%）

项　目		Plane		全黑图像		全白图像	
		计算值	理论值	计算值	理论值	计算值	理论值
x_0	NPCR	99.6030	99.6094	99.6097	99.6094	99.6093	99.6094
	UACI	32.3786	32.3785	49.9936	50.0000	49.9854	50.0000
	BACI	25.4580	25.4579	33.4571	33.4635	33.4656	33.4635
p	NPCR	99.6092	99.6094	99.6071	99.6094	99.6095	99.6094
	UACI	32.3756	32.3785	50.0093	50.0000	49.9869	50.0000
	BACI	25.4665	25.4579	33.4612	33.4635	33.4672	33.4635
y_0	NPCR	99.6107	99.6094	99.6111	99.6094	99.6052	99.6094
	UACI	32.3769	32.3785	49.9977	50.0000	49.9939	50.0000
	BACI	25.4584	25.4579	33.4587	33.4635	33.4653	33.4635
q	NPCR	99.6114	99.6094	99.6097	99.6094	99.6085	99.6094
	UACI	32.3808	32.3785	50.0037	50.0000	50.0219	50.0000
	BACI	25.4541	25.4579	33.4550	33.4635	33.4631	33.4635
r_1	NPCR	99.6062	99.6094	99.6122	99.6094	99.6092	99.6094
	UACI	32.3993	32.3785	49.9837	50.0000	49.9935	50.0000
	BACI	25.4613	25.4579	33.4659	33.4635	33.4657	33.4635
r_2	NPCR	99.6131	99.6094	99.6097	99.6094	99.6075	99.6094
	UACI	32.3787	32.3785	50.0033	50.0000	49.9819	50.0000
	BACI	25.4701	25.4579	33.4637	33.4635	33.4616	33.4635
r_3	NPCR	99.6094	99.6094	99.6079	99.6094	99.6116	99.6094
	UACI	32.3762	32.3785	49.9986	50.0000	50.0092	50.0000
	BACI	25.4498	25.4579	33.4575	33.4635	33.4631	33.4635
r_4	NPCR	99.6075	99.6094	99.6068	99.6094	99.6104	99.6094
	UACI	32.3710	32.3785	49.9952	50.0000	50.0126	50.0000
	BACI	25.4508	25.4579	33.4702	33.4635	33.4782	33.4635

表 5-8　PRIC 解密系统的非法密钥敏感性分析结果（%）

项　目		Lena	Baboon	Pepper	Plane	全黑图像	全白图像	理论值
x_0	NPCR	99.6100	99.6075	99.6122	99.6081	99.6104	99.6098	99.6094
	UACI	33.4542	33.4498	33.4394	33.4659	33.4603	33.4781	33.4635
	BACI	26.7580	26.7705	26.7636	26.7760	26.7771	26.7748	26.7712
p	NPCR	99.6096	99.6073	99.6130	99.6112	99.6112	99.6081	99.6094
	UACI	33.4810	33.4660	33.4661	33.4692	33.4836	33.4627	33.4635
	BACI	26.7757	26.7847	26.7643	26.7687	26.7758	26.7784	26.7712

项 目		Lena	Baboon	Pepper	Plane	全黑图像	全白图像	理论值
y_0	NPCR	99.6083	99.6102	99.6060	99.6059	99.6066	99.6115	99.6094
	UACI	33.4638	33.4795	33.4641	33.4639	33.4652	33.4712	33.4635
	BACI	26.7632	26.7826	26.7669	26.7720	26.7810	26.7750	26.7712
q	NPCR	99.6108	99.6072	99.6112	99.6068	99.6098	99.6125	99.6094
	UACI	33.4584	33.4657	33.4449	33.4542	33.4691	33.4520	33.4635
	BACI	26.7671	26.7814	26.7662	26.7755	26.7726	26.7585	26.7712
r_1	NPCR	99.6107	99.6108	99.6076	99.6100	99.6144	99.6093	99.6094
	UACI	33.4603	33.4694	33.4551	33.4609	33.4725	33.4762	33.4635
	BACI	26.7660	26.7703	26.7701	26.7824	26.7816	26.7686	26.7712
r_2	NPCR	99.6100	99.6089	99.6100	99.6081	99.6101	99.6041	99.6094
	UACI	33.4610	33.4724	33.4586	33.4690	33.4746	33.4588	33.4635
	BACI	26.7590	26.7882	26.7721	26.7750	26.7845	26.7776	26.7712
r_3	NPCR	99.6081	99.6064	99.6077	99.6100	99.6055	99.6071	99.6094
	UACI	33.4619	33.4552	33.4629	33.4767	33.4670	33.4769	33.4635
	BACI	26.7674	26.7695	26.7826	26.7763	26.7692	26.7803	26.7712
r_4	NPCR	99.6095	99.6112	99.6094	99.6129	99.6067	99.6119	99.6094
	UACI	33.4793	33.4698	33.4651	33.4600	33.4669	33.4707	33.4635
	BACI	26.7697	26.7763	26.7664	26.7673	26.7730	26.7683	26.7712

由表 5-5～表 5-8 可知,PRIC 系统密钥敏感性测试的 NPCR、UACI 和 BACI 的计算结果趋于其理论值,说明 PRIC 系统具有强的密钥敏感性。

6. 明文敏感性分析

明文敏感性测试方法为:对于给定的明文图像 P_1,借助某一密钥 K 加密 P_1 得到相应的密文图像 C_1;然后,从 P_1 中随机选取一个像素点 (i,j),微小改变该像素点的值,将得到的新的图像记为 P_2,即除了在随机选择的该像素点 (i,j) 处有 $P_2(i,j)=\text{mod}(P_1(i,j)+1,256)$ 外,$P_2=P_1$;接着,仍借助同一密钥 K 加密 P_2 得到相应的密文图像,记为 C_2,计算 C_1 和 C_2 间的 NPCR、UACI 和 BACI 的值;最后,重复 100 次实验计算 NPCR、UACI 和 BACI 的平均值。这里,以明文图像 Lena、Baboon、Pepper、Plane、全黑图像和全白图像为例,将 PRIC 系统的明文敏感性分析结果列于表 5-9 中。

表 5-9 PRIC 系统的明文敏感性分析结果(%)

项 目	Lena	Baboon	Pepper	Plane	全黑图像	全白图像	理论值
NPCR	99.6099	99.6090	99.6091	99.6083	99.6126	99.6078	99.6094
UACI	33.4825	33.4648	33.4631	33.4577	33.4608	33.4681	33.4635
BACI	26.7747	26.7751	26.7816	26.7692	26.7638	26.7683	26.7712

由表 5-9 可知,NPCR、UACI 和 BACI 的计算结果极其接近于各自的理论值,说明 PRIC 系统具有强的明文敏感性。

7. 密文敏感性分析

密文敏感性的测试方法为:对于给定的明文图像 P_1,借助某一密钥 K 加密 P_1 得到相

应的密文图像 C_1；然后，从 C_1 中随机选取一个像素点(i,j)，微小改变该像素点的值，得到新的图像，并记为 C_2，即除了在随机选择的该像素点(i,j)处有 $C_2(i,j)=\text{mod}(C_1(i,j)+1,256)$ 外，$C_2=C_1$；接着，仍借助同一密钥 K 解密 C_2 得到还原后的图像，记为 P_2，计算 P_1 和 P_2 间的 NPCR、UACI 和 BACI 的值；最后，重复 100 次实验计算 NPCR、UACI 和 BACI 的平均值。这里，以明文图像 Lena、Baboon、Pepper、Plane、全黑图像和全白图像为例，PRIC 系统的密文敏感性分析结果列于表 5-10 至表 5-11 中。

表 5-10　PRIC 系统的密文敏感性分析结果 Ⅰ（%）

项　目	Lena		Baboon		Pepper	
	计算值	理论值	计算值	理论值	计算值	理论值
NPCR	99.6093	99.6094	99.6112	99.6094	99.6093	99.6094
UACI	28.6831	28.6850	27.9279	27.9209	30.9045	30.9134
BACI	21.3819	21.3932	20.7103	20.7106	23.2175	23.2234

表 5-11　PRIC 系统的密文敏感性分析结果 Ⅱ（%）

项　目	Plane		全黑图像		全白图像	
	计算值	理论值	计算值	理论值	计算值	理论值
NPCR	99.6138	99.6094	99.6084	99.6094	99.6086	99.6094
UACI	32.3820	32.3785	49.9904	50.0000	49.9991	50.0000
BACI	25.4569	25.4579	33.4560	33.4635	33.4636	33.4635

由表 5-10 和表 5-11 可知，NPCR、UACI 和 BACI 的计算结果非常接近各自的理论值，说明 PRIC 系统具有强的密文敏感性。

5.5　本章小结

本章讨论了一种明文关联的数字图像加密系统（PRIC）及其 MATLAB 和 C♯语言实现方法，并详细分析了 PRIC 系统的安全性能。经典的基于混沌系统的数字图像密码系统多采用多轮的"置乱—扩散—置乱"结构，而 PRIC 系统则基于单轮的"扩散—置乱—扩散"结构，且采用明文关联的置乱操作（两个扩散操作均与明文无关）。对于 PRIC 系统而言，即使采用相同的密钥，不同的明文图像将对应不同的等价密钥和/或加密算法，从而得到完全不同的密文图像。性能分析表明，PRIC 系统（含密码发生器）比 AES-D-256 系统的加密/解密速度快，PRIC 系统（不含密码发生器）的处理速度近似为 AES-S-256 系统的加密/解密速度的 2 倍，且各项安全性能指标优秀，是一种具有实际应用价值的基于混沌系统的优秀图像加密系统。

第6章

加密算法与解密算法共享图像密码系统

典型的图像加密系统中,加密过程与解密过程是不同的,解密过程是加密过程的逆过程。尽管 DES 系统的加密环节与解密环节相同,但是加密过程与解密过程中密钥的生成顺序是不同的。本章将研究加密过程与解密过程完全相同的图像密码系统,称为 EADASIC (Encryption Algorithm and Decryption Algorithm Shared Image Cryptosystem)系统,又称为统一图像密码系统(Unified Image Cryptosystem),这是图像密码系统研究的重大突破[137]。对于 EADASIC 系统而言,如果输入明文图像和密钥,则输出密文图像;如果输入密文图像和密钥,则输出明文图像。

6.1 EADASIC 系统

EADASIC 系统使用了分段线性混沌映射(PWLCM),如式(6-1)所示。

$$x_{i+1} = F(x_i, p) = \begin{cases} \dfrac{x_i}{p}, & 0 \leqslant x_i < p \\[2mm] \dfrac{x_i - p}{0.5 - p}, & p \leqslant x_i < 0.5 \\[2mm] F(1 - x_i, p), & 0.5 \leqslant x_i < 1 \end{cases} \qquad (6\text{-}1)$$

其中,$x_i \in (0,1)$,$p \in (0,0.5)$。PWLCM 的 Lyapunov 指数为 $\lambda = -0.5\ln[p(0.5-p)]$,当 $p = 0.25$ 时,取得最小值 $\lambda_{\min} = 2\ln 2$。PWLCM 的相图如图 6-1 所示。

EADASIC 系统结构如图 6-2 所示,加密过程与解密过程完全相同,均包括密码产生模块、一次扩散算法-Ⅰ处理、一次明文关联的置乱处理、一次扩散算法-Ⅱ处理和一次矩阵旋转 180°操作。矩阵旋转 180°操作是指矩阵顺时针或逆时针旋转 180°,例如,矩阵 A 如式(6-2)所示。

$$A = \begin{bmatrix} a & b & c & d \\ e & f & g & h \end{bmatrix} \qquad (6\text{-}2)$$

则 A 旋转 180°得到的矩阵 B 如式(6-3)所示。

$$B = \begin{bmatrix} h & g & f & e \\ d & c & b & a \end{bmatrix} \qquad (6\text{-}3)$$

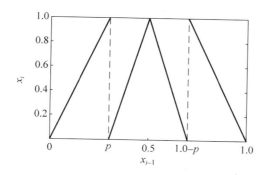

图 6-1　PWLCM 的相图

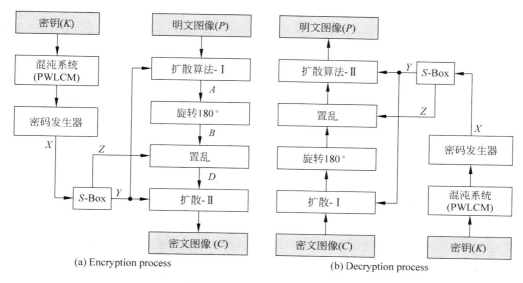

(a) Encryption process　　　　　　(b) Decryption process

图 6-2　EADASIC 系统结构

设明文图像记为 P，大小为 $M \times N$，这里 M 和 N 分别为图像的行数和列数。要求 N 必须为偶数，即 $N \bmod 2 = 0$。如果 N 不为偶数，则将图像 P 补上一个长度为 M 的零列向量，成为 $M \times (N+1)$ 的矩阵。密钥记为 K，长度取为 512 位，每 8 位为一组，密钥 $K = k_0 k_1 k_2 \cdots k_{63} = \{k_{2i} k_{2i+1}, i = 0, 1, 2, \cdots, 31\}$，其中，$k_i, i = 0, 1, 2, \cdots, 63$ 为长度为 8 位的非负整数，取值范围为 $0 \sim 255$。

EADASIC 系统的加密过程与解密过程完全相同，这里以加密过程为例（即输入为明文图像 P 和密钥 K，输出为密文图像 C），其处理过程如下。

1. 密码生成过程

Step 1. 将密钥 K 分成 32 组，第 i 组记为 $\{k_{2i} k_{2i+1}\}, i = 0, 1, 2, \cdots, 31$。

Step 2. 借助式(6-4)和式(6-5)用第 i 组的 k_{2i} 和 k_{2i+1} 生成 x_i 和 $p_i, i = 0, 1, 2, \cdots, 31$，

$$x_i = 0.1 + 0.8 \times \frac{256 k_{2i} + k_{2i+1}}{65536} \tag{6-4}$$

$$p_i = 0.01 + \frac{(k_{2i} + k_{2i+1}) \bmod 256}{256} \cdot \frac{1}{2 + x_i} \tag{6-5}$$

于是，由密钥 K 生成一个新的序列，记为 $S_1 = \{x_0 p_0 x_1 p_1 x_2 p_2 \cdots x_{31} p_{31}\}$。

Step 3. 将序列 S_1 分成 16 组，第 i 组记为 $\{x_{2i} p_{2i} x_{2i+1} p_{2i+1}\}$，$i = 0, 1, 2, \cdots, 15$。对于第 i 组，将 x_{2i} 和 p_{2i} 分别作为 PWLCM 的初值和参数，迭代 PWLCM 系统 16 次得到一个新的状态值，仍然记为 x_{2i}。然后，将 x_{2i+1} 和 p_{2i+1} 分别作为 PWLCM 的初值和参数，迭代 PWLCM 系统 16 次得到一个新的状态值，仍然记为 x_{2i+1}。令新的 $x_i = (x_{2i} + x_{2i+1}) \bmod 1$，新的 $p_i = (p_{2i} + p_{2i+1})/(2 + x_i) + 0.01$。于是，由序列 S_1 得到一个新的序列，记为 $S_2 = \{x_0 p_0 x_1 p_1 x_2 p_2 \cdots x_{14} p_{14} x_{15} p_{15}\}$。

Step 4. 将序列 S_2 分成 8 组，第 i 组记为 $\{x_{2i} p_{2i} x_{2i+1} p_{2i+1}\}$，$i = 0, 1, 2, \cdots, 7$。使用与 Step 3 相同的方法，由 S_2 得到一个新的序列 $S_3 = \{x_0 p_0 x_1 p_1 x_2 p_2 \cdots x_7 p_7\}$。类似地，由 S_3 得到 $S_4 = \{x_0 p_0 x_1 p_1 x_2 p_2 x_3 p_3\}$，由 S_4 得到 $S_5 = \{x_0 p_0 x_1 p_1\}$，由 S_5 得到 $S_6 = \{x_0 p_0\}$。

Step 5. 将 x_0 和 p_0 分别作为 PWLCM 的初值和参数，迭代 PWLCM 系统 n 次，得到一个状态序列，记为 $\{x_u, u = 1, 2, \cdots, n\}$，其中，$n = MN$。根据式（6-6）将 $\{x_u\}$ 转化为一个整数序列 $X = \{X_u, u = 1, 2, \cdots, n\}$。

$$X_u = \text{floor}(x_u \times 10^{15}) \bmod 256 \qquad (6\text{-}6)$$

上述 Step 1～Step 5 如图 6-3 所示。

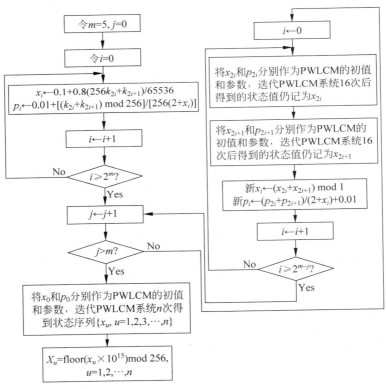

图 6-3　伪随机序列 X 的产生流程

Step 6. 将图 6-4 所示的 AES 算法中的 S 盒分为 4 个区域，在 z 轴方向上叠加这 4 个区域形成如图 6-5 所示的立体 S 盒。对于任意 $X_u \in X$，$u = 1, 2, \cdots, n$，X_u 可表示为 $X_u = d_7 d_6 d_5 d_4 d_3 d_2 d_1 d_0$，其中，$d_i \in \{0, 1\}$，$i = 0, 1, \cdots, 7$。如果令 $x = d_7 d_6 d_5$，$y = d_4 d_3 d_2$，且 $z = $

$d_1 d_0$，则查立体 S 盒得到的值记为 $\boldsymbol{Y}_u$；如果令 $x = d_5 d_4 d_3$，$y = d_2 d_1 d_0$，且 $z = d_7 d_6$，则查立体 S 盒得到的值记为 $\boldsymbol{Z}_u$。这样，可由 $\boldsymbol{X}$ 得到序列 $\boldsymbol{Y}$ 和 $\boldsymbol{Z}$。最后，将 $\boldsymbol{Y}$ 和 $\boldsymbol{Z}$ 各自按行排列为 M 行 N 列的矩阵，仍然记为 $\boldsymbol{Y}$ 和 $\boldsymbol{Z}$。

		0	1	2	3	4	5	6	7	8	9	A	B	C	D	E	F
								x									
	0	63	7C	77	7B	F2	6B	6F	C5	30	01	67	2B	FE	D7	AB	76
	1	CA	82	C9	7D	FA	59	47	F0	AD	D4	A2	AF	9C	A4	72	C0
	2	B7	FD	93	26	36	3F	F7	CC	34	A5	E5	F1	71	D8	31	15
	3	04	C7	23	C3	18	96	05	9A	07	12	80	E2	EB	27	B2	75
	4	09	83	2C	1A	1B	6E	5A	A0	52	3B	D6	B3	29	E3	2F	84
	5	53	D1	00	ED	20	FC	B1	5B	6A	CB	BE	39	4A	4C	58	CF
	6	D0	EF	AA	FB	43	4D	33	85	45	F9	02	7F	50	3C	9F	A8
y	7	51	A3	40	8F	92	9D	38	F5	BC	B6	DA	21	10	FF	F3	D2
	8	CD	0C	13	EC	5F	97	44	17	C4	A7	7E	3D	64	5D	19	73
	9	60	81	4F	DC	22	2A	90	88	46	EE	B8	14	DE	5E	0B	DB
	A	E0	32	3A	0A	49	06	24	5C	C2	D3	AC	62	91	95	E4	79
	B	E7	C8	37	6D	8D	D5	4E	A9	6C	56	F4	EA	65	7A	AE	08
	C	BA	78	25	2E	1C	A6	B4	C6	E8	DD	74	1F	4B	BD	8B	8A
	D	70	3E	B5	66	48	03	F6	0E	61	35	57	B9	86	C1	1D	9E
	E	E1	F8	98	11	69	D9	8E	94	9B	1E	87	E9	CE	55	28	DF
	F	8C	A1	89	0D	BF	E6	42	68	41	99	2D	0F	B0	54	BB	16

图 6-4　AES 算法的 S 盒

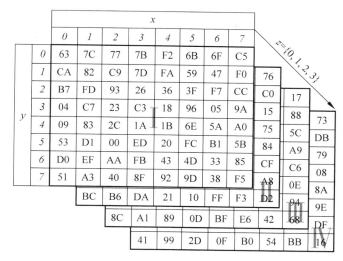

图 6-5　立体 S 盒

2. 扩散算法-Ⅰ

扩散算法-Ⅰ流程图如图 6-6 所示，其借助密码矩阵 $\boldsymbol{Y}$ 将明文图像 $\boldsymbol{P}$ 转换为矩阵 $\boldsymbol{A}$，具体步骤如下。

Step 1. 借助式(6-7)由 $\boldsymbol{P}(1,1)$ 得到 $\boldsymbol{A}(1,1)$，即

$$\boldsymbol{A}(1,1) = \boldsymbol{P}(1,1) \text{ XOR } \boldsymbol{Y}(1,1)$$

$$(6-7)$$

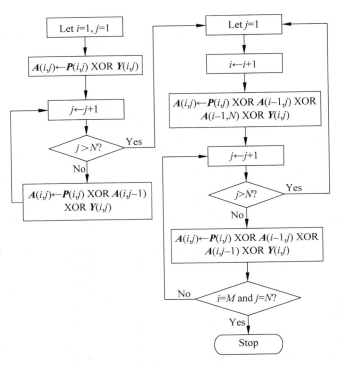

图 6-6 扩散算法-Ⅰ流程图

其中,XOR 表示按位异或运算。

Step 2. 借助式(6-8)由 $P(1,j)$ 得到 $A(1,j)$,$j=2,3,\cdots,N$,即

$$A(1,j) = P(1,j) \text{ XOR } A(1,j-1) \text{ XOR } Y(1,j), \quad j = 2,3,\cdots,N \quad (6\text{-}8)$$

Step 3. 对于 P 的第 i 行,$i=2,3,\cdots,M$,如果 $j=1$,则借助式(6-9)由 $P(i,1)$ 得到 $A(i,1)$;否则,借助式(6-10)由 $P(i,j)$ 得到 $A(i,j)$,$i=2,3,\cdots,M$。

$$A(i,1) = P(i,1) \text{ XOR } A(i-1,1) \text{ XOR } A(i-1,N) \text{ XOR } Y(i,1),$$
$$i = 2,3,\cdots,M \quad (6\text{-}9)$$

$$A(i,j) = P(i,j) \text{ XOR } A(i-1,j) \text{ XOR } A(i,j-1) \text{ XOR } Y(i,j),$$
$$i = 2,3,\cdots,M, \quad j = 2,3,\cdots,N \quad (6\text{-}10)$$

将由上述算法得到的矩阵 A 旋转 $180°$ 后的图像矩阵记为矩阵 B。

3. 明文关联的置乱算法

明文关联的置乱算法流程图如图 6-7 所示,其借助密码矩阵 Z 将矩阵 B 转换为图像矩阵 D,具体实现步骤如下。

Step 1. 对于矩阵 B 中的任一坐标点 $(i,j)(i=1,2,\cdots,M$;$j=1,2,\cdots,N)$,计算矩阵 B 的第 i 行的和(不计 $B(i,j)$),并计算矩阵 B 的第 j 列的和(不计 $B(i,j)$),分别记为 R_i 和 H_j。然后,计算一个新的坐标点 (m,n),按下述条件:

如果 $j \bmod 2 = 1$,那么 $m = [H_j + Z(i,j) + Z(M+1-i,N+1-j)] \bmod M+1$;
$$n = [R_i + Z(i,N+1-j) + Z(M+1-i,j)] \bmod N+1;$$

如果 $j \bmod 2 = 0$,那么 $m = M - [(H_j + Z(i,j) + Z(M+1-i,N+1-j)) \bmod M]$;
$$n = N - [(R_i + Z(i,N+1-j) + Z(M+1-i,j)) \bmod N]$$

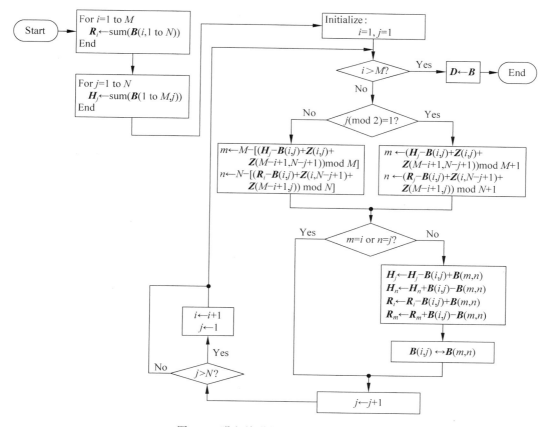

图 6-7 明文关联的置乱算法流程图

如果 $m=i$ 或 $n=j$，则 $B(i,j)$ 位置不变；否则，对换 $B(i,j)$ 和 $B(m,n)$。

Step 2. 按从左到右、从上到下的扫描方式遍历矩阵 B，依次循环执行 Step 1，实现置乱操作。矩阵 B 置乱后的矩阵记为 D。

4. 扩散算法-Ⅱ

扩散算法-Ⅱ流程图如图 6-8 所示，其借助密码矩阵 Y 将矩阵 D 变换为密文图像 C，具体步骤如下。

Step 1. 借助式(6-11)由 $D(1,1)$ 得到 $C(1,1)$，即

$$C(1,1) = D(1,1) \ \text{XOR} \ Y(1,1) \tag{6-11}$$

Step 2. 借助式(6-12)由 $D(1,j)$ 得到 $C(1,j)$，$j=2,3,\cdots,N$，即

$$C(1,j) = D(1,j) \ \text{XOR} \ D(1,j-1) \ \text{XOR} \ Y(1,j), \quad j=2,3,\cdots,N \tag{6-12}$$

Step 3. 对于 D 的第 i 行，$i=2,3,\cdots,M$，如果 $j=1$，则借助式(6-13)由 $D(i,1)$ 得到 $C(i,1)$；否则，借助式(6-14)由 $D(i,j)$ 得到 $C(i,j)$，$i=2,3,\cdots,M$。

$$C(i,1) = D(i,1) \ \text{XOR} \ D(i-1,1) \ \text{XOR} \ D(i-1,N) \ \text{XOR} \ Y(i,1),$$
$$i=2,3,\cdots,M \tag{6-13}$$

$$C(i,j) = D(i,j) \ \text{XOR} \ D(i-1,j) \ \text{XOR} \ D(i,j-1) \ \text{XOR} \ Y(i,j),$$
$$i=2,3,\cdots,M; \ j=2,3,\cdots,N \tag{6-14}$$

扩散算法-Ⅱ的输出 C 即为密文图像。

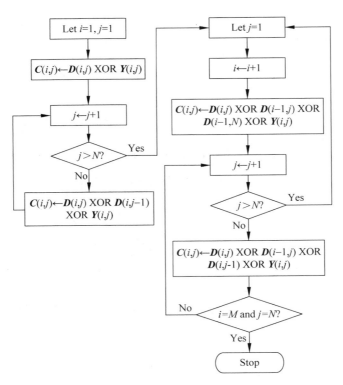

图 6-8　扩散算法-Ⅱ流程图

6.2　EADASIC MATLAB 程序

在 EADASIC 系统中,加密算法与解密算法完全相同,其 MATLAB 程序如程序 6-1～程序 6-5 所示。

【程序 6-1】　加密/解密函数 EADASIC。

```
1    function [C] = EADASIC(K,P)
2    P = double(P);[M,N] = size(P);
3    sbox2 = [
4    99, 124, 119, 123, 242, 107, 111, 197, 48, 1, 103, 43, 254, 215, 171, 118
5    202, 130, 201, 125, 250, 89, 71, 240, 173, 212, 162, 175, 156, 164, 114, 192
6    183, 253, 147, 38, 54, 63, 247, 204, 52, 165, 229, 241, 113, 216, 49, 21
7    4, 199, 35, 195, 24, 150, 5, 154, 7, 18, 128, 226, 235, 39, 178, 117
8    9, 131, 44, 26, 27, 110, 90, 160, 82, 59, 214, 179, 41, 227, 47, 132
9    83, 209, 0, 237, 32, 252, 177, 91, 106, 203, 190, 57, 74, 76, 88, 207
10   208, 239, 170, 251, 67, 77, 51, 133, 69, 249, 2, 127, 80, 60, 159, 168
11   81, 163, 64, 143, 146, 157, 56, 245, 188, 182, 218, 33, 16, 255, 243, 210
12   205, 12, 19, 236, 95, 151, 68, 23, 196, 167, 126, 61, 100, 93, 25, 115
13   96, 129, 79, 220, 34, 42, 144, 136, 70, 238, 184, 20, 222, 94, 11, 219
14   224, 50, 58, 10, 73, 6, 36, 92, 194, 211, 172, 98, 145, 149, 228, 121
15   231, 200, 55, 109, 141, 213, 78, 169, 108, 86, 244, 234, 101, 122, 174, 8
16   186, 120, 37, 46, 28, 166, 180, 198, 232, 221, 116, 31, 75, 189, 139, 138
```

```
17      112, 62, 181, 102, 72, 3, 246, 14, 97, 53, 87, 185, 134, 193, 29, 158
18      225, 248, 152, 17, 105, 217, 142, 148, 155, 30, 135, 233, 206, 85, 40, 223
19      140, 161, 137, 13, 191, 230, 66, 104, 65, 153, 45, 15, 176, 84, 187, 22
20      ];
```

第 3～20 行为 AES 算法的 S 盒。

```
21      sbox3 = zeros(8,8,4);
22      sbox3(:,:,1) = sbox2(1:8,1:8); sbox3(:,:,2) = sbox2(1:8,9:16);
23      sbox3(:,:,3) = sbox2(9:16,1:8); sbox3(:,:,4) = sbox2(9:16,9:16);
```

第 21～23 行由二维的 S 盒构造立体 S 盒，保存在 sbox3 中。

```
24      n = M * N; m = 5;
25      x0 = zeros(1,32); p0 = zeros(1,32);
26      Y = zeros(1,n); Z = zeros(1,n);
27      for i = 1:2^m
28          x0(i) = (K(2 * i - 1) * 256 + K(2 * i))/65536 * 0.8 + 0.1;
29          p0(i) = mod(K(2 * i - 1) + K(2 * i),256)/256;
30          p0(i) = p0(i)/(2 + x0(i)) + 0.01;
31      end
32      for j = 1:5
33          for i = 1:pow2(m - j)
34              for k = 1:16
35                  x0(2 * i - 1) = PWLCMEx(x0(2 * i - 1),p0(2 * i - 1));
36                  x0(2 * i) = PWLCMEx(x0(2 * i),p0(2 * i));
37              end
38              x0(i) = mod(x0(2 * i - 1) + x0(2 * i),1); % mod(x0(2 * i - 1) * pow2(8),1);
39              p0(i) = (p0(2 * i) + p0(2 * i - 1))/(2 + x0(i)) + 0.01;
40          end
41      end
42      x = zeros(1,n); x1 = x0(1);
43      p1 = p0(1);
44      for i = 1:n
45          x2 = PWLCMEx(x1,p1);   x(i) = x2;   x1 = x2;
```

第 35、36、45 行调用的 PWLCMEx 函数见程序 6-2，实现了分段线性混沌映射 PWLCM 的迭代处理。

```
46      end
47      X = mod(floor(x * 10^15),256);
48      for i = 1:n
49          kx = floor(X(i)/pow2(5)) + 1;
50          ky = mod(floor(X(i)/pow2(2)),8) + 1;
51          kz = mod(X(i),4) + 1;
52          Y(i) = sbox3(kx,ky,kz);
53          kz = floor(X(i)/pow2(6)) + 1;
54          kx = mod(floor(X(i)/pow2(3)),8) + 1;
55          ky = mod(X(i),8) + 1;
56          Z(i) = sbox3(kx,ky,kz);
57      end
```

第 24~57 行由密钥 K 生成密码序列 Y 和 Z,第 58 行将 Y 和 Z 按行折叠成 M 行 N 列的矩阵,这两个密码矩阵仍用 Y 和 Z 表示。

```
58      Y = transpose(reshape(Y,N,M));Z = transpose(reshape(Z,N,M));
59      % Forward Diffusion
60      A = FwDiffI(P,Y);
61      B = rot90(A,2);
62      % Scrambling
63      D = PRScramble(B,Z);
64      % Forward Diffusion II
65      C = FwDiffII(D,Y);
66      end
```

第 60 行调用 FwDiffI 函数执行扩散算法-Ⅰ由 P 得到 A,第 61 行将矩阵 A 旋转 180° 得到矩阵 B,第 63 行调用 PRScramble 函数执行明文关联的置乱算法由 B 得到 D,第 65 行调用 FwDiffII 函数执行扩散算法-Ⅱ由 D 得到密文图像 C。

程序 6-2 至程序 6-5 为 EADASIC 函数中调用的函数。

【程序 6-2】 PWLCMEx 函数。

```
1       function y = PWLCMEx(x,p)
2       if x == 0 || x == 1
3           disp('data overflow');   y = 0.013333;
4       end
5       if x < p
6           y = x/p;
7       elseif x < 0.5
8           y = (x - p)/(0.5 - p);
9       else
10          x = 1 - x;
11          if x < p
12              y = x/p;
13          else
14              y = (x - p)/(0.5 - p);
15          end
16      end
17      end
```

程序 6-2 实现了分段线性混沌映射 PWLCM。

【程序 6-3】 扩散算法-Ⅰ的函数 FwDiffI。

```
1       function [A] = FwDiffI(P,Y)
2       [M,N] = size(P);
3       A = zeros(M,N);
4       for i = 1:M
5           for j = 1:N
6               if i == 1 && j == 1
7                   A(i,j) = bitxor(P(i,j),Y(i,j));
8               elseif i == 1
9                   A(i,j) = bitxor(bitxor(P(i,j),A(i,j-1)),Y(i,j));
10              elseif j == 1
```

```
11              A(i,j) = bitxor(bitxor(bitxor(P(i,j),A(i-1,j)),A(i-1,N)),Y(i,j));
12          else
13              A(i,j) = bitxor(bitxor(bitxor(P(i,j),A(i-1,j)),A(i,j-1)),Y(i,j));
14          end
15      end
16  end
17  end
```

程序 6-3 实现了扩散算法-Ⅰ，由 P 和密码矩阵 Y 得到图像矩阵 A。

【程序 6-4】 置乱算法的函数 PRScramble。

```
1   function E = PRScramble(D,Z)
2   [M,N] = size(D);
3   H = sum(D);R = sum(transpose(D));
4   for i = 1:M
5       for j = 1:N
6           if mod(j,2) == 1
7               m = mod(H(j) - D(i,j) + Z(i,j) + Z(M-i+1,N-j+1),M) + 1;
8               n = mod(R(i) - D(i,j) + Z(i,N-j+1) + Z(M-i+1,j),N) + 1;
9           else
10              m = M - mod(H(j) - D(i,j) + Z(i,j) + Z(M-i+1,N-j+1),M);
11              n = N - mod(R(i) - D(i,j) + Z(i,N-j+1) + Z(M-i+1,j),N);
12          end
13          if m == i || n == j
14          else
15              H(j) = H(j) - D(i,j) + D(m,n);
16              H(n) = H(n) + D(i,j) - D(m,n);
17              R(i) = R(i) - D(i,j) + D(m,n);
18              R(m) = R(m) + D(i,j) - D(m,n);
19              t = D(i,j);
20              D(i,j) = D(m,n);
21              D(m,n) = t;
22          end
23      end
24  end
25  E = D;
26  end
```

程序 6-4 实现了明文关联的置乱算法，借助密码矩阵 Z 由 D 得到矩阵 E。

【程序 6-5】 扩散算法-Ⅱ的函数 FwDiffII。

```
1   function [C] = FwDiffII(P,Y)
2   [M,N] = size(P);
3   A = zeros(M,N);
4   for i = 1:M
5       for j = 1:N
6           if i == 1 && j == 1
7               A(i,j) = bitxor(P(i,j),Y(i,j));
8           elseif i == 1
9               A(i,j) = bitxor(bitxor(P(i,j),P(i,j-1)),Y(i,j));
10          elseif j == 1
```

```
11              A(i,j) = bitxor(bitxor(bitxor(P(i,j),P(i-1,j)),P(i-1,N)),Y(i,j));
12          else
13              A(i,j) = bitxor(bitxor(bitxor(P(i,j),P(i-1,j)),P(i,j-1)),Y(i,j));
14          end
15      end
16  end
17  C = A;
18  end
```

程序 6-5 实现了扩散算法-Ⅱ,借助密码矩阵 Y 由 P 得到图像矩阵 C。

在程序 6-1 所示的加密/解密函数 EADASIC 中,如果输入为密钥 **K** 和明文图像 **P**,则输出密文图像 **C**;如果输入为密钥 **K** 和密文图像 **C**,则输出还原后的明文图像 **P**。

基于上述的加密/解密函数 EADASIC,借助程序 6-6 进行仿真实验,依次对图像 Lena、Baboon、Pepper、Plane、全黑图像和全白图像进行加密/解密操作,结果如图 6-9 所示。

【**程序 6-6**】 EADASIC 系统加密与解密仿真实验。

```
1   % filename: pc020.m
2   clc;clear;close all;
3   M = 256;N = 256;
4   P1 = imread('Lena.tif');P2 = imread('Baboon.tif');
5   P3 = imread('Pepper.tif');P4 = imread('Plane.tif');
6   P5 = zeros(M,N);P6 = ones(M,N) * 255;
7   iptsetpref('imshowborder','tight');
8   figure(1);imshow(P1);figure(2);imshow(P2);
9   figure(3);imshow(P3);figure(4);imshow(P4);
10  figure(5);imshow(uint8(P5));figure(6);imshow(uint8(P6));
11  K = [250,30,215,133,116,122,30,53,98,7,251,214,192,231,203,209,…
12      45,17,158,83,152,53,49,29,99,237,44,194,42,188,239,255,…
13      234,66,44,30,64,242,28,7,19,183,44,38,171,123,49,211,…
14      249,187,181,215,179,120,116,130,131,32,171,125,16,172,89,152];
15  tic;
16  C1 = EADASIC(K,P1);C2 = EADASIC(K,P2);C3 = EADASIC(K,P3);
17  C4 = EADASIC(K,P4);C5 = EADASIC(K,P5);C6 = EADASIC(K,P6);
18  figure(7);imshow(uint8(C1));figure(8);imshow(uint8(C2));
19  figure(9);imshow(uint8(C3));figure(10);imshow(uint8(C4));
20  figure(11);imshow(uint8(C5));figure(12);imshow(uint8(C6));
21  P11 = EADASIC(K,C1);P21 = EADASIC(K,C2);P31 = EADASIC(K,C3);
22  P41 = EADASIC(K,C4);P51 = EADASIC(K,C5);P61 = EADASIC(K,C6);
23  figure(13);imshow(uint8(P11));figure(14);imshow(uint8(P21));
24  figure(15);imshow(uint8(P31));figure(16);imshow(uint8(P41));
25  figure(17);imshow(uint8(P51));figure(18);imshow(uint8(P61));
26  toc;
```

程序 6-6 中,第 4～6 行读入明文图像 Lena、Baboon、Pepper、Plane、全黑图像和全白图像,保存在 P1～P6 中。不失一般性,第 11～14 行设定密钥为"250,30,215,133,116,122,30,53,98,7,251,214,192,231,203,209,45,17,158,83,152,53,49,29,99,237,44,194,42,188,239,255,234,66,44,30,64,242,28,7,19,183,44,38,171,123,49,211,249,187,181,215,179,120,116,130,131,32,171,125,16,172,89,152"(十进制形式);第 16～17 行将明

文图像 P1～P6 分别加密为密文图像 C1～C6,如图 6-9(a)～(f)所示；第 21～22 行将密文图像 C1～C6 分别解密为图像 P11～P61,如图 6-9(g)～(l)所示。注意,这里加密过程和解密过程均使用了同一个函数 EADASIC。

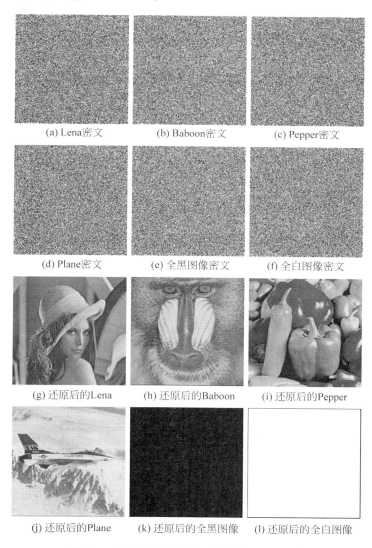

(a) Lena密文　　　　(b) Baboon密文　　　　(c) Pepper密文

(d) Plane密文　　　　(e) 全黑图像密文　　　　(f) 全白图像密文

(g) 还原后的Lena　　　(h) 还原后的Baboon　　(i) 还原后的Pepper

(j) 还原后的Plane　　(k) 还原后的全黑图像　(l) 还原后的全白图像

图 6-9　EADASIC 系统加密与解密实验结果

由图 6-9 可知,密文图像呈噪声样式,不具有可视信息,而解密还原后的图像与明文图像完全相同。

6.3　EADASIC C♯程序

在第 5.3 节项目 MyCSFrame 的基础上添加一个新类 MyEADASIC(文件 MyEADASIC.cs)；然后,在组合选择框 cmbBoxSelectMethod 的 items 属性中添加一项 EADASIC(注：EADASIC 单独占一行)；最后修改 MainForm.cs 文件,得到 C♯语言的 EADASIC 图像密

码系统工程。为了节省篇幅，MainForm. cs 文件仅给出新添加的代码，并进行了注解和说明。

　　设计完成后的项目 MyCSFrame 的运行情况如图 6-10～图 6-12 所示。在图 6-10 中，选择了 EADASIC 算法后，则密钥输入区 Secret Keys 中有 16 个文本编辑框处于可输入状态，每个文本框中输入 8 个十六进制数（即 0～9 和 A～F 或 a～f 中的 8 个），16 个文本框共需要输入 128 个十六进制数，即密钥长度为 512 位。在图 6-10～图 6-12 中，输入了密钥后，单击 Encrypt 显示加密后的图像，单击 Decrypt 显示解密后的图像。

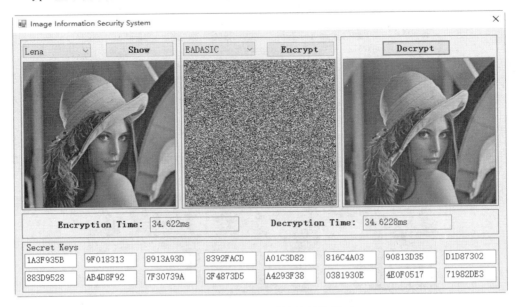

图 6-10　EADASIC 系统运行结果-Ⅰ

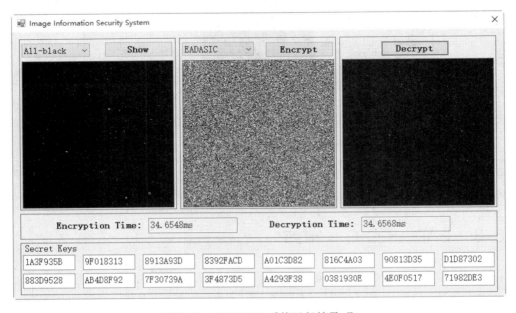

图 6-11　EADASIC 系统运行结果-Ⅱ

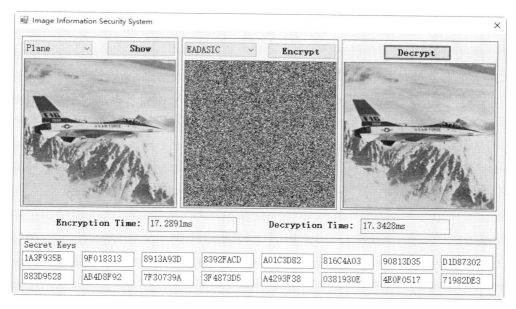

图 6-12 EADASIC 系统运行结果-Ⅲ

图 6-10 中选择了明文图像 Lena,图 6-11 中选择了全黑明文图像,图 6-12 中选择了明文图像 Plane。图 6-10 和图 6-11 中显示的加密和解密时间为 EADASIC 系统包含了密码发生器的加密和解密处理时间;而图 6-12 中,EADASIC 系统的加密和解密时间为 EADASIC 系统不含密码发生器的加密和解密时间。由于 EADASIC 系统的加密过程与解密过程是完全相同的(调用了同一个函数),所以,严格意义上讲,EADASIC 的加密与解密时间是相同的,但是,在实际运行 EADASIC 系统时,由于计算机内存和计算机运行资源的动态变化,使得 EADASIC 系统的加密时间与解密时间稍有不同。

经过多次运行图 6-10 所示的 EADASIC 系统,测得的 EADASIC 系统(含密码发生器)的加密或解密时间最快为 34.5064ms,相当于加密或解密速度为 15.1939Mb/s;经过多次运行图 6-12 所示的 EADASIC 系统,测得的 EADASIC 系统(不含密码发生器)的加密或解密时间最快为 17.0123ms,相当于加密或解密速度为 30.8182Mb/s。

下面介绍 MyEADASIC.cs 文件和 MainForm.cs 文件中新添加的内容,由于代码较长,故将中文注解放在每个方法(或函数)的后面。

【程序 6-7】 MyEADASIC.cs 文件。

```
1    using System;
2
3    namespace MyCSFrame
4    {
5        class MyEADASIC
6        {
7            private readonly int height = 256;
8            private readonly int width = 256;
```

第 7、8 行定义图像的行数 height 和列数 width 均为 256。

```
9          private byte[,] plainImage = new byte[256, 256];
10         private byte[,] cipherImage = new byte[256, 256];
11         private byte[,] recoveredImage = new byte[256, 256];
12         private byte[] key = new byte[64];
13
```

第9～12行定义存放明文图像、密文图像、解密后的图像和密钥的数组 plainImage、cipherImage、recoveredImage 和 key。

```
14         private byte[,] Y = new byte[256, 256];
15         private byte[,] Z = new byte[256, 256];
16
```

第14、15行定义密码矩阵 Y 和 Z。

```
17         public void setPlainImage(MyImageData myImDat)
18         {
19             for (int i = 0; i < 256; i++)
20                 for (int j = 0; j < 256; j++)
21                     plainImage[i, j] = myImDat.PlainImage[i, j];
22         }
```

第17～22行的方法 setPlainImage 用于从对象 myImDat 中读取明文图像。

```
23         public void getCipherImage(MyImageData myImDat)
24         {
25             for (int i = 0; i < 256; i++)
26                 for (int j = 0; j < 256; j++)
27                     myImDat.CipherImage[i, j] = cipherImage[i, j];
28         }
```

第23～28行的方法 getCipherImage 用于将密文图像赋给对象 myImDat 中的成员 CipherImage。

```
29         public void getRecoveredImage(MyImageData myImDat)
30         {
31             for (int i = 0; i < 256; i++)
32                 for (int j = 0; j < 256; j++)
33                     myImDat.RecoveredImage[i, j] = recoveredImage[i, j];
34         }
```

第29～34行的方法 getRecoveredImage 用于将解密后的图像赋给对象 myImDat 中的成员 RecoveredImage。

```
35         double PWLCM(double x, double p)
36         {
37             double y;
38             if (x < p)
39                 y = x / p;
40             else if (x < 0.5)
41                 y = (x - p) / (0.5 - p);
42             else
```

```
43                  y = PWLCM(1 - x, p);
44              return y;
45          }
```

第 35~45 行为 PWLCM 函数，使用了递归调用方法。

```
46          public void MyKeyGen(byte[ ] key)
47          {
48              int i;
49              for (i = 0; i < key.Length; i++)
50                  this.key[i] = key[i];
51          }
```

第 46~51 行的公有方法 MyKeyGen 用于向私有的密钥 key 赋值。

```
52          byte[,,] sbox3 = new byte[4, 8, 8]
53          {{{99, 124, 119, 123, 242, 107, 111, 197},
54          {202, 130, 201, 125, 250, 89, 71, 240},
55          {183, 253, 147, 38, 54, 63, 247, 204},
56          {4, 199, 35, 195, 24, 150, 5, 154},
57          { 9, 131, 44, 26, 27, 110, 90, 160},
58          {83, 209, 0, 237, 32, 252, 177, 91},
59          {208, 239, 170, 251, 67, 77, 51, 133},
60          {81, 163, 64, 143, 146, 157, 56, 245}},
61          {{48, 1, 103, 43, 254, 215, 171, 118},
62          {173, 212, 162, 175, 156, 164, 114, 192},
63          {52, 165, 229, 241, 113, 216, 49, 21},
64          {7, 18, 128, 226, 235, 39, 178, 117},
65          {82, 59, 214, 179, 41, 227, 47, 132},
66          {106, 203, 190, 57, 74, 76, 88, 207},
67          {69, 249, 2, 127, 80, 60, 159, 168},
68          {188, 182, 218, 33, 16, 255, 243, 210}},
69          {{205, 12, 19, 236, 95, 151, 68, 23},
70          {96, 129, 79, 220, 34, 42, 144, 136},
71          {224, 50, 58, 10, 73, 6, 36, 92},
72          {231, 200, 55, 109, 141, 213, 78, 169},
73          {186, 120, 37, 46, 28, 166, 180, 198},
74          {112, 62, 181, 102, 72, 3, 246, 14},
75          {225, 248, 152, 17, 105, 217, 142, 148},
76          {140, 161, 137, 13, 191, 230, 66, 104}},
77          {{196, 167, 126, 61, 100, 93, 25, 115},
78          {70, 238, 184, 20, 222, 94, 11, 219},
79          {194, 211, 172, 98, 145, 149, 228, 121},
80          {108, 86, 244, 234, 101, 122, 174, 8},
81          {232, 221, 116, 31, 75, 189, 139, 138},
82          {97, 53, 87, 185, 134, 193, 29, 158},
83          {155, 30, 135, 233, 206, 85, 40, 223},
84          {65, 153, 45, 15, 176, 84, 187, 22}}};
```

第 52~84 行为立体 S 盒 sbox3。

```
85          public void MyMatrixGen()
```

```
86          {
87              double[ ] x0 = new double[32];
88              double[ ] p0 = new double[32];
89              int i, j, k;
90              for (i = 0; i < 32; i++)
91              {
92                  x0[i] = 0.1 + 0.8 * (key[2 * i] * 256 + key[2 * i + 1]) / 65536.0;
93                  p0[i] = ((key[2 * i] + key[2 * i + 1]) % 256) / 256.0;
94                  p0[i] = p0[i] / (2.0 + x0[i]) + 0.01;
95              }
96              for (j = 0; j < 5; j++)
97              {
98                  for (i = 0; i < (1 << (5 - j - 1)); i++)
99                  {
100                     for (k = 0; k < 16; k++)
101                     {
102                         x0[2 * i] = PWLCM(x0[2 * i], p0[2 * i]);
103                         x0[2 * i + 1] = PWLCM(x0[2 * i + 1], p0[2 * i + 1]);
104                     }
105                     x0[i] = x0[2 * i] + x0[2 * i + 1];
106                     x0[i] = x0[i] - (int)x0[i];
107                     p0[i] = (p0[2 * i] + p0[2 * i + 1]) / (2.0 + x0[i]) + 0.01;
108                 }
109             }
110             double xx0 = x0[0], pp0 = p0[0];
111             byte X;
112             int kx, ky, kz;
113             for (i = 0; i < height; i++)
114             {
115                 for (j = 0; j < width; j++)
116                 {
117                     xx0 = PWLCM(xx0, pp0);
118                     X = Convert.ToByte(Convert.ToInt64(xx0 * 1e15) % 256);
119                     kx = X / 32;
120                     ky = (X / 4) % 8;
121                     kz = X % 4;
122                     Y[i, j] = sbox3[kz, kx, ky];
123                     kz = X / 64;
124                     kx = (X / 8) % 8;
125                     ky = X % 8;
126                     Z[i, j] = sbox3[kz, kx, ky];
127                 }
128             }
129         }
```

第 85～129 行的公有方法 MyMatrixGen 用于由密钥 key 生成密码矩阵 Y 和 Z。

```
130             private void FwDiffI(byte[,] A, byte[,] P, byte[,] Y)
131             {
132                 int i, j;
133                 for (i = 0; i < height; i++)
```

```
134                {
135                    for (j = 0; j < width; j++)
136                    {
137                        if ((i == 0) && (j == 0))
138                        {
139                            A[i, j] = Convert.ToByte(P[i, j] ^ Y[i, j]);
140                        }
141                        else if (i == 0)
142                        {
143                            A[i, j] = Convert.ToByte(P[i, j] ^ A[i, j - 1] ^ Y[i, j]);
144                        }
145                        else if (j == 0)
146                        {
147            A[i, j] = Convert.ToByte(P[i,j]^ A[i - 1, j] ^ A[i - 1, width - 1] ^ Y[i, j]);
148                        }
149                        else
150                        {
151                            A[i,j] = Convert.ToByte(P[i, j] ^ A[i - 1, j] ^ A[i, j - 1] ^ Y[i, j]);
152                        }
153                    }
154                }
155            }
```

第 130～155 行的私有方法 FwDiffI 实现图 6-2 中的扩散算法-Ⅰ,借助密码矩阵 Y 将 P 转换为图像矩阵 A。

```
156            private void FwDiffII(byte[,] A, byte[,] P, byte[,] Y)
157            {
158                int i, j;
159                for (i = 0; i < height; i++)
160                {
161                    for (j = 0; j < width; j++)
162                    {
163                        if ((i == 0) && (j == 0))
164                        {
165                            A[i, j] = Convert.ToByte(P[i, j] ^ Y[i, j]);
166                        }
167                        else if (i == 0)
168                        {
169                            A[i, j] = Convert.ToByte(P[i, j] ^ P[i, j - 1] ^ Y[i, j]);
170                        }
171                        else if (j == 0)
172                        {
173            A[i,j] = Convert.ToByte(P[i,j]^ P[i - 1, j] ^ P[i - 1, width - 1] ^ Y[i, j]);
174                        }
175                        else
176                        {
177                            A[i,j] = Convert.ToByte(P[i, j] ^ P[i - 1, j] ^ P[i, j - 1] ^ Y[i, j]);
178                        }
179                    }
180                }
```

```
181              }
```

第 156～181 行的私有方法 FwDiffII 实现了图 6-2 中的扩散算法-Ⅱ，借助密码矩阵 Y 将 P 转换为矩阵 A。

```
182          private void PRScramble(byte[,] D, byte[,] Z)
183          {
184              int[] R = new int[height], H = new int[width];
185              int i, j, m, n;
186              for (i = 0; i < height; i++)
187              {
188                  R[i] = 0;
189                  for (j = 0; j < width; j++)
190                      R[i] += D[i, j];
191              }
192              for (j = 0; j < width; j++)
193              {
194                  H[j] = 0;
195                  for (i = 0; i < height; i++)
196                      H[j] += D[i, j];
197              }
198              for (i = 0; i < height; i++)
199              {
200                  for (j = 0; j < width; j++)
201                  {
202                      if (j % 2 == 1)
203                      {
204                          m = (H[j] − D[i, j] + Z[i, j] + Z[height − i − 1, width − j − 1])
                                                          % height
205                          n = (R[i] − D[i, j] + Z[i, width − j − 1] + Z[height − i − 1, j])
                                                          % width
206                      }
207                      else
208                      {
209              m = width − 1 − ((H[j] − D[i, j] + Z[i, j] + Z[height − i − 1, width − j − 1])
                                                          % height);
210              n = height − 1 − ((R[i] − D[i, j] + Z[i, width − j − 1] + Z[height − i − 1, j])
                                                          % width);
211                      }
212                      if ((m == i) || (n == j))
213                      {
214                      }
215                      else
216                      {
217                          H[j] = H[j] − D[i, j] + D[m, n];
218                          H[n] = H[n] + D[i, j] − D[m, n];
219                          R[i] = R[i] − D[i, j] + D[m, n];
220                          R[m] = R[m] + D[i, j] − D[m, n];
221                          byte t = D[i, j];
222                          D[i, j] = D[m, n];
223                          D[m, n] = t;
```

```
224                              }
225                          }
226                      }
227                  }
```

第 182～227 行的方法 PRScramble 实现了图 6-2 中的置乱算法,借助密码矩阵 Z 置乱矩阵 D。

```
228          private void Rot180(byte[,] D, byte[,] A)
229          {
230              for (int i = 0; i < height; i++)
231              {
232                  for (int j = 0; j < width; j++)
233                  {
234                      D[i, j] = A[height - 1 - i, width - 1 - j];
235                  }
236              }
237          }
```

第 228～237 行的方法 Rot180 将矩阵 A 旋转 180°,保存在矩阵 D 中。

```
238          public void EADASIC(byte[,] InIm,byte[,] OutIm)
239          {
240              byte[,] A = new byte[height, width];
241              byte[,] D = new byte[height, width];
242              FwDiffI(A, InIm, Y);
243              Rot180(D, A);
244              PRScramble(D, Z);
245              FwDiffII(OutIm, D, Y);
246          }
```

第 238～246 行的公有方法 EADASIC 为 EADASIC 系统的加密或解密函数,将输入图像 InIm 变换为输出图像 OutIm,如果输入图像是明文,则输出图像为密文；如果输入图像是密文,则输出图像是还原后的明文。

```
247          public void EADASICEnc()
248          {
249              MyMatrixGen();
250              EADASIC(plainImage, cipherImage);
251
252          }
```

第 247～252 行的方法 EADASICEnc 为 EADASIC 系统的加密过程,第 249 行调用方法 MyMatrixGen 产生密码矩阵 Y 和 Z,然后,第 250 行调用 EADASIC 方法,输入为明文图像,输出为密文图像。

```
253          public void EADASICDec()
254          {
255              MyMatrixGen();
256              EADASIC(cipherImage, recoveredImage);
257          }
```

第 253~257 行的方法 EADASICDec 为 EADASIC 系统的解密过程,第 255 行调用方法 MyMatrixGen 产生密码矩阵 Y 和 Z,然后,第 256 行调用 EADASIC 方法,输入为密文图像,输出为还原后的图像。

```
258            public void EADASICEncEx()
259            {
260                    EADASIC(plainImage, cipherImage);
261            }
```

第 258~261 行的方法 EADASICEncEx 为不含密码发生器的 EADASIC 加密方法。

```
262            public void EADASICDecEx()
263            {
264                    EADASIC(cipherImage, recoveredImage);
265            }
266        }
267    }
```

第 262~265 行的方法 EADASICDecEx 为不含密码发生器的 EADASIC 解密方法。

【程序 6-8】 MainForm.cs 文件中新添加的内容(相对于程序 5-7 而言)。

```
1    using System;
2    using System.Diagnostics;
3    using System.Drawing;
4    using System.Windows.Forms;
5
6    namespace MyCSFrame
7    {
8        public partial class MainForm : Form
9        {
```

第 10~44 行因代码不变而忽略。

第 45 行定义类 MyEADASIC 的实例 myEADASIC。

```
45            MyEADASIC myEADASIC = new MyEADASIC();
```

第 46~58 行因代码不变而忽略。

```
59            private void cmbBoxSelectMethod_SelectedIndexChanged(object sender,
60                EventArgs e)
61            {
```

第 62~112 行因代码不变而忽略。

如果组合选择框选择了 EADASIC,即第 113 行为真,则使得 txtKey01~txtKey16 处于可编辑状态(第 115~122 行),用于输入密钥。

```
113                    if(cmbBoxSelectMethod.Text.Equals("EADASIC"))
114                    {
115                        txtKey01.ReadOnly = false; txtKey02.ReadOnly = false;
116                        txtKey03.ReadOnly = false; txtKey04.ReadOnly = false;
117                        txtKey05.ReadOnly = false; txtKey06.ReadOnly = false;
118                        txtKey07.ReadOnly = false; txtKey08.ReadOnly = false;
```

```
119                        txtKey09.ReadOnly = false; txtKey10.ReadOnly = false;
120                        txtKey11.ReadOnly = false; txtKey12.ReadOnly = false;
121                        txtKey13.ReadOnly = false; txtKey14.ReadOnly = false;
122                        txtKey15.ReadOnly = false; txtKey16.ReadOnly = false;
123                    }
124                }
125            private void btnEncrypt_Click(object sender, EventArgs e)
126            {
```

第 127～640 行因代码不变而忽略。

如果组合选择框选择了 EADASIC，即第 641 行为真，则进行 EADASIC 系统加密处理。

```
641                    if (cmbBoxSelectMethod.Text.Equals("EADASIC"))          //对于 EADASIC
642                    {
643                        byte[] key = new byte[64];
644                        try
645                        {
646                            for (int i = 0; i < 16; i++)
647                            {
648                                key[4 * i] = 0; key[4 * i + 1] = 0;
649                                key[4 * i + 2] = 0; key[4 * i + 3] = 0;
650                                TextBox tb = (TextBox)Controls.Find("txtKey" +
651                                    (i / 9).ToString() + ((i + 1) % 10).ToString(), true)[0];
652                                string sv = tb.Text;
653                                if (sv[0] >= '0' && sv[0] <= '9')
654                                {
655                                    key[4 * i] = Convert.ToByte(key[4 * i]
656                                        + (sv[0] - '0') * 16);
657                                }
658                                else
659                                {
660                                    key[4 * i] = Convert.ToByte(key[4 * i]
661                                        + (Char.ToLower(sv[0]) - 'a' + 10) * 16);
662                                }
663                                if (sv[1] >= '0' && sv[1] <= '9')
664                                {
665                                    key[4 * i] = Convert.ToByte(key[4 * i]
666                                        + (sv[1] - '0'));
667                                }
668                                else
669                                {
670                                    key[4 * i] = Convert.ToByte(key[4 * i]
671                                        + (Char.ToLower(sv[1]) - 'a' + 10));
672                                }
673                                if (sv[2] >= '0' && sv[2] <= '9')
674                                {
675                                    key[4 * i + 1] = Convert.ToByte(key[4 * i + 1]
676                                        + (sv[2] - '0') * 16);
677                                }
```

```
678              else
679              {
680                  key[4 * i + 1] = Convert.ToByte(key[4 * i + 1]
681                      + (Char.ToLower(sv[2]) - 'a' + 10) * 16);
682              }
683              if (sv[3] >= '0' && sv[3] <= '9')
684              {
685                  key[4 * i + 1] = Convert.ToByte(key[4 * i + 1]
686                      + (sv[3] - '0'));
687              }
688              else
689              {
690                  key[4 * i + 1] = Convert.ToByte(key[4 * i + 1]
691                      + (Char.ToLower(sv[3]) - 'a' + 10));
692              }
693
694              if (sv[4] >= '0' && sv[4] <= '9')
695              {
696                  key[4 * i + 2] = Convert.ToByte(key[4 * i + 2]
697                      + (sv[4] - '0') * 16);
698              }
699              else
700              {
701                  key[4 * i + 2] = Convert.ToByte(key[4 * i + 2]
702                      + (Char.ToLower(sv[4]) - 'a' + 10) * 16);
703              }
704              if (sv[5] >= '0' && sv[5] <= '9')
705              {
706                  key[4 * i + 2] = Convert.ToByte(key[4 * i + 2]
707                      + (sv[5] - '0'));
708              }
709              else
710              {
711                  key[4 * i + 2] = Convert.ToByte(key[4 * i + 2]
712                      + (Char.ToLower(sv[5]) - 'a' + 10));
713              }
714              if (sv[6] >= '0' && sv[6] <= '9')
715              {
716                  key[4 * i + 3] = Convert.ToByte(key[4 * i + 3]
717                      + (sv[6] - '0') * 16);
718              }
719              else
720              {
721                  key[4 * i + 3] = Convert.ToByte(key[4 * i + 3]
722                      + (Char.ToLower(sv[6]) - 'a' + 10) * 16);
723              }
724              if (sv[7] >= '0' && sv[7] <= '9')
725              {
```

```
726                                 key[4 * i + 3] = Convert.ToByte(key[4 * i + 3]
727                                     + (sv[7] - '0'));
728                                 }
729                             else
730                             {
731                                 key[4 * i + 3] = Convert.ToByte(key[4 * i + 3]
732                                     + (Char.ToLower(sv[7]) - 'a' + 10));
733                                 }
734                             }
```

第 643～734 行为将文本编辑框 txtKey01～txtKey16 中的输入转换为 512 位的密钥
（即读出 txtKey01～txtKey16 中的十六进制值赋值给含 64 个 8 位元素的数组 key）。

```
735                     myEADASIC.MyKeyGen(key);
736                     myEADASIC.setPlainImage(myImageData);
737                     //myEADASIC.MyMatrixGen();
738                     Stopwatch sw = new Stopwatch();
739                     sw.Start();
740                     myEADASIC.EADASICEnc();
741                     //myEADASIC.EADASICEncEx();
742                     sw.Stop();
743                     TimeSpan ts = sw.Elapsed;
744                     txtEncTime.Text = ts.TotalMilliseconds.ToString() + "ms";
745                     myEADASIC.getCipherImage(myImageData);
746                     picBoxCipher.Image = myImageData.MyShowCipherImage();
747                     btnDecrypt.Enabled = true;
748                     }
```

第 735 行调用对象 myEADASIC 的方法 MyKeyGen 将 key 赋给对象 myEADASIC 的
私有成员 key。第 736 行将对象 myImageData 中的明文图像数据读入到 myEADASIC 对
象中；第 740 行调用对象 myEADASIC 的方法 EADASICEnc 执行加密处理；第 746 行将
对象 myEADASIC 中的密文图像赋给对象 myImageData。

```
749                 catch (FormatException fe)
750                 {
751                     string str = fe.ToString();
752                 }
753                 catch (IndexOutOfRangeException iore)
754                 {
755                     string str = iore.ToString();
756                 }
757             }
758         }
759         private void btnDecrypt_Click(object sender, EventArgs e)
760         {
```

第 761～941 行因代码不变而忽略。

```
941                 if (cmbBoxSelectMethod.Text.Equals("EADASIC"))          //For EADASIC
942                 {
943                     try
```

```
944              {
945                  //myEADASIC.MyMatrixGen();
946                  Stopwatch sw = new Stopwatch();
947                  sw.Start();
948                  myEADASIC.EADASICDec();
949                  //myEADASIC.EADASICDecEx();
950                  sw.Stop();
951                  TimeSpan ts = sw.Elapsed;
952                  txtDecTime.Text = ts.TotalMilliseconds.ToString() + "ms";
953                  myEADASIC.getRecoveredImage(myImageData);
954              picBoxRecovered.Image = myImageData.MyShowRecoveredImage();
955              }
956          catch (FormatException fe)
957          {
958              string str = fe.ToString();
959          }
960      }
961    }
962  }
963 }
```

第 948 行调用对象 myEADASIC 的方法 EADASICDec 进行解密操作；第 953 行将 myEADASIC 对象中的解密图像数据赋给对象 myImageData。

6.4 EADASIC 系统性能分析

采用第 4 章列举的图像密码系统安全性能评价方法，下面从加密/解密速度、密钥空间、信息熵、统计特性、密钥敏感性、明文敏感性和密文敏感性分析七个方面评估 EADASIC 系统的安全性能。由于 EADASIC 系统性能测试程序与第 4 章的程序类似，为了节省篇幅，这里不再给出具体的算法程序。

1. 加密/解密速度

不失一般性，密钥 **K** 取为图 6-10 中的密钥，以大小为 256×256 像素的 Lena 或 Plane 图像为例，多次运行图 6-10 和图 6-12 所示的 EADASIC 系统（注：图 6-10 中每次加密和解密处理的时间都包括密码生成函数的执行时间，图 6-12 中每次加密与解密处理的时间都不包含密码生成函数的执行时间），以最快的加密速度和解密速度为 EADASIC 系统的加密和解密速度，计算结果列于表 6-1 中。

表 6-1 C#语言下加密与解密速度

项　　目	加密速度/(Mb/s)	解密速度/(Mb/s)
EADASIC 系统（含密码生成器）	15.1939	15.1939
EADASIC 系统（不含密码生成器）	**30.8182**	**30.8182**
PRIC 系统（含密码生成器）	10.3206	10.4025
PRIC 系统（不含密码生成器）	25.5111	25.5195
优秀最低速度标准	13.9546	12.8366
合格最低速度标准	7.2496	6.6223

　　表 6-1 中的优秀最低速度标准和合格最低速度标准来自表 4-2,此外,表 6-1 中也列举了 PRIC 系统的加密与解密速度。由表 6-1 可知,EADASIC 系统(含密钥生成器)的加密与解密速度均高于"优秀最低速度标准",EADASIC 系统(不含密钥生成器)的加密与解密速度均高于 PRIC 系统(不含密码生成器)。由此可见,EADASIC 系统是一种高速的图像密码系统。

2. 密钥空间

　　在 EADASIC 系统中,密钥 K 为 512 位的位序列,因此,EADASIC 系统的密钥空间为 2^{512}。EADASIC 系统的密钥空间远比 AES-256 系统和 PRIC 系统大得多,其对抗穷举密钥攻击的能力比 AES-256 和 PRIC 系统更优秀。

3. 信息熵

　　不失一般性,这里设定密钥为 $K = \{250,30,215,133,116,122,30,53,98,7,251,214,$ $192,231,203,209,45,17,158,83,152,53,49,29,99,237,44,194,42,188,239,255,234,66,$ $44,30,64,242,28,7,19,183,44,38,171,123,49,211,249,187,181,215,179,120,116,130,$ $131,32,171,125,16,172,89,152\}$(十进制形式),以 Lena、Baboon、Pepper、Plane、全黑图像和全白图像(图 1-1)为例,计算 EADASIC 加密这些图像得到的密文的熵、相对熵和冗余度,计算结果列于表 6-2 中(注:这些明文图像的信息熵、相对熵和冗余度见表 4-3)。

表 6-2　EADASIC 系统加密得到的密文的熵、相对熵和冗余度

项目	Lena 密文	Baboon 密文	Pepper 密文	Plane 密文	全黑图像密文	全白图像密文
熵(bit)	7.997392	7.997341	7.997189	7.997097	7.997548	7.997215
相对熵	0.999674	0.999668	0.999649	0.999637	0.999694	0.999652
冗余度	0.0326%	0.0332%	0.0351%	0.0363%	0.0306%	0.0348%

　　由表 6-2 可知,EADASIC 系统加密得到的各个密文的冗余度均小于 0.05%,对比表 4-4,可认为 EADASIC 系统达到了基于 AES 的图像密码系统加密得到的密文的信息熵的标准,从而可以对抗基于信息熵的分析。

4. 统计特性

　　不失一般性,密钥取为 $K = \{250,30,215,133,116,122,30,53,98,7,251,214,192,$ $231,203,209,45,17,158,83,152,53,49,29,99,237,44,194,42,188,239,255,234,66,44,$ $30,64,242,28,7,19,183,44,38,171,123,49,211,249,187,181,215,179,120,116,130,$ $131,32,171,125,16,172,89,152\}$(十进制形式),以 Lena、Baboon、Pepper、Plane、全黑图像和全白图像为例,EADASIC 系统加密得到的密文图像的直方图 χ^2 检验结果见表 6-3,随机从图像中选取 2000 对水平、垂直、正对角和反对角线上的相邻像素点,计算它们的相关系数,见表 6-4。这些明文图像的相关系数和直方图 χ^2 检验结果见表 4-5 和表 4-6。

表 6-3　直方图 χ^2 检验结果($\chi^2_{0.05}(255) = 293.2478$)

项目	Lena	Baboon	Pepper	Plane	全黑图像	全白图像
PRIC 密文	236.1328	241.2500	255.0313	263.4219	222.7188	252.4922

表 6-4　相关系数

图　　像	水　平	垂　直	正对角	反对角
Lena 密文	−0.040387	−0.011493	−0.038387	−0.017961
Baboon 密文	−0.003250	0.016549	−0.043111	−0.017073
Pepper 密文	−0.059701	0.041830	−0.009213	0.001459
Plane 密文	−0.025778	−0.074390	0.026099	0.006274
全黑图像密文	−0.031723	0.019124	0.002346	−0.042625
全白图像密文	−0.013245	−0.016019	−0.011657	−0.002260

对比表 6-3 和表 4-6 可知，EADASIC 系统加密得到的密文图像的直方图 χ^2 检验结果均小于 $\chi^2_{0.05}(255)$，故可认为密文图像近似均匀分布，即在显著性水平 0.05 的情况下，认为密文图像的直方图分布与均匀分布无显著差异。

对比表 6-4 和表 4-5 可知，EADASIC 系统加密得到的密文图像在各个方向上的相关系数值均非常接近于 0，说明密文图像相邻像素点间无相关性，从而可以有效地对抗基于相关特性的分析。

5. 密钥敏感性分析

密钥敏感性分析包括加密系统的密钥敏感性分析和解密系统的密钥敏感性分析两种，其中，解密系统的密钥敏感性分析又包括解密系统的合法密钥敏感性分析和解密系统的非法密钥敏感性分析。

加密算法的密钥敏感性测试方法为：随机产生 100 个密钥，对于每个密钥，微小改变其值（512 位密钥的任一位取反），使用改变前后的两个密钥，加密明文图像 Lena、Baboon、Pepper、Plane、全黑图像和全白图像，分析加密同一明文所得的两个密文间的 NPCR、UACI 和 BACI 的值，最后，计算 100 次试验的平均值，列于表 6-5 中。

表 6-5　EADASIC 系统加密时的密钥敏感性分析结果（%）

项目	Lena	Baboon	Pepper	Plane	全黑图像	全白图像	理论值
NPCR	99.6063	99.6053	99.6066	99.6096	99.6082	99.6132	99.6094
UACI	33.4536	33.4603	33.4682	33.4588	33.4649	33.4788	33.4635
BACI	26.7666	26.7685	26.7687	25.7754	26.7745	26.7775	26.7712

解密算法的合法密钥敏感性测试方法为：随机产生 100 个密钥，对于每个密钥，先使用它加密明文图像得到相应的密文图像，然后，微小改变密钥的值（512 位密钥的任一位取反），用微小改变的密钥解密密文图像，得到还原后的图像。分析原始明文和还原后的图像间的 NPCR、UACI 和 BACI 的值，最后，计算 100 次试验的平均值，列于表 6-6 和表 6-7 中。

表 6-6　EADASIC 系统解密时的合法密钥敏感性分析结果 I（%）

项目	Lena		Baboon		Pepper	
	计算值	理论值	计算值	理论值	计算值	理论值
NPCR	99.6067	99.6094	99.6061	99.6094	99.6102	99.6094
UACI	28.6830	28.6850	27.9187	27.9209	30.9094	30.9134
BACI	21.3933	21.3932	20.7091	20.7106	23.2158	23.2234

表 6-7　EADASIC 系统解密时的合法密钥敏感性分析结果 Ⅱ（%）

项目	Plane		全黑图像		全白图像	
	计算值	理论值	计算值	理论值	计算值	理论值
NPCR	99.6105	99.6094	99.6122	99.6094	99.6112	99.6094
UACI	32.3696	32.3785	49.9882	50.0000	50.0046	50.0000
BACI	25.4476	25.4579	33.4617	33.4635	33.4717	33.4635

解密算法的非法密钥敏感性测试方法为：随机产生 100 个密钥，对于每个密钥，先使用它加密明文图像得到相应的密文图像；然后，随机产生与前述 100 个密钥互不相同的 100 个密钥，对于每个密钥，微小改变它的值（512 位密钥的任一位取反），用微小改变前后的两个密钥解密密文图像，得到两个解密后的图像。分析这两个解密后的图像间的 NPCR、UACI 和 BACI 的值，最后，计算 100 次试验的平均值，列于表 6-8 中。

表 6-8　EADASIC 系统解密时的非法密钥敏感性分析结果（%）

项目	Lena	Baboon	Pepper	Plane	全黑图像	全白图像	理论值
NPCR	99.6109	99.6091	99.6108	99.6061	99.6083	99.6129	99.6094
UACI	33.4592	33.4582	33.4542	33.4584	33.4684	33.4756	33.4635
BACI	26.7605	26.7756	26.7757	26.7743	26.7706	26.7794	26.7712

由表 6-5～表 6-8 可知，EADASIC 系统密钥敏感性测试的 NPCR、UACI 和 BACI 的计算结果趋于其理论值，说明 EADASIC 系统具有强的密钥敏感性。

6. 明文敏感性分析

明文敏感性测试方法为：对于给定的明文图像 P_1，借助某一密钥 K 加密 P_1 得到相应的密文图像 C_1；然后，从 P_1 中随机选取一个像素点 (i,j)，微小改变该像素点的值，得到新的图像记为 P_2，即除了在随机选择的该像素点 (i,j) 处有 $P_2(i,j)=\mathrm{mod}(P_1(i,j)+1,256)$ 外，$P_2=P_1$；接着，仍借助同一密钥 K 加密 P_2 得到相应的密文图像，记为 C_2，计算 C_1 和 C_2 间的 NPCR、UACI 和 BACI 的值；最后，重复 100 次实验计算 NPCR、UACI 和 BACI 的平均值。这里，以明文图像 Lena、Baboon、Pepper、Plane、全黑图像和全白图像为例，EADASIC 系统的明文敏感性测试结果列于表 6-9 中。

表 6-9　EADASIC 系统的明文敏感性测试结果（%）

项目	Lena	Baboon	Pepper	Plane	全黑图像	全白图像	理论值
NPCR	99.6127	99.6084	99.6071	99.6102	99.6110	99.6056	99.6094
UACI	33.4689	33.4533	33.4622	33.4770	33.4458	33.4686	33.4635
BACI	26.7651	26.7696	26.7665	26.7813	26.7611	26.7806	26.7712

由表 6-9 可知，NPCR、UACI 和 BACI 的计算结果极其接近于各自的理论值，说明 EADASIC 系统具有强的明文敏感性。

7. 密文敏感性分析

密文敏感性的测试方法为：对于给定的明文图像 P_1，借助某一密钥 K 加密 P_1 得到相应的密文图像 C_1；然后，从 C_1 中随机选取一个像素点 (i,j)，微小改变该像素点的值，得到

新的图像记为 C_2，即除了在随机选择的该像素点 (i,j) 处有 $C_2(i,j)=\mathrm{mod}(C_1(i,j)+1,$ $256)$ 外，$C_2=C_1$；接着，仍借助同一密钥 K 解密 C_2 得到还原后的图像，记为 P_2，计算 P_1 和 P_2 间的 NPCR、UACI 和 BACI 的值；最后，重复 100 次实验计算 NPCR、UACI 和 BACI 的平均值。这里，以明文图像 Lena、Baboon、Pepper、Plane、全黑图像和全白图像为例，EADASIC 系统的密文敏感性测试结果列于表 6-10 和表 6-11 中。

表 6-10　EADASIC 系统的密文敏感性测试结果 I（%）

项目	Lena		Baboon		Pepper	
	计算值	理论值	计算值	理论值	计算值	理论值
NPCR	99.6147	99.6094	99.6083	99.6094	99.6096	99.6094
UACI	28.6770	28.6850	27.9304	27.9209	30.9112	30.9134
BACI	21.3887	21.3932	20.7080	20.7106	23.2238	23.2234

表 6-11　EADASIC 系统的密文敏感性测试结果 II（%）

项目	Plane		全黑图像		全白图像	
	计算值	理论值	计算值	理论值	计算值	理论值
NPCR	99.6103	99.6094	99.6119	99.6094	99.6117	99.6094
UACI	32.3792	32.3785	50.0252	50.0000	49.9820	50.0000
BACI	25.4414	25.4579	33.4544	33.4635	33.4759	33.4635

由表 6-10 和表 6-11 可知，NPCR、UACI 和 BACI 的计算结果非常接近各自的理论值，说明 EADASIC 系统具有强的密文敏感性。

6.5　本章小结

本章研究了一种加密算法与解密算法完全相同的新型数字图像加密系统（EADASIC）及其 MATLAB 和 C#语言实现方法，并详细分析了 EADASIC 系统的安全性能。经典的基于混沌系统的数字图像密码系统多采用多轮的"置乱—扩散—置乱"结构，而 EADASIC 系统与 PRIC 系统相似，基于单轮的"扩散—置乱—扩散"结构，且采用明文关联的置乱操作（两个扩散操作均与明文无关），因此，EADASIC 也属于明文关联的图像密码系统。由于 EADASIC 系统的加密过程与解密过程相同，故加密时间和解密时间是严格相等的。性能分析表明，EADASIC 系统比 AES-S 系统和 PRIC 系统的加密/解密速度都快得多，且各项安全性能指标优秀，是一种具有实际应用价值的基于混沌系统的优秀图像密码系统。

第7章

融合公钥与私钥的数字图像密码算法

保密通信双方在约定了共享的私有密钥之后,将在一段时间内持续使用该密钥进行图像加密,使得该密钥面临着基于各种密码分析的被动攻击。例如,已知/选择明文攻击和已知/选择密文攻击等。一般情况下,这些密码分析方法远比穷举密钥攻击方法更加有效。本章将设计一种融合公钥与私钥的数字图像密码算法[139],使得该密码系统除了穷举密钥攻击方法外,其他的基于密码分析的被动攻击的效率与穷举密钥攻击相同。这种融合公钥和私钥的图像密码算法记为 PKPKCIC(Public Key and Private Key Combined Image Cryptosystem)。PKPKCIC 系统的公钥和密文通过公共信道传输,私钥(即秘密钥)通过有保护的私有信道传输。

7.1 PKPKCIC 系统

PKPKCIC 系统使用分段线性混沌映射(PWLCM)和 Chen 混沌系统,如式(7-1)和式(7-2)所示。

$$F(x,p) = \begin{cases} x/p, & 0 < x \leqslant p \\ (x-p)/(0.5-p), & p < x \leqslant 0.5 \\ F(1-x,p), & 0.5 < x \leqslant 1 \end{cases} \tag{7-1}$$

$$\begin{cases} x'(t) = a(y-x) \\ y'(t) = (c-a)x - xz + cy \\ z'(t) = xy - bz \end{cases} \tag{7-2}$$

对于 PWLCM 系统而言,$0 < p < 0.5$,这里取 $p = 0.3$。对于 Chen 系统,各个参数设定为 $a = 35, b = 3, c = 27$,迭代步长为 0.001,此时 Chen 系统具有如图 7-1 所示的相图。

PKPKCIC 系统结构如图 7-2 所示,其加密系统包括 2 个遮盖操作、2 个明文无关的扩散处理和 1 个明文关联的置乱处理,加密系统借助密钥 K 和公钥 IV 将明文图像 P 加密为密文图像 C。解密系统是加密系统的逆系统。PKPKCIC 系统每次加密都使用不同的公钥 IV,加密完成后将公钥 IV 和密文图像 C 一起通过公共信道传递给收信方,收信方借助与发信方相同的私钥 K 和公钥 IV 将密文图像 C 还原为明文图像 P。

设明文图像 P 的大小为 $M \times N$。PKPKCIC 系统的私钥 K 为 300 位长的二进制序列,其中,包含 9 个 32 位的整数和 1 个 12 位的整数。公钥 **IV** 为小于 1 的正小数,作为 PWLCM 的迭代初值。

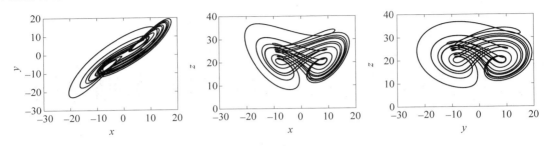

图 7-1　Chen 系统相图(当 $a=35, b=3, c=27$)

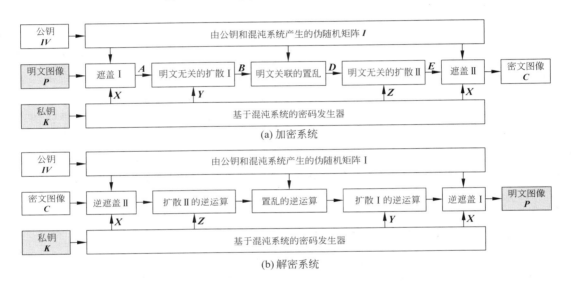

图 7-2　PKPKCIC 系统结构

PKPKCIC 系统的加密过程如下。

1. 密码发生器

将 300 位长的密钥 **K** 记为 $\{K_i, i=1,2,\cdots,10\}$,其中,$K_1 \sim K_9$ 均为 32 位的整数,K_{10} 为 12 位的整数。

Step 1. 用 K_1、K_2 和 K_3 产生 Chen 系统的初始值,即

$$x_{00} = 44.29K_1/2^{32} - 23.19 \tag{7-3}$$

$$y_{00} = 49.67K_2/2^{32} - 26.19 \tag{7-4}$$

$$z_{00} = 35.26K_3/2^{32} + 5.38 \tag{7-5}$$

Step 2. 用 x_{00}、y_{00} 和 z_{00} 作为 Chen 系统的初始值,迭代 100 次以后得到的状态值记为 x_{01}、y_{01} 和 z_{01}。用 K_4、K_5 和 K_6 更新 x_{01}、y_{01} 和 z_{01} 的值,如式(7-6)~式(7-8)所示。

$$x_{01} = 0.618x_{01} + 0.382(44.29K_4/2^{32} - 23.19) \tag{7-6}$$

$$y_{01} = 0.618y_{01} + 0.382(49.67K_5/2^{32} - 26.19) \tag{7-7}$$

$$z_{01} = 0.618z_{01} + 0.382(35.26K_6/2^{32} + 5.38) \tag{7-8}$$

Step 3. 用 x_{01}、y_{01} 和 z_{01} 作为 Chen 系统的初始值,迭代 100 次以后得到的状态值记为 x_{02}、y_{02} 和 z_{02}。用 K_7、K_8 和 K_9 更新 x_{02}、y_{02} 和 z_{02} 的值,如式(7-9)～式(7-11)所示。

$$x_{02} = 0.618x_{02} + 0.382(44.29K_7/2^{32} - 23.19) \tag{7-9}$$

$$y_{02} = 0.618y_{02} + 0.382(49.67K_8/2^{32} - 26.19) \tag{7-10}$$

$$z_{02} = 0.618z_{02} + 0.382(35.26K_9/2^{32} + 5.38) \tag{7-11}$$

Step 4. 用 x_{02}、y_{02} 和 z_{02} 作为 Chen 系统的初始值,迭代 100 次跳过过渡态;然后,继续迭代 MN 次,得到 3 个状态序列,分别记为 $\{x_i\}$、$\{y_i\}$ 和 $\{z_i\}$,$i=1,2,\cdots,MN$;接着,将它们转换为 $M \times N$ 的矩阵 $\boldsymbol{S}_x$、$\boldsymbol{S}_y$ 和 $\boldsymbol{S}_z$,使得 $\boldsymbol{S}_x(i,j) = x_{(i-1)N+j}$,$\boldsymbol{S}_y(i,j) = y_{(i-1)N+j}$,$\boldsymbol{S}_z(i,j) = z_{(i-1)N+j}$,$i=1,2,\cdots,M,j=1,2,\cdots,N$;最后,借助式(7-12)～式(7-14)由矩阵 $\boldsymbol{S}_x$、$\boldsymbol{S}_y$ 和 $\boldsymbol{S}_z$ 生成密码矩阵 $\boldsymbol{X}$、$\boldsymbol{Y}$ 和 $\boldsymbol{Z}$,其中,$i=1,2,\cdots,M,j=1,2,\cdots,N$。

$$\boldsymbol{X}(i,j) = \begin{cases} 1, & (100 + \boldsymbol{S}_x(i,j)) \bmod 1 < 0.5 \\ 0, & (100 + \boldsymbol{S}_x(i,j)) \bmod 1 \geqslant 0.5 \end{cases} \tag{7-12}$$

$$\boldsymbol{Y}(i,j) = \text{floor}(2^{16} \times [(100 + \boldsymbol{S}_y(i,j)) \bmod 1]) \bmod 256 \tag{7-13}$$

$$\boldsymbol{Z}(i,j) = \text{floor}(2^{16} \times [\boldsymbol{S}_z(i,j) \bmod 1]) \bmod 256 \tag{7-14}$$

其中,$\text{floor}(x)$ 返回不大于 x 的整数。

Step 5. 用 $\boldsymbol{IV}$ 作为 PWLCM 的初始值,迭代 K_{10} 次后,再继续迭代 MN 次得到一个长度为 MN 的状态序列,将序列按行叠加转换为 $M \times N$ 的矩阵 $\boldsymbol{J}$,然后按式(7-15)将 $\boldsymbol{J}$ 转换为整数矩阵 $\boldsymbol{I}$。

$$\boldsymbol{I}(i,j) = \text{floor}[2^{16} \times \boldsymbol{J}(i,j)] \bmod 256, \quad i = 1,2,\cdots,M, \text{and } j = 1,2,\cdots,N \tag{7-15}$$

经过上述步骤,由私钥 $\boldsymbol{K}$ 和公钥 $\boldsymbol{IV}$ 生成了密码矩阵 $\boldsymbol{X}$、$\boldsymbol{Y}$ 和 $\boldsymbol{Z}$ 以及伪随机矩阵 $\boldsymbol{I}$。

2. 遮盖算法

如图 7-2a 所示,加密过程中包含遮盖 I 和遮盖 II 两种遮盖算法。对于遮盖 I 而言,借助 $\boldsymbol{X}$ 和 $\boldsymbol{I}$ 将输入明文图像 $\boldsymbol{P}$ 转换为图像矩阵 $\boldsymbol{A}$,如式(7-16)所示。

$$\boldsymbol{A}(i,j) = \begin{cases} \boldsymbol{P}(i,j), & \text{if } \boldsymbol{X}(i,j) = 0 \\ \boldsymbol{P}(i,j) \text{ XOR } \boldsymbol{I}(i,j), & \text{if } \boldsymbol{X}(i,j) = 1 \end{cases},$$
$$i = 1,2,\cdots,M, \quad j = 1,2,\cdots,N \tag{7-16}$$

其中,XOR 表示按位异或运算。

对于遮盖 II 而言,借助 $\boldsymbol{X}$ 和 $\boldsymbol{I}$ 将图像矩阵 $\boldsymbol{E}$ 转换为密文图像 $\boldsymbol{C}$,如式(7-17)所示。

$$\boldsymbol{C}(i,j) = \begin{cases} \boldsymbol{E}(i,j) \text{ XOR } \boldsymbol{I}(i,j), & \text{if } \boldsymbol{X}(i,j) = 0 \\ \boldsymbol{E}(i,j), & \text{if } \boldsymbol{X}(i,j) = 1 \end{cases},$$
$$i = 1,2,\cdots,M, \quad j = 1,2,\cdots,N \tag{7-17}$$

3. 扩散算法

如图 7-2a 所示,扩散算法包括明文无关的扩散 I 和明文无关的扩散 II。对于明文无关的扩散I而言,借助密钥矩阵 $\boldsymbol{Y}$ 将输入矩阵 $\boldsymbol{A}$ 转换为图像矩阵 $\boldsymbol{B}$,算法如式(7-18)～式(7-21)所示。

$$\boldsymbol{B}(1,1) = (\boldsymbol{A}(1,1) + \boldsymbol{Y}(1,1)) \bmod 256 \tag{7-18}$$

$$\boldsymbol{B}(1,j) = (\boldsymbol{A}(1,j) + \boldsymbol{Y}(1,j) + \boldsymbol{B}(1,j-1)) \bmod 256, \quad j = 2,3,\cdots,N \tag{7-19}$$

$$\boldsymbol{B}(i,1) = (\boldsymbol{A}(i,1) + \boldsymbol{Y}(i,1) + \boldsymbol{B}(i-1,1) + \boldsymbol{B}(i-1,N)) \bmod 256,$$

$$i = 2, 3, \cdots, M \tag{7-20}$$

$$\boldsymbol{B}(i,j) = (\boldsymbol{A}(i,j) + \boldsymbol{Y}(i,j) + \boldsymbol{B}(i-1,j) + \boldsymbol{B}(i,j-1)) \bmod 256,$$
$$i = 2, 3, \cdots, M, \quad j = 2, 3, \cdots, N \tag{7-21}$$

对于明文无关的扩散 II 而言,借助密钥矩阵 $\boldsymbol{Z}$ 将输入矩阵 $\boldsymbol{D}$ 转换为图像矩阵 $\boldsymbol{E}$,算法如式(7-22)～式(7-24)所示。

$$\boldsymbol{E}(M,N) = (\boldsymbol{D}(M,N) + \boldsymbol{Z}(M,N)) \bmod 256 \tag{7-22}$$

$$\boldsymbol{E}(M,j) = (\boldsymbol{D}(M,j) + \boldsymbol{Z}(M,j) + \boldsymbol{E}(M,j+1)) \bmod 256,$$
$$j = N-1, N-2, \cdots, 2, 1 \tag{7-23}$$

$$\boldsymbol{E}(i,N) = (\boldsymbol{D}(i,N) + \boldsymbol{Z}(i,N) + \boldsymbol{E}(i+1,N) + \boldsymbol{E}(i+1,1)) \bmod 256,$$
$$i = M-1, M-2, \cdots, 2, 1 \tag{7-24}$$

$$\boldsymbol{E}(i,j) = (\boldsymbol{D}(i,j) + \boldsymbol{Z}(i,j) + \boldsymbol{E}(i+1,j) + \boldsymbol{E}(i,j+1)) \bmod 256,$$
$$i = M-1, M-2, \cdots, 2, 1, \quad j = N-1, N-2, \cdots, 2, 1 \tag{7-25}$$

4. 置乱算法

如图 7-2a 所示,置乱算法借助矩阵 $\boldsymbol{I}$ 将矩阵 $\boldsymbol{B}$ 转换为矩阵 $\boldsymbol{D}$,具体算法步骤如下所示。

Step 1. 对于矩阵 $\boldsymbol{B}$ 的任一坐标点 (i,j),借助式(7-26)和式(7-27)生成一组新的坐标点 (m,n),即

$$m = (\mathrm{sum}(\boldsymbol{B}(i, 1 \text{ to } N)) - \boldsymbol{B}(i,j) + \mathrm{sum}(\boldsymbol{I}(i, 1 \text{ to } N)) + \boldsymbol{I}(i,j)) \bmod M \tag{7-26}$$

$$n = (\mathrm{sum}(\boldsymbol{B}(1 \text{ to } M, j)) - \boldsymbol{B}(i,j) + \mathrm{sum}(\boldsymbol{I}(1 \text{ to } M, j)) + \boldsymbol{I}(i,j)) \bmod N \tag{7-27}$$

如果 $m \neq i$ 且 $n \neq j$,则交换 $\boldsymbol{B}(i,j)$ 和 $\boldsymbol{B}(m,n)$;否则不作交换。

Step 2. 从 $\boldsymbol{B}$ 的左上角逐行扫描到 $\boldsymbol{B}$ 的右下角,对每个扫描点执行 Step 1 的操作,最后得到的矩阵即为矩阵 $\boldsymbol{D}$。

将上述内容按图 7-2(a)所示结构组合起来即为 PKPKCIC 系统的加密过程。如图 7-2(b) 所示的 PKPKCIC 系统的解密过程是其加密过程的逆过程,即由密文图像 $\boldsymbol{C}$ 出发,先执行遮盖 II 的逆操作,再执行扩散 II 的逆运算,然后执行置乱的逆运算,接着执行扩散 I 的逆运算,最后执行遮盖 I 的逆操作,得到还原后的图像 $\boldsymbol{P}$。

7.2 PKPKCIC MATLAB 程序

PKPKCIC 系统的 MATLAB 程序包括 3 个函数,即密码发生器函数 PKPKCICKeyGen、加密函数 PKPKCICEnc 和解密函数 PKPKCICDec,如程序 7-1 至程序 7-3 所示。

【程序 7-1】 密码发生器函数 PKPKCICKeyGen。

```
1    function [I,X,Y,Z] = PKPKCICKeyGen(IV,K,M,N)
2    x0 = IV;p = 0.3;
3    J = zeros(1,M * N);
4    for i = 1:K(10)
5        x0 = PWLCMEx(x0,p);
6    end
7    for i = 1:M * N
8        x0 = PWLCMEx(x0,p);J(i) = mod(floor(pow2(16) * x0),256);
9    end
10   I = reshape(J,N,M);I = transpose(I);
```

第 2～10 行由公钥 IV 和私钥的 K10 产生伪随机矩阵 I。

```
11      a = 35;b = 3;c = 27;dt = 0.001;
12      x0 = 44.29 * K(1)/pow2(32) - 23.19;
13      y0 = 49.67 * K(2)/pow2(32) - 26.19;
14      z0 = 35.26 * K(3)/pow2(32) + 5.38;
15      for i = 1:100
16          x1 = x0 + dt * a * (y0 - x0);
17          y1 = y0 + dt * ((c - a) * x1 - x1 * z0 + c * y0);
18          z1 = z0 + dt * (x1 * y1 - b * z0);
19          x0 = x1;     y0 = y1;     z0 = z1;
20      end
21      x0 = 0.618 * x0 + 0.382 * (44.29 * K(4)/pow2(32) - 23.19);
22      y0 = 0.618 * y0 + 0.382 * (49.67 * K(5)/pow2(32) - 26.19);
23      z0 = 0.618 * z0 + 0.382 * (35.26 * K(6)/pow2(32) + 5.38);
24      for i = 1:100
25          x1 = x0 + dt * a * (y0 - x0);
26          y1 = y0 + dt * ((c - a) * x1 - x1 * z0 + c * y0);
27          z1 = z0 + dt * (x1 * y1 - b * z0);
28          x0 = x1;     y0 = y1;     z0 = z1;
29      end
30      x0 = 0.618 * x0 + 0.382 * (44.29 * K(7)/pow2(32) - 23.19);
31      y0 = 0.618 * y0 + 0.382 * (49.67 * K(8)/pow2(32) - 26.19);
32      z0 = 0.618 * z0 + 0.382 * (35.26 * K(9)/pow2(32) + 5.38);
33      for i = 1:100
34          x1 = x0 + dt * a * (y0 - x0);
35          y1 = y0 + dt * ((c - a) * x1 - x1 * z0 + c * y0);
36          z1 = z0 + dt * (x1 * y1 - b * z0);
37          x0 = x1;     y0 = y1;     z0 = z1;
38      end
39      xx = zeros(1,M * N);yy = zeros(1,M * N);zz = zeros(1,M * N);
40      for i = 1:M * N
41          x1 = x0 + dt * a * (y0 - x0);
42          y1 = y0 + dt * ((c - a) * x1 - x1 * z0 + c * y0);
43          z1 = z0 + dt * (x1 * y1 - b * z0);
44          x0 = x1;     y0 = y1;     z0 = z1;
45          xx(i) = x1;     yy(i) = y1;     zz(i) = z1;
46      end
47      Sx = reshape(xx,N,M);Sx = transpose(Sx);
48      Sy = reshape(yy,N,M);Sy = transpose(Sy);
49      Sz = reshape(zz,N,M);Sz = transpose(Sz);
50      X = (256 * mod(100 + Sx,1) > 128);
51      Y = mod(floor(pow2(16) * mod(100 + Sy,1)),256);
52      Z = mod(floor(pow2(16) * mod(Sz,1)),256);
53      end
```

第 11～52 行由私钥 K 产生密码矩阵 X、Y 和 Z。

在程序 7-1 中,密码发生器函数 PKPKCICKeyGen 的输入为公钥 IV、私钥 K 以及图像的行数 M 和列数 N,输出为伪随机矩阵 I 和密码矩阵 X、Y、Z。其中的 PWLCMEx 为 PWLCM 函数,其代码见程序 6-2。

【程序 7-2】 加密函数 PKPKCICEnc。

```
1      function [C] = PKPKCICEnc(P,I,X,Y,Z)
2      % 加密过程
3      % 遮盖 I
4      [M,N] = size(P);A = zeros(M,N);
5      for i = 1:M
6          for j = 1:N
7              if X(i,j)>0
8                  A(i,j) = bitxor(P(i,j),I(i,j));
9              else
10                 A(i,j) = P(i,j);
11             end
12         end
13     end
```

第 4~13 行为遮盖 I 操作。

```
14     % 扩散 I
15     B = zeros(M,N);
16     for i = 1:M
17         for j = 1:N
18             if i == 1 && j == 1
19                 B(i,j) = mod(A(i,j) + Y(i,j),256);
20             elseif i == 1
21                 B(i,j) = mod(A(i,j) + Y(i,j) + B(i,j-1),256);
22             elseif j == 1
23                 B(i,j) = mod(A(i,j) + Y(i,j) + B(i-1,j) + B(i-1,N),256);
24             else
25                 B(i,j) = mod(A(i,j) + Y(i,j) + B(i-1,j) + B(i,j-1),256);
26             end
27         end
28     end
```

第 15~28 行为扩散 I 操作。

```
29     % 置乱
30     Ho = sum(B,2);Ve = sum(B,1);Iho = sum(I,2);Ive = sum(I,1);
31     for i = 1:M
32         for j = 1:N
33             m = mod(Ho(i) - B(i,j) + Iho(i) + I(i,j),M) + 1;
34             n = mod(Ve(j) - B(i,j) + Ive(j) + I(i,j),N) + 1;
35             if m ~ = i && n ~ = j
36                 Ho(i) = Ho(i) - B(i,j) + B(m,n);
37                 Ve(j) = Ve(j) - B(i,j) + B(m,n);
38                 Ho(m) = Ho(m) - B(m,n) + B(i,j);
39                 Ve(n) = Ve(n) - B(m,n) + B(i,j);
40                 tp = B(i,j);    B(i,j) = B(m,n);    B(m,n) = tp;
41             end
42         end
43     end
44     D = B;
```

第 30～44 行为置乱操作。

```
45      % 扩散 II
46      E = zeros(M,N);
47      for i = M: -1:1
48          for j = N: -1:1
49              if i == M && j == N
50                  E(i,j) = mod(D(i,j) + Z(i,j),256);
51              elseif i == M
52                  E(i,j) = mod(D(i,j) + Z(i,j) + E(i,j + 1),256);
53              elseif j == N
54                  E(i,j) = mod(D(i,j) + Z(i,j) + E(i + 1,j) + E(i + 1,1),256);
55              else
56                  E(i,j) = mod(D(i,j) + Z(i,j) + E(i + 1,j) + E(i,j + 1),256);
57              end
58          end
59      end
```

第 46～59 行为扩散 II 操作。

```
60      % 遮盖 II
61      C = zeros(M,N);
62      for i = 1:M
63          for j = 1:N
64              if X(i,j)> 0
65                  C(i,j) = E(i,j);
66              else
67                  C(i,j) = bitxor(E(i,j),I(i,j));
68              end
69          end
70      end
71      end
```

第 61～70 行为遮盖 II 操作。

程序 7-2 为 PKPKCIC 系统的加密函数 PKPKCICEnc,输入为明文图像 P、伪随机矩阵 I 和密码矩阵 X、Y、Z,输出为密文图像 C。

【程序 7-3】 解密函数 PKPKCICDec。

```
1       function [P2] = PKPKCICDec(C2,I,X,Y,Z)
2       % 遮盖 II 的逆操作
3       [M,N] = size(C2);E2 = zeros(M,N);
4       for i = 1:M
5           for j = 1:N
6               if X(i,j)> 0
7                   E2(i,j) = C2(i,j);
8               else
9                   E2(i,j) = bitxor(C2(i,j),I(i,j));
10              end
11          end
12      end
```

第 3～12 行为遮盖 Ⅱ 的逆操作。

```
13      % 扩散 II 的逆操作
14      D2 = zeros(M,N);
15      for i = M: - 1:1
16          for j = N: - 1:1
17              if i == M && j == N
18                  D2(i,j) = mod(256 + E2(i,j) - Z(i,j),256);
19              elseif i == M
20                  D2(i,j) = mod(512 + E2(i,j) - Z(i,j) - E2(i,j + 1),256);
21              elseif j == N
22                  D2(i,j) = mod(768 + E2(i,j) - Z(i,j) - E2(i + 1,j) - E2(i + 1,1),256);
23              else
24                  D2(i,j) = mod(768 + E2(i,j) - Z(i,j) - E2(i + 1,j) - E2(i,j + 1),256);
25              end
26          end
27      end
```

第 14～27 行为扩散 Ⅱ 的逆操作。

```
28      % 置乱的逆操作
29      Ho = sum(D2,2);Ve = sum(D2,1);Iho = sum(I,2);Ive = sum(I,1);
30      for i = M: - 1:1
31          for j = N: - 1:1
32              m = mod(Ho(i) - D2(i,j) + Iho(i) + I(i,j),M) + 1;
33              n = mod(Ve(j) - D2(i,j) + Ive(j) + I(i,j),N) + 1;
34              if m~ = i && n~ = j
35                  Ho(i) = Ho(i) - D2(i,j) + D2(m,n);
36                  Ve(j) = Ve(j) - D2(i,j) + D2(m,n);
37                  Ho(m) = Ho(m) - D2(m,n) + D2(i,j);
38                  Ve(n) = Ve(n) - D2(m,n) + D2(i,j);
39                  tp = D2(i,j);   D2(i,j) = D2(m,n);   D2(m,n) = tp;
40              end
41          end
42      end
43      B2 = D2;
```

第 29～43 行为置乱的逆操作。

```
44      % 扩散 I 的逆操作
45      A2 = zeros(M,N);
46      for i = 1:M
47          for j = 1:N
48              if i == 1 && j == 1
49                  A2(i,j) = mod(256 + B2(i,j) - Y(i,j),256);
50              elseif i == 1
51                  A2(i,j) = mod(512 + B2(i,j) - Y(i,j) - B2(i,j - 1),256);
52              elseif j == 1
53                  A2(i,j) = mod(768 + B2(i,j) - Y(i,j) - B2(i - 1,j) - B2(i - 1,N),256);
54              else
55                  A2(i,j) = mod(768 + B2(i,j) - Y(i,j) - B2(i - 1,j) - B2(i,j - 1),256);
56              end
57          end
58      end
```

第 45～58 行为扩散 I 的逆操作。

```
59      % 遮盖 I 的逆操作
60      P2 = zeros(M,N);
61      for i = 1:M
62          for j = 1:N
63              if X(i,j)> 0
64                  P2(i,j) = bitxor(A2(i,j),I(i,j));
65              else
66                  P2(i,j) = A2(i,j);
67              end
68          end
69      end
70      end
```

第 60～69 行为遮盖 I 的逆操作。

程序 7-3 为 PKPKCIC 系统的解密函数 PKPKCICDec,输入为密文图像 C2、伪随机矩阵 I 和密码矩阵 X、Y、Z,输出为解密后的图像矩阵 P2。

基于上述的加密与解密函数,借助程序 7-4 进行伪真实验,依次对图像 Lena、Baboon、Pepper、Plane、全黑图像和全白图像进行加密/解密操作,结果如图 7-3 所示。

【程序 7-4】　PKPKCIC 系统加密与解密仿真实验。

```
1       % filename: pc021.m
2       clear;clc;close all;
3       iptsetpref('imshowborder','tight');
4       M = 256;N = 256;
5       P1 = imread('Lena.tif');P2 = imread('Baboon.tif');
6       P3 = imread('Pepper.tif');P4 = imread('Plane.tif');
7       P5 = zeros(M,N);P6 = ones(M,N) * 255;
8       iptsetpref('imshowborder','tight');
9       figure(1);imshow(P1);figure(2);imshow(P2);
10      figure(3);imshow(P3);figure(4);imshow(P4);
11      figure(5);imshow(uint8(P5));figure(6);imshow(uint8(P6));
12      IV = 0.9058;
13      K = [545404223,3922919431,2715962281,418932849,1196140742,2348838239,…
14          4112460543,4144164702,676943031,509];
15      tic;
16      [I,X,Y,Z] = PKPKCICKeyGen(IV,K,M,N);
17      C1 = PKPKCICEnc(P1,I,X,Y,Z);
18      C2 = PKPKCICEnc(P2,I,X,Y,Z);
19      C3 = PKPKCICEnc(P3,I,X,Y,Z);
20      C4 = PKPKCICEnc(P4,I,X,Y,Z);
21      C5 = PKPKCICEnc(P5,I,X,Y,Z);
22      C6 = PKPKCICEnc(P6,I,X,Y,Z);
23      figure(7);imshow(uint8(C1));figure(8);imshow(uint8(C2));
24      figure(9);imshow(uint8(C3));figure(10);imshow(uint8(C4));
25      figure(11);imshow(uint8(C5));figure(12);imshow(uint8(C6));
26      P11 = PKPKCICDec(C1,I,X,Y,Z);
27      P21 = PKPKCICDec(C2,I,X,Y,Z);
28      P31 = PKPKCICDec(C3,I,X,Y,Z);
29      P41 = PKPKCICDec(C4,I,X,Y,Z);
30      P51 = PKPKCICDec(C5,I,X,Y,Z);
```

```
31      P61 = PKPKCICDec(C6,I,X,Y,Z);
32      figure(13);imshow(uint8(P11));figure(14);imshow(uint8(P21));
33      figure(15);imshow(uint8(P31));figure(16);imshow(uint8(P41));
34      figure(17);imshow(uint8(P51));figure(18);imshow(uint8(P61));
35      toc;
```

在程序 7-4 中,第 5~7 行读入明文图像 Lena、Baboon、Pepper、Plane、全黑图像和全白图像,保存在 P1~P6 中。不失一般性,第 12 行设定公钥 IV 为 0.9058,第 13~14 行设定私钥为"545404223,3922919431,2715962281,418932849,1196140742,2348838239,4112460543,4144164702,676943031,509"(十进制形式);第 16 行调用 PKPKCICKeyGen 产生伪随机矩阵 I 和密码矩阵 X、Y、Z;第 17~22 行将明文图像 P1~P6 分别加密为密文图像 C1~C6,如图 7-3(a)~(f)所示;第 26~31 行将密文图像 C1~C6 分别解密为图像 P11~P61,如图 7-3(g)~(l)所示。

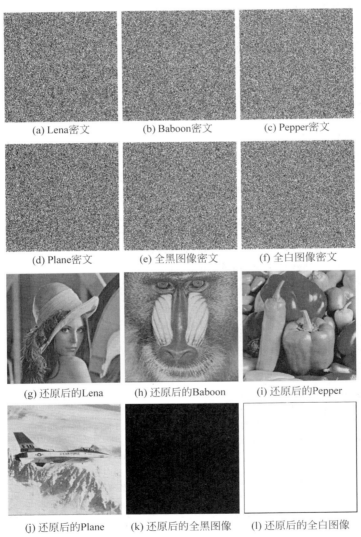

(a) Lena密文 (b) Baboon密文 (c) Pepper密文

(d) Plane密文 (e) 全黑图像密文 (f) 全白图像密文

(g) 还原后的Lena (h) 还原后的Baboon (i) 还原后的Pepper

(j) 还原后的Plane (k) 还原后的全黑图像 (l) 还原后的全白图像

图 7-3   PKPKCIC 系统加密与解密实验结果

由图 7-3 可知,密文图像呈噪声样式,不具有可视信息,而解密还原后的图像与明文图像完全相同。

7.3　PKPKCIC C♯程序

在第 6.3 节项目 MyCSFrame 的基础上,添加一个新类 MyPKPKCIC(文件 MyPKPKCIC.cs);然后,在组合选择框 cmbBoxSelectMethod 的 items 属性中添加一项 PKPKCIC(注:PKPKCIC 单独占一行);最后修改 MainForm.cs 文件,得到 C♯语言的 PKPKCIC 图像密码系统工程。为了节省篇幅,MainForm.cs 文件仅给出新添加的代码,并进行了注解和说明。

设计完成后的项目 MyCSFrame 的运行情况如图 7-4 和图 7-5 所示。在图 7-4 中,选择了 PKPKCIC 算法后,则密钥输入区 Secret Keys 中有 11 个文本编辑框处于可输入状态,其中,前 9 个文本框中各需输入 8 个十六进制数(即 0~9 和 A~F 或 a~f 中的 8 个),第 10 个文本框中输入 3 个十六进制数(这前 10 个文本框用作私钥输入,共 300 位);第 11 个文本框中输入小于 1 的正小数(用作公钥)。在图 7-4 和图 7-5 中,输入了密钥后,单击 Encrypt 显示加密后的图像,单击 Decrypt 显示解密后的图像。

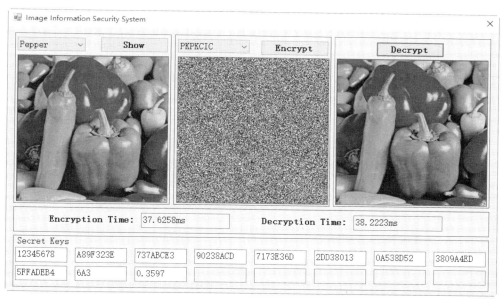

图 7-4　PKPKCIC 系统运行结果-Ⅰ

图 7-4 中选择了明文图像 Pepper,图 7-5 中选择了明文图像 Plane。图 7-4 中显示的加密和解密时间为 PKPKCIC 系统包含了密码发生器的加密和解密处理时间;而图 7-5 中,PKPKCIC 系统的加密和解密时间为 PKPKCIC 系统不含密码发生器的加密和解密时间。经过多次运行图 7-4 所示的 PKPKCIC 系统,测得的 PKPKCIC 系统(含密码发生器)的加密和解密时间最短分别为 37.2923ms 和 37.7190ms,相当于加密和解密速度分别为 14.0589Mb/s 和 13.8998Mb/s;经过多次运行图 7-5 所示的 PKPKCIC 系统,测得的 PKPKCIC 系统(不含密码发生器)的加密和解密时间最短分别为 21.5099ms 和 21.7669ms,相当于加密和解密速度分别为 24.3845Mb/s 和 24.0865Mb/s。

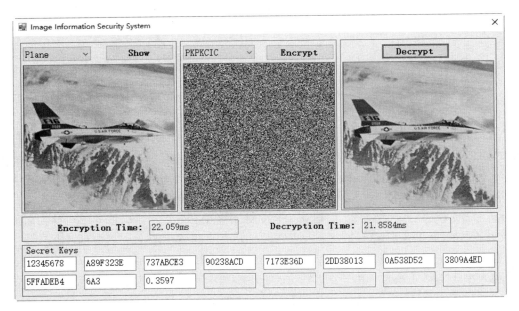

图 7-5   PKPKCIC 系统运行结果-Ⅱ

下面介绍 MyPKPKCIC. cs 文件和 MainForm. cs 文件中新添加的内容,由于代码较长,故将中文注解放在每个方法(或函数)的后面。

【**程序 7-5**】   MyPKPKCIC. cs 文件。

```
1       using System;
2
3       namespace MyCSFrame
4       {
5           class MyPKPKCIC
6           {
7               private readonly int height = 256;
8               private readonly int width = 256;
```

第 7、8 行定义图像的高和宽均为 256。

```
9               private byte[,] plainImage = new byte[256, 256];
10              private byte[,] cipherImage = new byte[256, 256];
11              private byte[,] recoveredImage = new byte[256, 256];
12              private long[] key = new long[10];
13              private double IV = 0;
14
```

第 9~12 行定义存放明文图像、密文图像、解密后的图像和私钥的数组 plainImage、cipherImage、recoveredImage 和 key。第 13 行定义公钥 IV。

```
15              private bool[,] X = new bool[256, 256];
16              private byte[,] Y = new byte[256, 256];
17              private byte[,] Z = new byte[256, 256];
18              private byte[,] I = new byte[256, 256];
19
```

第 15～18 行定义密码矩阵 X、Y、Z 和 I。

```
20          public void setPlainImage(MyImageData myImDat)
21          {
22              for (int i = 0; i < 256; i++)
23                  for (int j = 0; j < 256; j++)
24                      plainImage[i, j] = myImDat.PlainImage[i, j];
25          }
```

第 20～25 行的方法 setPlainImage 用于从对象 myImDat 中读取明文图像。

```
26          public void getCipherImage(MyImageData myImDat)
27          {
28              for (int i = 0; i < 256; i++)
29                  for (int j = 0; j < 256; j++)
30                      myImDat.CipherImage[i, j] = cipherImage[i, j];
31          }
```

第 26～31 行的方法 getCipherImage 用于将密文图像赋给对象 myImDat 中的成员 CipherImage。

```
32          public void getRecoveredImage(MyImageData myImDat)
33          {
34              for (int i = 0; i < 256; i++)
35                  for (int j = 0; j < 256; j++)
36                      myImDat.RecoveredImage[i, j] = recoveredImage[i, j];
37          }
```

第 32～37 行的方法 getRecoveredImage 用于将解密后的图像赋给对象 myImDat 中的成员 RecoveredImage。

```
38          double PWLCM(double x, double p)
39          {
40              double y;
41              if (x < p)
42                  y = x / p;
43              else if (x < 0.5)
44                  y = (x - p) / (0.5 - p);
45              else
46                  y = PWLCM(1 - x, p);
47              return y;
48          }
```

第 38～48 行为 PWLCM 函数，使用了递归调用方法。

```
49          public void MyKeyGen(long[ ] key, double IV)
50          {
51              int i;
52              for (i = 0; i < key.Length; i++)
53                  this.key[i] = key[i];
54              this.IV = IV;
55          }
```

第 49~55 行的公有方法 MyKeyGen 用于向私有的数据成员 key 和 IV 赋值。

```
56              public void MyMatrixGen()
57              {
58                  double x0, y0, z0, x1, y1, z1, p;
59                  int i, j;
60                  x0 = IV;
61                  p = 0.3;
62                  for (i = 0; i < key[9]; i++)
63                      x0 = PWLCM(x0, p);
64                  for(i = 0;i < height;i++)
65                  {
66                      for(j = 0;j < width;j++)
67                      {
68                          x0 = PWLCM(x0, p);
69                          I[i, j] = Convert.ToByte((Convert.ToInt32(x0 * 65536.0)) % 256);
70                      }
71                  }
```

第 60~71 行由公钥 IV 和私钥 key[9] 共同生成伪随机矩阵 I。

```
72                  double a = 35, b = 3, c = 27;
73                  double dt = 0.001;
74
75                  x0 = 44.29 * key[0] / 4.294967296e9 - 23.19;
76                  y0 = 49.67 * key[1] / 4.294967296e9 - 26.19;
77                  z0 = 35.26 * key[2] / 4.294967296e9 + 5.38;
78                  for(i = 0;i < 100;i++)
79                  {
80                      x1 = x0 + dt * a * (y0 - x0);
81                      y1 = y0 + dt * ((c - a) * x1 - x1 * z0 + c * y0);
82                      z1 = z0 + dt * (x1 * y1 - b * z0);
83                      x0 = x1;
84                      y0 = y1;
85                      z0 = z1;
86                  }
87                  x0 = 0.618 * x0 + 0.382 * (44.29 * key[3] / 4.294967296e9 - 23.19);
88                  y0 = 0.618 * y0 + 0.382 * (49.67 * key[4] / 4.294967296e9 - 26.19);
89                  z0 = 0.618 * z0 + 0.382 * (35.26 * key[5] / 4.294967296e9 + 5.38);
90                  for (i = 0; i < 100; i++)
91                  {
92                      x1 = x0 + dt * a * (y0 - x0);
93                      y1 = y0 + dt * ((c - a) * x1 - x1 * z0 + c * y0);
94                      z1 = z0 + dt * (x1 * y1 - b * z0);
95                      x0 = x1;
96                      y0 = y1;
97                      z0 = z1;
98                  }
99                  x0 = 0.618 * x0 + 0.382 * (44.29 * key[6] / 4.294967296e9 - 23.19);
100                 y0 = 0.618 * y0 + 0.382 * (49.67 * key[7] / 4.294967296e9 - 26.19);
101                 z0 = 0.618 * z0 + 0.382 * (35.26 * key[8] / 4.294967296e9 + 5.38);
```

```
102          for (i = 0; i < 100; i++)
103          {
104              x1 = x0 + dt * a * (y0 - x0);
105              y1 = y0 + dt * ((c - a) * x1 - x1 * z0 + c * y0);
106              z1 = z0 + dt * (x1 * y1 - b * z0);
107              x0 = x1;
108              y0 = y1;
109              z0 = z1;
110          }
```

第 72～110 行利用私钥 key[0]～key[8]更新 Chen 系统的状态值。

```
111          for (i = 0; i < height; i++)
112          {
113              for (j = 0; j < width; j++)
114              {
115                  x1 = x0 + dt * a * (y0 - x0);
116                  y1 = y0 + dt * ((c - a) * x1 - x1 * z0 + c * y0);
117                  z1 = z0 + dt * (x1 * y1 - b * z0);
118                  x0 = x1;
119                  y0 = y1;
120                  z0 = z1;
121
122                  X[i, j] = false;
123                  double v;
124                  v = 100.0 + x1;
125                  if (v - Math.Floor(v) > 0.5)
126                      X[i, j] = true;
127                  v = 100.0 + y1;
128                  Y[i, j] = Convert.ToByte((int)(65536.0
129                      * (v - Math.Floor(v))) % 256);
130                  Z[i, j] = Convert.ToByte((int)(65536.0
131                      * (z1 - Math.Floor(z1))) % 256);
132              }
133          }
134      }
```

第 56～134 行的公有方法 MyMatrixGen 用于由公钥 IV 生成伪随机矩阵 I、由私钥 key 生成密码矩阵 X、Y 和 Z。

```
135      private void CoverI(byte[,] A, byte[,] P)
136      {
137          int i, j;
138          for(i = 0; i < height; i++)
139          {
140              for(j = 0; j < width; j++)
141              {
142                  if (X[i, j])
143                      A[i, j] = Convert.ToByte(P[i, j] ^ I[i, j]);
144                  else
145                      A[i, j] = P[i, j];
```

```
146                    }
147                }
148            }
```

第135～148行为遮盖Ⅰ操作的函数CoverⅠ,借助密钥矩阵X和Ⅰ由P得到矩阵A。

```
149            private void CoverIIInv(byte[,] P, byte[,] A)
150            {
151                int i, j;
152                for (i = 0; i < height; i++)
153                {
154                    for (j = 0; j < width; j++)
155                    {
156                        if (X[i, j])
157                            P[i, j] = Convert.ToByte(A[i, j] ^ I[i, j]);
158                        else
159                            P[i, j] = A[i, j];
160                    }
161                }
162            }
```

第149～162行为遮盖Ⅰ的逆操作的实现函数CoverⅠInv,借助密钥矩阵X和Ⅰ由A得到矩阵P。

```
163            private void CoverII(byte[,] C, byte[,] A)
164            {
165                int i, j;
166                for (i = 0; i < height; i++)
167                {
168                    for (j = 0; j < width; j++)
169                    {
170                        if (X[i, j])
171                            C[i, j] = A[i, j];
172                        else
173                            C[i, j] = Convert.ToByte(A[i, j] ^ I[i, j]);
174                    }
175                }
176            }
```

第163～176行为遮盖Ⅱ操作的函数CoverⅡ,借助密钥矩阵X和Ⅰ由A得到矩阵C。

```
177            private void CoverIIInv(byte[,] A, byte[,] C)
178            {
179                int i, j;
180                for (i = 0; i < height; i++)
181                {
182                    for (j = 0; j < width; j++)
183                    {
184                        if (X[i, j])
185                            A[i, j] = C[i, j];
186                        else
187                            A[i, j] = Convert.ToByte(C[i, j] ^ I[i, j]);
```

```
188                          }
189                      }
190                  }
```

第 177~190 行为遮盖 II 的逆操作的实现函数 CoverIIInv,借助密钥矩阵 X 和 I 由 C 得到矩阵 A。

```
191              private void DiffI(byte[,] B, byte[,] A)
192              {
193                  int i, j;
194                  for (i = 0; i < height; i++)
195                  {
196                      for (j = 0; j < width; j++)
197                      {
198                          if ((i == 0) && (j == 0))
199                          {
200                              B[i, j] = Convert.ToByte((A[i, j] + Y[i, j]) % 256);
201                          }
202                          else if (i == 0)
203                          {
204                              B[i,j] = Convert.ToByte((A[i, j] + B[i, j − 1] + Y[i, j]) % 256);
205                          }
206                          else if (j == 0)
207                          {
208                              B[i, j] = Convert.ToByte((A[i, j] + B[i − 1, j]
209                                  + B[i − 1, width − 1] + Y[i, j]) % 256);
210                          }
211                          else
212                          {
213                              B[i, j] = Convert.ToByte((A[i, j] + B[i − 1, j]
214                                  + B[i, j − 1] + Y[i, j]) % 256);
215                          }
216                      }
217                  }
218              }
```

第 191~218 行的私有方法 DiffI 为扩散 I 的实现方法,借助密码矩阵 Y 由矩阵 A 得到矩阵 B。

```
219              private void DiffIInv(byte[,] A, byte[,] B)
220              {
221                  int i, j;
222                  for (i = 0; i < height; i++)
223                  {
224                      for (j = 0; j < width; j++)
225                      {
226                          if ((i == 0) && (j == 0))
227                          {
228                              A[i, j] = Convert.ToByte((256 + B[i, j] − Y[i, j]) % 256);
229                          }
230                          else if (i == 0)
```

```
231                         {
232                             A[i,j] = Convert.ToByte((512 + B[i,j] - B[i,j-1] - Y[i,j]) % 256);
233                         }
234                         else if (j == 0)
235                         {
236                             A[i, j] = Convert.ToByte((768 + B[i, j] - B[i - 1, j]
237                                 - B[i - 1, width - 1] - Y[i, j]) % 256);
238                         }
239                         else
240                         {
241                             A[i, j] = Convert.ToByte((768 + B[i, j] - B[i - 1, j]
242                                 - B[i, j - 1] - Y[i, j]) % 256);
243                         }
244                     }
245                 }
246             }
```

第 219～246 行的私有方法 DiffIInv 为扩散 I 的逆操作的实现方法，借助密码矩阵 Y 由矩阵 B 得到矩阵 A。

```
247             private void DiffII(byte[,] E, byte[,] D)
248             {
249                 int i, j;
250                 for (i = height - 1; i >= 0; i--)
251                 {
252                     for (j = width - 1; j >= 0; j--)
253                     {
254                         if ((i == height - 1) && (j == width - 1))
255                         {
256                             E[i, j] = Convert.ToByte((D[i, j] + Z[i, j]) % 256);
257                         }
258                         else if (i == height - 1)
259                         {
260                             E[i,j] = Convert.ToByte((D[i,j] + E[i, j + 1] + Z[i, j]) % 256);
261                         }
262                         else if (j == width - 1)
263                         {
264                             E[i, j] = Convert.ToByte((D[i, j] + E[i + 1, j]
265                                 + E[i + 1, 0] + Z[i, j]) % 256);
266                         }
267                         else
268                         {
269                             E[i, j] = Convert.ToByte((D[i, j] + E[i + 1, j]
270                                 + E[i, j + 1] + Z[i, j]) % 256);
271                         }
272                     }
273                 }
274             }
```

第 247～274 行的私有方法 DiffII 为扩散 II 的实现方法，借助密码矩阵 Z 由矩阵 D 得到矩阵 E。

```
275                 private void DiffIIInv(byte[,] D, byte[,] E)
276                 {
277                     int i, j;
278                     for (i = height - 1; i >= 0; i-- )
279                     {
280                         for (j = width - 1; j >= 0; j-- )
281                         {
282                             if ((i == height - 1) && (j == width - 1))
283                             {
284                                 D[i, j] = Convert.ToByte((256 + E[i, j] - Z[i, j]) % 256);
285                             }
286                             else if (i == height - 1)
287                             {
288                                 D[i,j] = Convert.ToByte((512 + E[i,j] - E[i,j+1] - Z[i,j]) % 256);
289                             }
290                             else if (j == width - 1)
291                             {
292                                 D[i, j] = Convert.ToByte((768 + E[i, j] - E[i + 1, j]
293                                     - E[i + 1, 0] - Z[i, j]) % 256);
294                             }
295                             else
296                             {
297                                 D[i, j] = Convert.ToByte((768 + E[i, j] - E[i + 1, j]
298                                     - E[i, j + 1] - Z[i, j]) % 256);
299                             }
300                         }
301                     }
302                 }
```

第 275~302 行的私有方法 DiffIIInv 为扩散 II 的逆操作的实现方法,借助密码矩阵 Z 由矩阵 E 得到矩阵 D。

```
303                 private void PRScramble(byte[,] B)
304                 {
305                     int[] Ho = new int[height], Ve = new int[width];
306                     int[] Iho = new int[height], Ive = new int[width];
307                     int i, j, m, n;
308                     for (i = 0; i < height; i++)
309                     {
310                         Ho[i] = 0; Iho[i] = 0;
311                         for (j = 0; j < width; j++)
312                         {
313                             Ho[i] += B[i, j];
314                             Iho[i] += I[i, j];
315                         }
316                     }
317                     for (j = 0; j < width; j++)
318                     {
319                         Ve[j] = 0; Ive[j] = 0;
320                         for (i = 0; i < height; i++)
321                         {
```

```
322                         Ve[j]  += B[i, j];
323                         Ive[j] += I[i, j];
324                     }
325                 }
326             for (i = 0; i < height; i++)
327             {
328                 for (j = 0; j < width; j++)
329                 {
330                     m = (Ho[i] - B[i, j] + Iho[i] + I[i, j])    % height
331                     n = (Ve[j] - B[i, j] + Ive[j] + I[i, j])    % width
332                     if ((m != i) && (n != j))
333                     {
334                         Ho[i] = Ho[i] - B[i, j] + B[m, n];
335                         Ve[j] = Ve[j] - B[i, j] + B[m, n];
336                         Ho[m] = Ho[m] + B[i, j] - B[m, n];
337                         Ve[n] = Ve[n] + B[i, j] - B[m, n];
338                         byte t = B[i, j];
339                         B[i, j] = B[m, n];
340                         B[m, n] = t;
341                     }
342                 }
343             }
344         }
```

第 303～344 行的私有方法 PRScramble 为置乱算法的实现方法。

```
345         private void PRScrambleInv(byte[,] B)
346         {
347             int[] Ho = new int[height], Ve = new int[width];
348             int[] Iho = new int[height], Ive = new int[width];
349             int i, j, m, n;
350             for (i = 0; i < height; i++)
351             {
352                 Ho[i] = 0; Iho[i] = 0;
353                 for (j = 0; j < width; j++)
354                 {
355                     Ho[i] += B[i, j];
356                     Iho[i] += I[i, j];
357                 }
358             }
359             for (j = 0; j < width; j++)
360             {
361                 Ve[j] = 0; Ive[j] = 0;
362                 for (i = 0; i < height; i++)
363                 {
364                     Ve[j] += B[i, j];
365                     Ive[j] += I[i, j];
366                 }
367             }
368             for (i = height - 1; i >= 0; i-- )
369             {
```

```
370                    for (j = width - 1; j >= 0; j -- )
371                    {
372                        m = (Ho[ i] − B[ i, j] + Iho[ i] + I[ i, j] )    % height
373                        n = (Ve[ j] − B[ i, j] + Ive[ j] + I[ i, j] )    % width
374                        if ((m != i) && (n != j))
375                        {
376                            Ho[ i] = Ho[ i] − B[ i, j] + B[ m, n] ;
377                            Ve[ j] = Ve[ j] − B[ i, j] + B[ m, n] ;
378                            Ho[ m] = Ho[ m] + B[ i, j] − B[ m, n] ;
379                            Ve[ n] = Ve[ n] + B[ i, j] − B[ m, n] ;
380                            byte t = B[ i, j] ;
381                            B[ i, j] = B[ m, n] ;
382                            B[ m, n] = t;
383                        }
384                    }
385                }
386            }
```

第 345~386 行的私有方法 PRScrambleInv 为置乱的逆算法的实现方法。

```
387            public void PKPKCICEnc()
388            {
389                //MyMatrixGen();
390                byte[,] A = new byte[height, width];
391                byte[,] B = new byte[height, width];
392                CoverI(A, plainImage);
393                DiffI(B, A);
394                PRScramble(B);
395                DiffII(A, B);
396                CoverII(cipherImage, A);
397            }
```

第 387~397 行为 PKPKCIC 系统的加密函数 PKPKCICEnc。第 389 行调用 MyMatrixGen 由公钥 IV 和私钥 key 生成密码矩阵 X、Y、Z 和 I(该函数被注释掉了,在程序 7-6 中被直接调用),第 392~396 行依次执行遮盖 I、扩散 I、置乱、扩散 II 和遮盖 II 算法 (如图 7-2a 所示),密文图像保存在 cipherImage 中。

```
398            public void PKPKCICDec()
399            {
400                //MyMatrixGen();
401                byte[,] A = new byte[height, width];
402                byte[,] B = new byte[height, width];
403                CoverIIInv(A, cipherImage);
404                DiffIIInv(B, A);
405                PRScrambleInv(B);
406                DiffIInv(A, B);
407                CoverIInv(recoveredImage, A);
408            }
409        }
410    }
```

第 398 ~ 408 行为 PKPKCIC 系统的解密函数 PKPKCICDec。第 400 行调用 MyMatrixGen 由公钥 IV 和私钥 key 生成密码矩阵 X、Y、Z 和 I(该函数被注释掉了,在程序 7-6 中被直接调用),第 403~407 行依次执行遮盖 Ⅱ 逆操作、扩散 Ⅱ 逆操作、置乱逆操作、扩散 Ⅰ 逆操作和遮盖 Ⅰ 逆操作(如图 7-2b 所示),解密后的图像保存在 recoveredImage 中。

【程序 7-6】 MainForm.cs 文件中新添加的内容。

```
1    using System;
2    using System.Diagnostics;
3    using System.Drawing;
4    using System.Windows.Forms;
5
6    namespace MyCSFrame
7    {
8        public partial class MainForm : Form
9        {
```

第 10~45 行因代码不变而忽略。

第 46 行定义类 MyPKPKCIC 的实例 myPKPKCIC。

```
46          MyPKPKCIC myPKPKCIC = new MyPKPKCIC();
```

第 47~59 行因代码不变而忽略。

```
60          private void cmbBoxSelectMethod_SelectedIndexChanged(object sender,
61              EventArgs e)
62          {
```

第 63~124 行因代码不变而忽略。

如果组合选择框选择了 PKPKCIC,即第 125 行为真,则使得 txtKey01~txtKey11 处于可编辑状态(第 127~132 行),用于输入私钥和公钥。

```
125             if (cmbBoxSelectMethod.Text.Equals("PKPKCIC"))
126             {
127                 txtKey01.ReadOnly = false; txtKey02.ReadOnly = false;
128                 txtKey03.ReadOnly = false; txtKey04.ReadOnly = false;
129                 txtKey05.ReadOnly = false; txtKey06.ReadOnly = false;
130                 txtKey07.ReadOnly = false; txtKey08.ReadOnly = false;
131                 txtKey09.ReadOnly = false; txtKey10.ReadOnly = false;
132                 txtKey11.ReadOnly = false;
133             }
134         }
135         private void btnEncrypt_Click(object sender, EventArgs e)
136         {
```

第 137~767 行因代码不变而忽略。

如果组合选择框选择了 PKPKCIC,即第 768 行为真,则进行 PKPKCIC 系统的加密处理。

```
768             if (cmbBoxSelectMethod.Text.Equals("PKPKCIC"))      //For PKPKCIC
769             {
```

```
770                    long[] key = new long[10];
771                    double IV;
```

第 770 行定义 key 保存私钥，其中 key[0]～key[8]各为 32 位的整数，key[9]为 12 位的整数。

第 771 行定义 IV 保存公钥，为小于 1 的正小数。

```
772                    try
773                    {
774                        for (int i = 0; i < 10; i++)
775                        {
776                            key[i] = 0;
777                            TextBox tb = (TextBox)Controls.Find("txtKey" +
778                                (i / 9).ToString() + ((i + 1) % 10).ToString(), true)[0];
779                            string sv = tb.Text;
780                            if (i < 9)
781                            {
782                                for (int j = 0; j < 8; j++)
783                                {
784                                    if (sv[j] >= '0' && sv[j] <= '9')
785                                    {
786                                        key[i] += Convert.ToInt64((sv[j] - '0')
787                                            * Math.Pow(2, 4 * (7 - j)));
788                                    }
789                                    else
790                                    {
791                                        key[i] += Convert.ToInt64((Char.ToLower(sv[j])
792                                            - 'a' + 10) * Math.Pow(2, 4 * (7 - j)));
793                                    }
794                                }
795                            }
```

第 782～795 行从 txtKey01～txtKey09 中读入 32 位长的十六进制整数，依次保存在 key[0]～key[8]中。

```
796                            else
797                            {
798                                for (int j = 0; j < 3; j++)
799                                {
800                                    if (sv[j] >= '0' && sv[j] <= '9')
801                                    {
802                                        key[i] += Convert.ToInt64((sv[j] - '0')
803                                            * Math.Pow(2, 4 * (2 - j)));
804                                    }
805                                    else
806                                    {
807                                        key[i] += Convert.ToInt64((Char.ToLower(sv[j])
808                                            - 'a' + 10) * Math.Pow(2, 4 * (2 - j)));
809                                    }
810                                }
811                            }
812                        }
813                        IV = Double.Parse(txtKey11.Text);
```

第 798～810 行从 txtKey10 中读入 12 位长的十六进制整数,保存在 key[9]中。第 813 行从 txtKey11 中读入小数,保存在 IV 中。

```
814                myPKPKCIC.MyKeyGen(key, IV);
815                myPKPKCIC.setPlainImage(myImageData);
816                myPKPKCIC.MyMatrixGen();
817                Stopwatch sw = new Stopwatch();
818                sw.Start();
819                //myPKPKCIC.MyMatrixGen();
820                myPKPKCIC.PKPKCICEnc();
821                sw.Stop();
822                TimeSpan ts = sw.Elapsed;
823                txtEncTime.Text = ts.TotalMilliseconds.ToString() + "ms";
824                myPKPKCIC.getCipherImage(myImageData);
825                picBoxCipher.Image = myImageData.MyShowCipherImage();
826                btnDecrypt.Enabled = true;
827            }
```

第 814 行调用对象 myPKPKCIC 的方法 MyKeyGen 获得 key 和 IV;第 815 行将对象 myImageData 中的明文图像数据读入到 myPKPKCIC 对象中;第 816 行调用对象 myPKPKCIC 的方法 MyMatrixGen 产生密码矩阵;第 820 行调用对象 myPKPKCIC 的 PKPKCICEnc 方法执行加密处理;第 824 行将对象 myPKPKCIC 中的密文图像赋给对象 myImageData。

```
828                catch (FormatException fe)
829                {
830                    string str = fe.ToString();
831                }
832                catch (IndexOutOfRangeException iore)
833                {
834                    string str = iore.ToString();
835                }
836            }
837        }
838        private void btnDecrypt_Click(object sender, EventArgs e)
839        {
```

第 840～1039 行因代码不变而忽略。

```
1040            if (cmbBoxSelectMethod.Text.Equals("PKPKCIC"))        //For PKPKCIC
1041            {
1042                try
1043                {
1044                    myPKPKCIC.MyMatrixGen();
1045                    Stopwatch sw = new Stopwatch();
1046                    sw.Start();
1047                    //myPKPKCIC.MyMatrixGen();
1048                    myPKPKCIC.PKPKCICDec();
1049                    sw.Stop();
1050                    TimeSpan ts = sw.Elapsed;
1051                    txtDecTime.Text = ts.TotalMilliseconds.ToString() + "ms";
1052                    myPKPKCIC.getRecoveredImage(myImageData);
```

```
1053                          picBoxRecovered.Image =
1054                              myImageData.MyShowRecoveredImage();
1055                      }
1056                  catch (FormatException fe)
1057                  {
1058                      string str = fe.ToString();
1059                  }
1060              }
1061          }
1062      }
1063  }
```

第 1044 行调用对象 myPKPKCIC 的方法 MyMatrixGen 产生密码矩阵；第 1048 行调用对象 myPKPKCIC 的方法 PKPKCICDec 进行解密操作；第 1052 行将 myPKPKCIC 对象中的解密图像数据赋给对象 myImageData。

7.4　PKPKCIC 系统性能分析

采用第 4 章列举的图像密码系统安全性能评价方法，下面从加密/解密速度、密钥空间、信息熵、统计特性、私钥敏感性、明文敏感性、密文敏感性和公钥敏感性分析等八个方面评估 PKPKCIC 系统的安全性能。由于 PKPKCIC 系统性能测试程序与第 4 章的程序类似，为了节省篇幅，这里不再给出具体的算法程序。

1. 加密/解密速度

不失一般性，密钥 **K** 取为图 7-4 中的密钥，以大小为 256×256 像素的 Pepper 或 Plane 图像为例，多次运行图 7-4 和图 7-5 所示的 PKPKCIC 系统（注：图 7-4 中每次加密/解密处理的时间都包括密码矩阵生成函数的执行时间，图 7-5 中每次加密/解密处理的时间都不包含密码矩阵生成函数的执行时间），以最快的加密速度/解密速度为 PKPKCIC 系统的加密和解密速度，计算结果列于表 7-1 中。

表 7-1　C# 语言下加密与解密速度

项　　目	加密速度/(Mb/s)	解密速度/(Mb/s)
PKPKCIC 系统（含密码生成器）	**14.0589**	**13.8998**
PKPKCIC 系统（不含密码生成器）	**24.3845**	**24.0865**
EADASIC 系统（含密码生成器）	15.1939	15.1939
EADASIC 系统（不含密码生成器）	30.8182	30.8182
PRIC 系统（含密码生成器）	10.3206	10.4025
PRIC 系统（不含密码生成器）	25.5111	25.5195
优秀最低速度标准	13.9546	12.8366
合格最低速度标准	7.2496	6.6223

表 7-1 中的优秀最低速度标准和合格最低速度标准来自表 4-2。此外，表 7-1 中也列举了 PRIC 系统和 EADASIC 系统的加密/解密速度。由表 7-1 可知，PKPKCIC 系统（含密码发生器）的加密/解密速度均高于"优秀最低速度标准"，PKPKCIC 系统（不含密码生成器）的加密/解密速度超过 24Mb/s。由此可见，PKPKCIC 系统是一种高速的图像密码系统。

2. 密钥空间

在 PKPKCIC 系统中,密钥 **K** 为 300 位的位序列,因此 PKPKCIC 系统的密钥空间为 2^{300}。PKPKCIC 系统的密钥空间远比 AES-256 系统大得多,其对抗穷举密钥攻击的能力比 AES-256 系统更优秀。

3. 信息熵

不失一般性,这里设定私钥为 $K = \{545404223, 3922919431, 2715962281, 418932849, 1196140742, 2348838239, 4112460543, 4144164702, 676943031, 509\}$(十进制形式),公钥 **IV** $= 0.9058$,以 Lena、Baboon、Pepper、Plane、全黑图像和全白图像(图 1-1)为例,计算 PKPKCIC 加密这些图像得到的密文的熵、相对熵和冗余度,计算结果列于表 7-2 中(注:这些明文图像的信息熵、相对熵和冗余度见表 4-3)。

表 7-2 **PKPKCIC 系统加密得到的密文的熵、相对熵和冗余度**

项目	Lena 密文	Baboon 密文	Pepper 密文	Plane 密文	全黑图像密文	全白图像密文
熵/bit	7.997167	7.996863	7.997510	7.997100	7.996736	7.997206
相对熵	0.999646	0.999608	0.999689	0.999638	0.999592	0.999651
冗余度/%	0.0354	0.0392	0.0311	0.0362	0.0408	0.0349

由表 7-2 可知,PKPKCIC 系统加密得到的各个密文的冗余度均小于 0.05%,对比表 4-4,可认为 PKPKCIC 系统达到了基于 AES 的图像密码系统加密得到的密文的信息熵的标准,从而可以对抗基于信息熵的分析。

4. 统计特性

不失一般性,私钥取为 $K = \{545404223, 3922919431, 2715962281, 418932849, 1196140742, 2348838239, 4112460543, 4144164702, 676943031, 509\}$(十进制形式),公钥 **IV** $= 0.9058$,以 Lena、Baboon、Pepper、Plane、全黑图像和全白图像为例,PKPKCIC 系统加密得到的密文图像的直方图 χ^2 检验结果见表 7-3,随机从图像中选取 2000 对水平、垂直、正对角和反对角线上的相邻像素点,计算它们的相关系数,见表 7-4。这些明文图像的相关系数和直方图 χ^2 检验结果见表 4-5 和表 4-6。

表 7-3 **直方图 χ^2 检验结果**($\chi^2_{0.05}(255) = 293.2478, \chi^2_{0.01}(255) = 310.4574$)

项目	Lena	Baboon	Pepper	Plane	全黑图像	全白图像
PRIC 密文	256.2422	284.9375	225.8516	262.6875	296.8594	252.7891

表 7-4 **相关系数**

图 像	水 平	垂 直	正对角	反对角
Lena 密文	0.018552	-0.019424	-0.003594	-0.024244
Baboon 密文	0.022609	0.008886	-0.035064	0.010195
Pepper 密文	-0.023508	0.008463	-0.016262	-0.003778
Plane 密文	-0.001804	-0.047830	-0.032568	0.011877
全黑图像密文	0.047072	-0.007170	0.006137	-0.026142
全白图像密文	0.000552	-0.016748	-0.009495	0.054721

对比表 7-3 和表 4-6 可知,PKPKCIC 系统加密得到的密文图像的直方图 χ^2 检验结果均小于 $\chi^2_{0.01}(255)$,故可认为密文图像近似均匀分布,即在显著性水平 0.01 的情况下,认为密文图像的直方图分布与均匀分布无显著差异。

对比表 7-4 和表 4-5 可知,PKPKCIC 系统加密得到的密文图像在各个方向上的相关系数值均非常接近 0,说明密文图像相邻像素点间无相关性,从而可以有效地对抗基于相关特性的分析。

5. 私钥敏感性分析

私钥敏感性分析包括加密系统的私钥敏感性分析和解密系统的私钥敏感性分析两种,其中,解密系统的私钥敏感性分析又包括解密系统的合法私钥敏感性分析和解密系统的非法私钥敏感性分析。在私钥敏感性分析中,公钥保持不变,取值为 0.9058(注:PKPKCIC 系统要求每次加密都随机生成一个新的公钥)。

加密算法的私钥敏感性测试方法为:随机产生 100 个私钥,对于每个私钥,微小改变其值(300 位密钥的任一位取反),使用改变前后的两个密钥,加密明文图像 Lena、Baboon、Pepper、Plane、全黑图像和全白图像,分析加密同一明文所得的两个密文间的 NPCR、UACI 和 BACI 的值,最后计算 100 次试验的平均值,列于表 7-5 中。

表 7-5　PKPKCIC 系统加密时的密钥敏感性分析结果(%)

项目	Lena	Baboon	Pepper	Plane	全黑图像	全白图像	理论值
NPCR	99.6089	99.6085	99.6059	99.6120	99.6074	99.6120	99.6094
UACI	33.4675	33.4551	33.4483	33.4649	33.4481	33.4565	33.4635
BACI	26.7819	26.7746	26.7650	26.7658	26.7682	26.7641	26.7712

解密算法的合法私钥敏感性测试方法为:随机产生 100 个私钥,对于每个私钥,先使用它加密明文图像得到相应的密文图像,然后,微小改变私钥的值(300 位密钥的任一位取反),用微小改变的私钥解密密文图像,得到还原后的图像。分析原始明文和还原后的图像间的 NPCR、UACI 和 BACI 的值,最后,计算 100 次试验的平均值,列于表 7-6 和表 7-7 中。

表 7-6　PKPKCIC 系统解密时的合法密钥敏感性分析结果 Ⅰ(%)

项目	Lena		Baboon		Pepper	
	计算值	理论值	计算值	理论值	计算值	理论值
NPCR	99.6097	99.6094	99.6070	99.6094	99.6096	99.6094
UACI	28.6731	28.6850	27.9198	27.9209	30.9011	30.9134
BACI	21.3903	21.3932	20.7130	20.7106	23.2197	23.2234

表 7-7　PKPKCIC 系统解密时的合法密钥敏感性分析结果 Ⅱ(%)

项目	Plane		全黑图像		全白图像	
	计算值	理论值	计算值	理论值	计算值	理论值
NPCR	99.6101	99.6094	99.6031	99.6094	99.6090	99.6094
UACI	32.3787	32.3785	49.9711	50.0000	50.0011	50.0000
BACI	25.4491	25.4579	33.4803	33.4635	33.4704	33.4635

解密算法的非法私钥敏感性测试方法为：随机产生 100 个私钥，对于每个私钥，先使用它加密明文图像得到相应的密文图像；然后，随机产生与前述 100 个私钥互不相同的 100 个私钥，对于每个私钥，微小改变它的值（300 位密钥的任一位取反），用微小改变前后的两个私钥解密密文图像，得到两个解密后的图像。分析这两个解密后的图像间的 NPCR、UACI 和 BACI 的值，最后计算 100 次试验的平均值，列于表 7-8 中。

表 7-8   PKPKCIC 系统解密时的非法密钥敏感性分析结果（%）

项目	Lena	Baboon	Pepper	Plane	全黑图像	全白图像	理论值
NPCR	99.6068	99.6092	99.6055	99.6090	99.6090	99.6138	99.6094
UACI	33.4836	33.4543	33.4700	33.4826	33.4754	33.4761	33.4635
BACI	26.7825	26.7646	26.7629	26.7776	26.7730	26.7760	26.7712

由表 7-5～表 7-8 可知，PKPKCIC 系统密钥敏感性测试的 NPCR、UACI 和 BACI 的计算结果趋于其理论值，说明 PKPKCIC 系统具有强的密钥敏感性。

6. 明文敏感性分析

明文敏感性测试方法为：对于给定的明文图像 P_1，借助某一私钥 K 和公钥 IV 加密 P_1 得到相应的密文图像 C_1；然后，从 P_1 中随机选取一个像素点 (i,j)，微小改变该像素点的值，得到新的图像记为 P_2，即除了在随机选择的该像素点 (i,j) 处有 $P_2(i,j)=\mod(P_1(i,j)+1,256)$ 外，$P_2=P_1$；接着，仍借助同一私钥 K 和公钥 IV 加密 P_2 得到相应的密文图像，记为 C_2，计算 C_1 和 C_2 间的 NPCR、UACI 和 BACI 的值；最后，重复 100 次实验计算 NPCR、UACI 和 BACI 的平均值。这里，以明文图像 Lena、Baboon、Pepper、Plane、全黑图像和全白图像为例，PKPKCIC 系统的明文敏感性测试结果列于表 7-9 中。

表 7-9   PKPKCIC 系统明文敏感性分析结果（%）

项目	Lena	Baboon	Pepper	Plane	全黑图像	全白图像	理论值
NPCR	99.6103	99.6114	99.6148	99.6082	99.6095	99.6074	99.6094
UACI	33.4625	33.4538	33.4816	33.4666	33.4578	33.4581	33.4635
BACI	26.7844	26.7568	26.7784	26.7684	26.7649	26.7750	26.7712

由表 7-9 可知，NPCR、UACI 和 BACI 的计算结果极其接近各自的理论值，说明 PKPKCIC 系统具有强的明文敏感性。

7. 密文敏感性分析

密文敏感性的测试方法为：对于给定的明文图像 P_1，借助某一私钥 K 和公钥 IV 加密 P_1 得到相应的密文图像 C_1；然后，从 C_1 中随机选取一个像素点 (i,j)，微小改变该像素点的值，将得到的新图像记为 C_2，即除了在随机选择的该像素点 (i,j) 处有 $C_2(i,j)=\mod(C_1(i,j)+1,256)$ 外，$C_2=C_1$；接着，仍借助同一私钥 K 和公钥 IV 解密 C_2 得到还原后的图像，并将其记为 P_2，计算 P_1 和 P_2 间的 NPCR、UACI 和 BACI 的值；最后，重复 100 次实验计算 NPCR、UACI 和 BACI 的平均值。这里，以明文图像 Lena、Baboon、Pepper、Plane、全黑图像和全白图像为例，PKPKCIC 系统的密文敏感性测试结果列于表 7-10 和表 7-11 中。

表7-10　PKPKCIC 系统密文敏感性分析结果 Ⅰ（%）

项目	Lena		Baboon		Pepper	
	计算值	理论值	计算值	理论值	计算值	理论值
NPCR	99.6063	99.6094	99.6108	99.6094	99.6100	99.6094
UACI	28.6894	28.6850	27.9195	27.9209	30.9148	30.9134
BACI	21.3931	21.3932	20.7073	20.7106	23.2312	23.2234

表7-11　PKPKCIC 系统密文敏感性分析结果 Ⅱ（%）

项目	Plane		全黑图像		全白图像	
	计算值	理论值	计算值	理论值	计算值	理论值
NPCR	99.6079	99.6094	99.6087	99.6094	99.6060	99.6094
UACI	32.3677	32.3785	49.9919	50.0000	49.9959	50.0000
BACI	25.4587	25.4579	33.4537	33.4635	33.4679	33.4635

由表 7-10 和表 7-11 可知，NPCR、UACI 和 BACI 的计算结果非常接近各自的理论值，说明 PKPKCIC 系统具有强的密文敏感性。

8. 公钥敏感性分析

上述在测试私钥敏感性、明文敏感性和密文敏感性时，假定公钥是不变的。事实上，PKPKCIC 系统可以在每次加密时使用不同的公钥。公钥敏感性分析包括加密系统的公钥敏感性分析和解密系统的公钥敏感性分析。解密系统的公钥敏感性分析又包括解密系统的合法公钥敏感性分析和非法公钥敏感性分析，但是，由于公钥是公开的，所以解密系统的非法公钥敏感性分析没有意义。

加密算法的公钥敏感性测试方法为：固定选择一个私钥，随机产生 100 个公钥，对于每个公钥，微小改变其值（改变的大小为 10^{-14}），使用改变前后的两个公钥及选定的私钥，加密明文图像 Lena、Baboon、Pepper、Plane、全黑图像和全白图像，分析加密同一明文所得的两个密文间的 NPCR、UACI 和 BACI 的值，最后计算 100 次试验的平均值，列于表 7-12 中。

表7-12　PKPKCIC 系统加密时的公钥敏感性分析结果（%）

项目	Lena	Baboon	Pepper	Plane	全黑图像	全白图像	理论值
NPCR	99.6095	99.6129	99.6097	99.6096	99.6117	99.6107	99.6094
UACI	33.4746	33.4666	33.4441	33.4731	33.4680	33.4638	33.4635
BACI	26.7644	26.7719	26.7642	26.7748	26.7681	26.7656	26.7712

解密算法的合法公钥敏感性测试方法为：固定选择一个私钥，随机产生 100 个公钥，对于每个公钥，先使用它和选定的私钥加密明文图像得到相应的密文图像，然后，微小改变公钥的值（改变的大小为 10^{-14}），用微小改变的公钥和选定的私钥解密密文图像，得到还原后的图像。分析原始明文和还原后的图像间的 NPCR、UACI 和 BACI 的值，最后，计算 100 次试验的平均值，列于表 7-13 和表 7-14 中。

表 7-13   PKPKCIC 系统解密时的合法公钥敏感性分析结果 I（%）

项目	Lena		Baboon		Pepper	
	计算值	理论值	计算值	理论值	计算值	理论值
NPCR	99.6093	99.6094	99.6068	99.6094	99.6047	99.6094
UACI	28.6923	28.6850	27.9209	27.9209	30.9058	30.9134
BACI	21.4001	21.3932	20.7149	20.7106	23.2233	23.2234

表 7-14   PKPKCIC 系统解密时的合法公钥敏感性分析结果 II（%）

项目	Plane		全 黑 图 像		全 白 图 像	
	计算值	理论值	计算值	理论值	计算值	理论值
NPCR	99.6113	99.6094	99.6107	99.6094	99.6099	99.6094
UACI	32.3833	32.3785	49.9879	50.0000	50.0076	50.0000
BACI	25.4633	25.4579	33.4710	33.4635	33.4753	33.4635

由表 7-12～表 7-14 可知，PKPKCIC 系统公钥敏感性测试的 NPCR、UACI 和 BACI 的计算结果趋于其理论值，说明 PKPKCIC 系统具有强的公钥敏感性。

7.5 本章小结

本章研究了一种融合公钥与私钥的新型数字图像加密系统（PKPKCIC）及其 MATLAB 和 C#语言实现方法，并详细分析了 PKPKCIC 系统的安全性能。PKPKCIC 系统展示了新颖的加密思想：在经典的对称密码算法中，加密和解密都是从密钥出发生成密码矩阵进行后续的处理，而 PKPKCIC 系统中部分密钥矩阵由公开的公钥出发，借助部分私钥生成。PKPKCIC 系统每次加密都使用不同的公钥，公钥和密文一起通过公共信道传递给收信方，如果没有公钥，仅有私钥，PKPKCIC 系统无法解密；同样，只有公钥，没有私钥，也无法解密。PKPKCIC 系统使得已知/选择明文攻击等被动攻击与穷举密钥攻击效率相当，因为部分密码矩阵是由公钥与部分私钥相互作用产生的。同时，PKPKCIC 系统和 EADASIC、PRIC 系统相似，基于单轮的“扩散—置乱—扩散”结构，且采用明文关联的置乱操作（两个扩散操作均与明文无关），因此 PKPKCIC 也属于明文关联的图像密码系统。性能分析表明，PKPKCIC 系统比 AES-S 系统的加密/解密速度快得多，且各项安全性能指标优秀，是一种具有实际应用价值的基于混沌系统的优秀图像密码系统。

附录

程序代码与数据

附录 A　MyAES.cs 文件中的查找表数据

MyAES.cs 文件中的类 MyAES 中的查找表数据列于附程 A-1 中。

【附程 A-1】　类 MyAES 中的查找表数据。

```
681          private readonly byte[] Sbox = new byte[256]{
682          99,124,119,123,242,107,111,197,48,1,103,43,254,215,171,118,
683          202,130,201,125,250,89,71,240,173,212,162,175,156,164,114,192,
684          183,253,147,38,54,63,247,204,52,165,229,241,113,216,49,21,
685          4,199,35,195,24,150,5,154,7,18,128,226,235,39,178,117,
686          9,131,44,26,27,110,90,160,82,59,214,179,41,227,47,132,
687          83,209,0,237,32,252,177,91,106,203,190,57,74,76,88,207,
688          208,239,170,251,67,77,51,133,69,249,2,127,80,60,159,168,
689          81,163,64,143,146,157,56,245,188,182,218,33,16,255,243,210,
690          205,12,19,236,95,151,68,23,196,167,126,61,100,93,25,115,
691          96,129,79,220,34,42,144,136,70,238,184,20,222,94,11,219,
692          224,50,58,10,73,6,36,92,194,211,172,98,145,149,228,121,
693          231,200,55,109,141,213,78,169,108,86,244,234,101,122,174,8,
694          186,120,37,46,28,166,180,198,232,221,116,31,75,189,139,138,
695          112,62,181,102,72,3,246,14,97,53,87,185,134,193,29,158,
696          225,248,152,17,105,217,142,148,155,30,135,233,206,85,40,223,
697          140,161,137,13,191,230,66,104,65,153,45,15,176,84,187,22};
```

第 681～697 行为 S 盒 Sbox。

```
698          byte[] SboxInv = new byte[256]{
699          82,9,106,213,48,54,165,56,191,64,163,158,129,243,215,251,
700          124,227,57,130,155,47,255,135,52,142,67,68,196,222,233,203,
701          84,123,148,50,166,194,35,61,238,76,149,11,66,250,195,78,
702          8,46,161,102,40,217,36,178,118,91,162,73,109,139,209,37,
703          114,248,246,100,134,104,152,22,212,164,92,204,93,101,182,146,
704          108,112,72,80,253,237,185,218,94,21,70,87,167,141,157,132,
705          144,216,171,0,140,188,211,10,247,228,88,5,184,179,69,6,
```

```
706       208,44,30,143,202,63,15,2,193,175,189,3,1,19,138,107,
707       58,145,17,65,79,103,220,234,151,242,207,206,240,180,230,115,
708       150,172,116,34,231,173,53,133,226,249,55,232,28,117,223,110,
709       71,241,26,113,29,41,197,137,111,183,98,14,170,24,190,27,
710       252,86,62,75,198,210,121,32,154,219,192,254,120,205,90,244,
711       31,221,168,51,136,7,199,49,177,18,16,89,39,128,236,95,
712       96,81,127,169,25,181,74,13,45,229,122,159,147,201,156,239,
713       160,224,59,77,174,42,245,176,200,235,187,60,131,83,153,97,
714       23,43,4,126,186,119,214,38,225,105,20,99,85,33,12,125};
```

第 698~714 行为逆 S 盒。

```
715       private readonly byte[] RoundTblOne = new byte[256 * 4] {
716       198,99,99,165,248,124,124,132,238,119,119,153,246,123,123,141,
717       255,242,242,13,214,107,107,189,222,111,111,177,145,197,197,84,
718       96,48,48,80,2,1,1,3,206,103,103,169,86,43,43,125,
719       231,254,254,25,181,215,215,98,77,171,171,230,236,118,118,154,
720       143,202,202,69,31,130,130,157,137,201,201,64,250,125,125,135,
721       239,250,250,21,178,89,89,235,142,71,71,201,251,240,240,11,
722       65,173,173,236,179,212,212,103,95,162,162,253,69,175,175,234,
723       35,156,156,191,83,164,164,247,228,114,114,150,155,192,192,91,
724       117,183,183,194,225,253,253,28,61,147,147,174,76,38,38,106,
725       108,54,54,90,126,63,63,65,245,247,247,2,131,204,204,79,
726       104,52,52,92,81,165,165,244,209,229,229,52,249,241,241,8,
727       226,113,113,147,171,216,216,115,98,49,49,83,42,21,21,63,
728       8,4,4,12,149,199,199,82,70,35,35,101,157,195,195,94,
729       48,24,24,40,55,150,150,161,10,5,5,15,47,154,154,181,
730       14,7,7,9,36,18,18,54,27,128,128,155,223,226,226,61,
731       205,235,235,38,78,39,39,105,127,178,178,205,234,117,117,159,
732       18,9,9,27,29,131,131,158,88,44,44,116,52,26,26,46,
733       54,27,27,45,220,110,110,178,180,90,90,238,91,160,160,251,
734       164,82,82,246,118,59,59,77,183,214,214,97,125,179,179,206,
735       82,41,41,123,221,227,227,62,94,47,47,113,19,132,132,151,
736       166,83,83,245,185,209,209,104,0,0,0,0,193,237,237,44,
737       64,32,32,96,227,252,252,31,121,177,177,200,182,91,91,237,
738       212,106,106,190,141,203,203,70,103,190,190,217,114,57,57,75,
739       148,74,74,222,152,76,76,212,176,88,88,232,133,207,207,74,
740       187,208,208,107,197,239,239,42,79,170,170,229,237,251,251,22,
741       134,67,67,197,154,77,77,215,102,51,51,85,17,133,133,148,
742       138,69,69,207,233,249,249,16,4,2,2,6,254,127,127,129,
743       160,80,80,240,120,60,60,68,37,159,159,186,75,168,168,227,
744       162,81,81,243,93,163,163,254,128,64,64,192,5,143,143,138,
745       63,146,146,173,33,157,157,188,112,56,56,72,241,245,245,4,
746       99,188,188,223,119,182,182,193,175,218,218,117,66,33,33,99,
747       32,16,16,48,229,255,255,26,253,243,243,14,191,210,210,109,
748       129,205,205,76,24,12,12,20,38,19,19,53,195,236,236,47,
749       190,95,95,225,53,151,151,162,136,68,68,204,46,23,23,57,
750       147,196,196,87,85,167,167,242,252,126,126,130,122,61,61,71,
751       200,100,100,172,186,93,93,231,50,25,25,43,230,115,115,149,
752       192,96,96,160,25,129,129,152,158,79,79,209,163,220,220,127,
753       68,34,34,102,84,42,42,126,59,144,144,171,11,136,136,131,
```

```
754        140,70,70,202,199,238,238,41,107,184,184,211,40,20,20,60,
755        167,222,222,121,188,94,94,226,22,11,11,29,173,219,219,118,
756        219,224,224,59,100,50,50,86,116,58,58,78,20,10,10,30,
757        146,73,73,219,12,6,6,10,72,36,36,108,184,92,92,228,
758        159,194,194,93,189,211,211,110,67,172,172,239,196,98,98,166,
759        57,145,145,168,49,149,149,164,211,228,228,55,242,121,121,139,
760        213,231,231,50,139,200,200,67,110,55,55,89,218,109,109,183,
761        1,141,141,140,177,213,213,100,156,78,78,210,73,169,169,224,
762        216,108,108,180,172,86,86,250,243,244,244,7,207,234,234,37,
763        202,101,101,175,244,122,122,142,71,174,174,233,16,8,8,24,
764        111,186,186,213,240,120,120,136,74,37,37,111,92,46,46,114,
765        56,28,28,36,87,166,166,241,115,180,180,199,151,198,198,81,
766        203,232,232,35,161,221,221,124,232,116,116,156,62,31,31,33,
767        150,75,75,221,97,189,189,220,13,139,139,134,15,138,138,133,
768        224,112,112,144,124,62,62,66,113,181,181,196,204,102,102,170,
769        144,72,72,216,6,3,3,5,247,246,246,1,28,14,14,18,
770        194,97,97,163,106,53,53,95,174,87,87,249,105,185,185,208,
771        23,134,134,145,153,193,193,88,58,29,29,39,39,158,158,185,
772        217,225,225,56,235,248,248,19,43,152,152,179,34,17,17,51,
773        210,105,105,187,169,217,217,112,7,142,142,137,51,148,148,167,
774        45,155,155,182,60,30,30,34,21,135,135,146,201,233,233,32,
775        135,206,206,73,170,85,85,255,80,40,40,120,165,223,223,122,
776        3,140,140,143,89,161,161,248,9,137,137,128,26,13,13,23,
777        101,191,191,218,215,230,230,49,132,66,66,198,208,104,104,184,
778        130,65,65,195,41,153,153,176,90,45,45,119,30,15,15,17,
779        123,176,176,203,168,84,84,252,109,187,187,214,44,22,22,58};
780        private readonly byte[] RoundTblTwo = new byte[256 * 4] {
781        165,198,99,99,132,248,124,124,153,238,119,119,141,246,123,123,
782        13,255,242,242,189,214,107,107,177,222,111,111,84,145,197,197,
783        80,96,48,48,3,2,1,1,169,206,103,103,125,86,43,43,
784        25,231,254,254,98,181,215,215,230,77,171,171,154,236,118,118,
785        69,143,202,202,157,31,130,130,64,137,201,201,135,250,125,125,
786        21,239,250,250,235,178,89,89,201,142,71,71,11,251,240,240,
787        236,65,173,173,103,179,212,212,253,95,162,162,234,69,175,175,
788        191,35,156,156,247,83,164,164,150,228,114,114,91,155,192,192,
789        194,117,183,183,28,225,253,253,174,61,147,147,106,76,38,38,
790        90,108,54,54,65,126,63,63,2,245,247,247,79,131,204,204,
791        92,104,52,52,244,81,165,165,52,209,229,229,8,249,241,241,
792        147,226,113,113,115,171,216,216,83,98,49,49,63,42,21,21,
793        12,8,4,4,82,149,199,199,101,70,35,35,94,157,195,195,
794        40,48,24,24,161,55,150,150,15,10,5,5,181,47,154,154,
795        9,14,7,7,54,36,18,18,155,27,128,128,61,223,226,226,
796        38,205,235,235,105,78,39,39,205,127,178,178,159,234,117,117,
797        27,18,9,9,158,29,131,131,116,88,44,44,46,52,26,26,
798        45,54,27,27,178,220,110,110,238,180,90,90,251,91,160,160,
799        246,164,82,82,77,118,59,59,97,183,214,214,206,125,179,179,
800        123,82,41,41,62,221,227,227,113,94,47,47,151,19,132,132,
801        245,166,83,83,104,185,209,209,0,0,0,0,44,193,237,237,
802        96,64,32,32,31,227,252,252,200,121,177,177,237,182,91,91,
803        190,212,106,106,70,141,203,203,217,103,190,190,75,114,57,57,
804        222,148,74,74,212,152,76,76,232,176,88,88,74,133,207,207,
```

```
805    107,187,208,208,42,197,239,239,229,79,170,170,22,237,251,251,
806    197,134,67,67,215,154,77,77,85,102,51,51,148,17,133,133,
807    207,138,69,69,16,233,249,249,6,4,2,2,129,254,127,127,
808    240,160,80,80,68,120,60,60,186,37,159,159,227,75,168,168,
809    243,162,81,81,254,93,163,163,192,128,64,64,138,5,143,143,
810    173,63,146,146,188,33,157,157,72,112,56,56,4,241,245,245,
811    223,99,188,188,193,119,182,182,117,175,218,218,99,66,33,33,
812    48,32,16,16,26,229,255,255,14,253,243,243,109,191,210,210,
813    76,129,205,205,20,24,12,12,53,38,19,19,47,195,236,236,
814    225,190,95,95,162,53,151,151,204,136,68,68,57,46,23,23,
815    87,147,196,196,242,85,167,167,130,252,126,126,71,122,61,61,
816    172,200,100,100,231,186,93,93,43,50,25,25,149,230,115,115,
817    160,192,96,96,152,25,129,129,209,158,79,79,127,163,220,220,
818    102,68,34,34,126,84,42,42,171,59,144,144,131,11,136,136,
819    202,140,70,70,41,199,238,238,211,107,184,184,60,40,20,20,
820    121,167,222,222,226,188,94,94,29,22,11,11,118,173,219,219,
821    59,219,224,224,86,100,50,50,78,116,58,58,30,20,10,10,
822    219,146,73,73,10,12,6,6,108,72,36,36,228,184,92,92,
823    93,159,194,194,110,189,211,211,239,67,172,172,166,196,98,98,
824    168,57,145,145,164,49,149,149,55,211,228,228,139,242,121,121,
825    50,213,231,231,67,139,200,200,89,110,55,55,183,218,109,109,
826    140,1,141,141,100,177,213,213,210,156,78,78,224,73,169,169,
827    180,216,108,108,250,172,86,86,7,243,244,244,37,207,234,234,
828    175,202,101,101,142,244,122,122,233,71,174,174,24,16,8,8,
829    213,111,186,186,136,240,120,120,111,74,37,37,114,92,46,46,
830    36,56,28,28,241,87,166,166,199,115,180,180,81,151,198,198,
831    35,203,232,232,124,161,221,221,156,232,116,116,33,62,31,31,
832    221,150,75,75,220,97,189,189,134,13,139,139,133,15,138,138,
833    144,224,112,112,66,124,62,62,196,113,181,181,170,204,102,102,
834    216,144,72,72,5,6,3,3,1,247,246,246,18,28,14,14,
835    163,194,97,97,95,106,53,53,249,174,87,87,208,105,185,185,
836    145,23,134,134,88,153,193,193,39,58,29,29,185,39,158,158,
837    56,217,225,225,19,235,248,248,179,43,152,152,51,34,17,17,
838    187,210,105,105,112,169,217,217,137,7,142,142,167,51,148,148,
839    182,45,155,155,34,60,30,30,146,21,135,135,32,201,233,233,
840    73,135,206,206,255,170,85,85,120,80,40,40,122,165,223,223,
841    143,3,140,140,248,89,161,161,128,9,137,137,23,26,13,13,
842    218,101,191,191,49,215,230,230,198,132,66,66,184,208,104,104,
843    195,130,65,65,176,41,153,153,119,90,45,45,17,30,15,15,
844    203,123,176,176,252,168,84,84,214,109,187,187,58,44,22,22};
845    private readonly byte[] RoundTblThr = new byte[256 * 4] {
846    99,165,198,99,124,132,248,124,119,153,238,119,123,141,246,123,
847    242,13,255,242,107,189,214,107,111,177,222,111,197,84,145,197,
848    48,80,96,48,1,3,2,1,103,169,206,103,43,125,86,43,
849    254,25,231,254,215,98,181,215,171,230,77,171,118,154,236,118,
850    202,69,143,202,130,157,31,130,201,64,137,201,125,135,250,125,
851    250,21,239,250,89,235,178,89,71,201,142,71,240,11,251,240,
852    173,236,65,173,212,103,179,212,162,253,95,162,175,234,69,175,
853    156,191,35,156,164,247,83,164,114,150,228,114,192,91,155,192,
854    183,194,117,183,253,28,225,253,147,174,61,147,38,106,76,38,
855    54,90,108,54,63,65,126,63,247,2,245,247,204,79,131,204,
```

856	52,92,104,52,165,244,81,165,229,52,209,229,241,8,249,241,
857	113,147,226,113,216,115,171,216,49,83,98,49,21,63,42,21,
858	4,12,8,4,199,82,149,199,35,101,70,35,195,94,157,195,
859	24,40,48,24,150,161,55,150,5,15,10,5,154,181,47,154,
860	7,9,14,7,18,54,36,18,128,155,27,128,226,61,223,226,
861	235,38,205,235,39,105,78,39,178,205,127,178,117,159,234,117,
862	9,27,18,9,131,158,29,131,44,116,88,44,26,46,52,26,
863	27,45,54,27,110,178,220,110,90,238,180,90,160,251,91,160,
864	82,246,164,82,59,77,118,59,214,97,183,214,179,206,125,179,
865	41,123,82,41,227,62,221,227,47,113,94,47,132,151,19,132,
866	83,245,166,83,209,104,185,209,0,0,0,0,237,44,193,237,
867	32,96,64,32,252,31,227,252,177,200,121,177,91,237,182,91,
868	106,190,212,106,203,70,141,203,190,217,103,190,57,75,114,57,
869	74,222,148,74,76,212,152,76,88,232,176,88,207,74,133,207,
870	208,107,187,208,239,42,197,239,170,229,79,170,251,22,237,251,
871	67,197,134,67,77,215,154,77,51,85,102,51,133,148,17,133,
872	69,207,138,69,249,16,233,249,2,6,4,2,127,129,254,127,
873	80,240,160,80,60,68,120,60,159,186,37,159,168,227,75,168,
874	81,243,162,81,163,254,93,163,64,192,128,64,143,138,5,143,
875	146,173,63,146,157,188,33,157,56,72,112,56,245,4,241,245,
876	188,223,99,188,182,193,119,182,218,117,175,218,33,99,66,33,
877	16,48,32,16,255,26,229,255,243,14,253,243,210,109,191,210,
878	205,76,129,205,12,20,24,12,19,53,38,19,236,47,195,236,
879	95,225,190,95,151,162,53,151,68,204,136,68,23,57,46,23,
880	196,87,147,196,167,242,85,167,126,130,252,126,61,71,122,61,
881	100,172,200,100,93,231,186,93,25,43,50,25,115,149,230,115,
882	96,160,192,96,129,152,25,129,79,209,158,79,220,127,163,220,
883	34,102,68,34,42,126,84,42,144,171,59,144,136,131,11,136,
884	70,202,140,70,238,41,199,238,184,211,107,184,20,60,40,20,
885	222,121,167,222,94,226,188,94,11,29,22,11,219,118,173,219,
886	224,59,219,224,50,86,100,50,58,78,116,58,10,30,20,10,
887	73,219,146,73,6,10,12,6,36,108,72,36,92,228,184,92,
888	194,93,159,194,211,110,189,211,172,239,67,172,98,166,196,98,
889	145,168,57,145,149,164,49,149,228,55,211,228,121,139,242,121,
890	231,50,213,231,200,67,139,200,55,89,110,55,109,183,218,109,
891	141,140,1,141,213,100,177,213,78,210,156,78,169,224,73,169,
892	108,180,216,108,86,250,172,86,244,7,243,244,234,37,207,234,
893	101,175,202,101,122,142,244,122,174,233,71,174,8,24,16,8,
894	186,213,111,186,120,136,240,120,37,111,74,37,46,114,92,46,
895	28,36,56,28,166,241,87,166,180,199,115,180,198,81,151,198,
896	232,35,203,232,221,124,161,221,116,156,232,116,31,33,62,31,
897	75,221,150,75,189,220,97,189,139,134,13,139,138,133,15,138,
898	112,144,224,112,62,66,124,62,181,196,113,181,102,170,204,102,
899	72,216,144,72,3,5,6,3,246,1,247,246,14,18,28,14,
900	97,163,194,97,53,95,106,53,87,249,174,87,185,208,105,185,
901	134,145,23,134,193,88,153,193,29,39,58,29,158,185,39,158,
902	225,56,217,225,248,19,235,248,152,179,43,152,17,51,34,17,
903	105,187,210,105,217,112,169,217,142,137,7,142,148,167,51,148,
904	155,182,45,155,30,34,60,30,135,146,21,135,233,32,201,233,
905	206,73,135,206,85,255,170,85,40,120,80,40,223,122,165,223,
906	140,143,3,140,161,248,89,161,137,128,9,137,13,23,26,13,

```
191,218,101,191,230,49,215,230,66,198,132,66,104,184,208,104,
65,195,130,65,153,176,41,153,45,119,90,45,15,17,30,15,
176,203,123,176,84,252,168,84,187,214,109,187,22,58,44,22};
private readonly byte[] RoundTblFou = new byte[256 * 4] {
99,99,165,198,124,124,132,248,119,119,153,238,123,123,141,246,
242,242,13,255,107,107,189,214,111,111,177,222,197,197,84,145,
48,48,80,96,1,1,3,2,103,103,169,206,43,43,125,86,
254,254,25,231,215,215,98,181,171,171,230,77,118,118,154,236,
202,202,69,143,130,130,157,31,201,201,64,137,125,125,135,250,
250,250,21,239,89,89,235,178,71,71,201,142,240,240,11,251,
173,173,236,65,212,212,103,179,162,162,253,95,175,175,234,69,
156,156,191,35,164,164,247,83,114,114,150,228,192,192,91,155,
183,183,194,117,253,253,28,225,147,147,174,61,38,38,106,76,
54,54,90,108,63,63,65,126,247,247,2,245,204,204,79,131,
52,52,92,104,165,165,244,81,229,229,52,209,241,241,8,249,
113,113,147,226,216,216,115,171,49,49,83,98,21,21,63,42,
4,4,12,8,199,199,82,149,35,35,101,70,195,195,94,157,
24,24,40,48,150,150,161,55,5,5,15,10,154,154,181,47,
7,7,9,14,18,18,54,36,128,128,155,27,226,226,61,223,
235,235,38,205,39,39,105,78,178,178,205,127,117,117,159,234,
9,9,27,18,131,131,158,29,44,44,116,88,26,26,46,52,
27,27,45,54,110,110,178,220,90,90,238,180,160,160,251,91,
82,82,246,164,59,59,77,118,214,214,97,183,179,179,206,125,
41,41,123,82,227,227,62,221,47,47,113,94,132,132,151,19,
83,83,245,166,209,209,104,185,0,0,0,0,237,237,44,193,
32,32,96,64,252,252,31,227,177,177,200,121,91,91,237,182,
106,106,190,212,203,203,70,141,190,190,217,103,57,57,75,114,
74,74,222,148,76,76,212,152,88,88,232,176,207,207,74,133,
208,208,107,187,239,239,42,197,170,170,229,79,251,251,22,237,
67,67,197,134,77,77,215,154,51,51,85,102,133,133,148,17,
69,69,207,138,249,249,16,233,2,2,6,4,127,127,129,254,
80,80,240,160,60,60,68,120,159,159,186,37,168,168,227,75,
81,81,243,162,163,163,254,93,64,64,192,128,143,143,138,5,
146,146,173,63,157,157,188,33,56,56,72,112,245,245,4,241,
188,188,223,99,182,182,193,119,218,218,117,175,33,33,99,66,
16,16,48,32,255,255,26,229,243,243,14,253,210,210,109,191,
205,205,76,129,12,12,20,24,19,19,53,38,236,236,47,195,
95,95,225,190,151,151,162,53,68,68,204,136,23,23,57,46,
196,196,87,147,167,167,242,85,126,126,130,252,61,61,71,122,
100,100,172,200,93,93,231,186,25,25,43,50,115,115,149,230,
96,96,160,192,129,129,152,25,79,79,209,158,220,220,127,163,
34,34,102,68,42,42,126,84,144,144,171,59,136,136,131,11,
70,70,202,140,238,238,41,199,184,184,211,107,20,20,60,40,
222,222,121,167,94,94,226,188,11,11,29,22,219,219,118,173,
224,224,59,219,50,50,86,100,58,58,78,116,10,10,30,20,
73,73,219,146,6,6,10,12,36,36,108,72,92,92,228,184,
194,194,93,159,211,211,110,189,172,172,239,67,98,98,166,196,
145,145,168,57,149,149,164,49,228,228,55,211,121,121,139,242,
231,231,50,213,200,200,67,139,55,55,89,110,109,109,183,218,
141,141,140,1,213,213,100,177,78,78,210,156,169,169,224,73,
108,108,180,216,86,86,250,172,244,244,7,243,234,234,37,207,
```

```
958          101,101,175,202,122,122,142,244,174,174,233,71,8,8,24,16,
959          186,186,213,111,120,120,136,240,37,37,111,74,46,46,114,92,
960          28,28,36,56,166,166,241,87,180,180,199,115,198,198,81,151,
961          232,232,35,203,221,221,124,161,116,116,156,232,31,31,33,62,
962          75,75,221,150,189,189,220,97,139,139,134,13,138,138,133,15,
963          112,112,144,224,62,62,66,124,181,181,196,113,102,102,170,204,
964          72,72,216,144,3,3,5,6,246,246,1,247,14,14,18,28,
965          97,97,163,194,53,53,95,106,87,87,249,174,185,185,208,105,
966          134,134,145,23,193,193,88,153,29,29,39,58,158,158,185,39,
967          225,225,56,217,248,248,19,235,152,152,179,43,17,17,51,34,
968          105,105,187,210,217,217,112,169,142,142,137,7,148,148,167,51,
969          155,155,182,45,30,30,34,60,135,135,146,21,233,233,32,201,
970          206,206,73,135,85,85,255,170,40,40,120,80,223,223,122,165,
971          140,140,143,3,161,161,248,89,137,137,128,9,13,13,23,26,
972          191,191,218,101,230,230,49,215,66,66,198,132,104,104,184,208,
973          65,65,195,130,153,153,176,41,45,45,119,90,15,15,17,30,
974          176,176,203,123,84,84,252,168,187,187,214,109,22,22,58,44 };
```

第 715～974 行为 AES 加密过程的第 $1 \sim Nr-1$ 轮的查找表。

```
975              private readonly byte[] RoundTblNrOne = new byte[256] {
976          99,124,119,123,242,107,111,197,48,1,103,43,254,215,171,118,
977          202,130,201,125,250,89,71,240,173,212,162,175,156,164,114,192,
978          183,253,147,38,54,63,247,204,52,165,229,241,113,216,49,21,
979          4,199,35,195,24,150,5,154,7,18,128,226,235,39,178,117,
980          9,131,44,26,27,110,90,160,82,59,214,179,41,227,47,132,
981          83,209,0,237,32,252,177,91,106,203,190,57,74,76,88,207,
982          208,239,170,251,67,77,51,133,69,249,2,127,80,60,159,168,
983          81,163,64,143,146,157,56,245,188,182,218,33,16,255,243,210,
984          205,12,19,236,95,151,68,23,196,167,126,61,100,93,25,115,
985          96,129,79,220,34,42,144,136,70,238,184,20,222,94,11,219,
986          224,50,58,10,73,6,36,92,194,211,172,98,145,149,228,121,
987          231,200,55,109,141,213,78,169,108,86,244,234,101,122,174,8,
988          186,120,37,46,28,166,180,198,232,221,116,31,75,189,139,138,
989          112,62,181,102,72,3,246,14,97,53,87,185,134,193,29,158,
990          225,248,152,17,105,217,142,148,155,30,135,233,206,85,40,223,
991          140,161,137,13,191,230,66,104,65,153,45,15,176,84,187,22};
```

第 975～991 行为 AES 加密过程的第 Nr 轮（即最后一轮）的查找表。

```
992              int[] GF2p8Mul = new int[256 * 256]{
993          0,0,0,0,0,0,0,0,0,0,0,0,0,0,0,0,
994          0,0,0,0,0,0,0,0,0,0,0,0,0,0,0,0,
```

第 992～5088 行为 $GF(2^8)$ 域的字节乘法查找表，由附程 A-2 生成，附程 A-2 在 MATLAB 下执行，会生成文本文件 data.txt，文件 data.txt 的内容即为第 992～5088 行。如果把 GF2p8Mul 视为 256 行 256 列的矩阵，AES 中实际上只使用了第 1～3、9、11、13～14 行的数据（行从 0 开始计数）。

```
5087         8,247,237,18,217,38,60,195,177,78,84,171,96,159,133,122,
5088         97,158,132,123,176,79,85,170,216,39,61,194,9,246,236,19};
```

【附程 A-2】 附程 A-1 中第 992～5088 行的生成程序。

```
1    % GF2p8MulGen.m
2    load GF2p8Mul
3    A = zeros(256 * 256/16,16);
4    for i = 1:256 * 256/16
5        A(i,:) = GF2p8Mul(floor((i-1)/16) + 1,16 * (mod(i-1,16)) + 1:16 * (mod(i-1,16)) + 16);
6    end
7    fp = fopen('data.txt','w');
8    fprintf(fp,'int[] GF2p8Mul = new int[256 * 256]{\n');
9    for i = 1:256 * 256/16
10       if i < 256 * 256/16
11           for j = 1:16
12               fprintf(fp,'%d,',A(i,j));
13           end
14           fprintf(fp,'\n');
15       else
16           for j = 1:15
17               fprintf(fp,'%d,',A(i,j));
18           end
19           fprintf(fp,'%d};\n',A(i,16));
20       end
21   end
22   fclose(fp);
```

附程 A-2 中的文件 GF2p8MulGen 在 MATLAB 下运行(工作目录下需有 GF2p8Mul
.mat 文件),将得到文本文件 data.txt。

附录 B 优化的 AES 图像加密 MATLAB 代码

优化后的 AES 图像加密 MATLAB 文件的调用关系如附图 B-1 所示。为了节省篇幅,
这里仅给出了在 3.2 节基础上需要优化代码的文件,如附程 B-1～附程 B-16 所示。

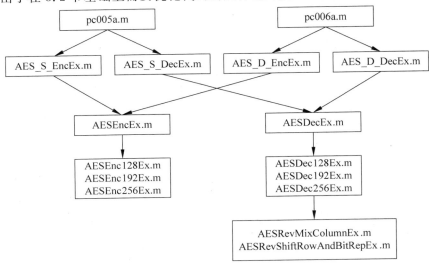

附图 B-1 优化后的 AES 图像加密 MATLAB 文件的调用关系

【附程 B-1】　AESEnc128Ex.m 文件。

```
1    function Y = AESEnc128Ex(X,W,RoundTblOne,RoundTblTwo,…
2        RoundTblThr,RoundTblFou,RoundTblNrOne)
3    X = bitxor(X,W(1:16));
4    % Round 1 to nr - 1, nr = 10
5    nr = 10;
6    C = zeros(1,16);
7    for i = 1:nr - 1
8        C(1:4) = bitxor(bitxor(bitxor(RoundTblOne(X(1) + 1,:),RoundTblTwo(X(6) + 1,:)),…
9            RoundTblThr(X(11) + 1,:)),RoundTblFou(X(16) + 1,:));
10       C(5:8) = bitxor(bitxor(bitxor(RoundTblOne(X(5) + 1,:),RoundTblTwo(X(10) + 1,:)),…
11           RoundTblThr(X(15) + 1,:)),RoundTblFou(X(4) + 1,:));
12       C(9:12) = bitxor(bitxor(bitxor(RoundTblOne(X(9) + 1,:),RoundTblTwo(X(14) + 1,:)),…
13           RoundTblThr(X(3) + 1,:)),RoundTblFou(X(8) + 1,:));
14       C(13:16) = bitxor(bitxor(bitxor(RoundTblOne(X(13) + 1,:),RoundTblTwo(X(2) + 1,:)),…
15           RoundTblThr(X(7) + 1,:)),RoundTblFou(X(12) + 1,:));
16       X = bitxor(C,W(i * 16 + 1:i * 16 + 16));
17   end
18   % nr - th Round
19   C(1:4) = [RoundTblNrOne(X(1) + 1,1) RoundTblNrOne(X(6) + 1,1) …
20       RoundTblNrOne(X(11) + 1,1) RoundTblNrOne(X(16) + 1,1)];
21   C(5:8) = [RoundTblNrOne(X(5) + 1,1) RoundTblNrOne(X(10) + 1,1) …
22       RoundTblNrOne(X(15) + 1,1) RoundTblNrOne(X(4) + 1,1)];
23   C(9:12) = [RoundTblNrOne(X(9) + 1,1) RoundTblNrOne(X(14) + 1,1) …
24       RoundTblNrOne(X(3) + 1,1) RoundTblNrOne(X(8) + 1,1)];
25   C(13:16) = [RoundTblNrOne(X(13) + 1,1) RoundTblNrOne(X(2) + 1,1) …
26       RoundTblNrOne(X(7) + 1,1) RoundTblNrOne(X(12) + 1,1)];
27   Y = bitxor(C,W(nr * 16 + 1:nr * 16 + 16));
28   end
```

附程 B-1 为密钥长度为 128 位时的 AES 加密函数 AESEnc128Ex，输入为明文 X、轮密钥 W 和 5 个查找表，输出为密文 Y。

【附程 B-2】　AESEnc192Ex.m 文件。

```
1    function Y = AESEnc192Ex(X,W,RoundTblOne,RoundTblTwo,…
2        RoundTblThr,RoundTblFou,RoundTblNrOne)
3    X = bitxor(X,W(1:16));
4    % Round 1 to nr - 1, nr = 12
5    nr = 12;
6    C = zeros(1,16);
7    for i = 1:nr - 1
8        C(1:4) = bitxor(bitxor(bitxor(RoundTblOne(X(1) + 1,:),RoundTblTwo(X(6) + 1,:)),…
9            RoundTblThr(X(11) + 1,:)),RoundTblFou(X(16) + 1,:));
10       C(5:8) = bitxor(bitxor(bitxor(RoundTblOne(X(5) + 1,:),RoundTblTwo(X(10) + 1,:)),…
11           RoundTblThr(X(15) + 1,:)),RoundTblFou(X(4) + 1,:));
12       C(9:12) = bitxor(bitxor(bitxor(RoundTblOne(X(9) + 1,:),RoundTblTwo(X(14) + 1,:)),…
13           RoundTblThr(X(3) + 1,:)),RoundTblFou(X(8) + 1,:));
14       C(13:16) = bitxor(bitxor(bitxor(RoundTblOne(X(13) + 1,:),RoundTblTwo(X(2) + 1,:)),…
15           RoundTblThr(X(7) + 1,:)),RoundTblFou(X(12) + 1,:));
16       X = bitxor(C,W(i * 16 + 1:i * 16 + 16));
```

```
17      end
18      % nr - th Round
19      C(1:4) = [RoundTblNrOne(X(1) + 1,1) RoundTblNrOne(X(6) + 1,1) ···
20          RoundTblNrOne(X(11) + 1,1) RoundTblNrOne(X(16) + 1,1)];
21      C(5:8) = [RoundTblNrOne(X(5) + 1,1) RoundTblNrOne(X(10) + 1,1) ···
22          RoundTblNrOne(X(15) + 1,1) RoundTblNrOne(X(4) + 1,1)];
23      C(9:12) = [RoundTblNrOne(X(9) + 1,1) RoundTblNrOne(X(14) + 1,1) ···
24          RoundTblNrOne(X(3) + 1,1) RoundTblNrOne(X(8) + 1,1)];
25      C(13:16) = [RoundTblNrOne(X(13) + 1,1) RoundTblNrOne(X(2) + 1,1) ···
26          RoundTblNrOne(X(7) + 1,1) RoundTblNrOne(X(12) + 1,1)];
27      Y = bitxor(C,W(nr * 16 + 1:nr * 16 + 16));
28      end
```

附程 B-2 为密钥长度为 192 位时的 AES 加密函数 AESEnc192Ex,输入为明文 X、轮密钥 W 和 5 个查找表,输出为密文 Y。

【附程 B-3】 AESEnc256Ex.m 文件。

```
1       function Y = AESEnc256Ex(X,W,RoundTblOne,RoundTblTwo, ···
2           RoundTblThr,RoundTblFou,RoundTblNrOne)
3       X = bitxor(X,W(1:16));
4       % Round 1 to nr - 1, nr = 14
5       nr = 14;
6       C = zeros(1,16);
7       for i = 1:nr - 1
8           C(1:4) = bitxor(bitxor(bitxor(RoundTblOne(X(1) + 1,:),RoundTblTwo(X(6) + 1,:)), ···
9               RoundTblThr(X(11) + 1,:)),RoundTblFou(X(16) + 1,:));
10          C(5:8) = bitxor(bitxor(bitxor(RoundTblOne(X(5) + 1,:),RoundTblTwo(X(10) + 1,:)), ···
11              RoundTblThr(X(15) + 1,:)),RoundTblFou(X(4) + 1,:));
12          C(9:12) = bitxor(bitxor(bitxor(RoundTblOne(X(9) + 1,:),RoundTblTwo(X(14) + 1,:)), ···
13              RoundTblThr(X(3) + 1,:)),RoundTblFou(X(8) + 1,:));
14          C(13:16) = bitxor(bitxor(bitxor(RoundTblOne(X(13) + 1,:),RoundTblTwo(X(2) + 1,:)), ···
15              RoundTblThr(X(7) + 1,:)),RoundTblFou(X(12) + 1,:));
16          X = bitxor(C,W(i * 16 + 1:i * 16 + 16));
17      end
18      % nr - th Round
19      C(1:4) = [RoundTblNrOne(X(1) + 1,1) RoundTblNrOne(X(6) + 1,1) ···
20          RoundTblNrOne(X(11) + 1,1) RoundTblNrOne(X(16) + 1,1)];
21      C(5:8) = [RoundTblNrOne(X(5) + 1,1) RoundTblNrOne(X(10) + 1,1) ···
22          RoundTblNrOne(X(15) + 1,1) RoundTblNrOne(X(4) + 1,1)];
23      C(9:12) = [RoundTblNrOne(X(9) + 1,1) RoundTblNrOne(X(14) + 1,1) ···
24          RoundTblNrOne(X(3) + 1,1) RoundTblNrOne(X(8) + 1,1)];
25      C(13:16) = [RoundTblNrOne(X(13) + 1,1) RoundTblNrOne(X(2) + 1,1) ···
26          RoundTblNrOne(X(7) + 1,1) RoundTblNrOne(X(12) + 1,1)];
27      Y = bitxor(C,W(nr * 16 + 1:nr * 16 + 16));
28      end
```

附程 B-3 为密钥长度为 256 位时的 AES 加密函数 AESEnc256Ex,输入为明文 X、轮密钥 W 和 5 个查找表,输出为密文 Y。

【附程 B-4】 AESRevMixColumnEx.m 文件。

```
1       function B = AESRevMixColumnEx(C,GF2p8Mul)
```

```
2       B = zeros(1,16);
3       for i = 1:4
4           B((i-1)*4+1) = bitxor(bitxor(bitxor(GF2p8Mul(14+1,C((i-1)*4+1)+1), ···
5               GF2p8Mul(11+1,C((i-1)*4+2)+1)),GF2p8Mul(13+1,C((i-1)*4+3)+1)), ···
6               GF2p8Mul(9+1,C((i-1)*4+4)+1));
7           B((i-1)*4+2) = bitxor(bitxor(bitxor(GF2p8Mul(9+1,C((i-1)*4+1)+1), ···
8               GF2p8Mul(14+1,C((i-1)*4+2)+1)),GF2p8Mul(11+1,C((i-1)*4+3)+1)), ···
9               GF2p8Mul(13+1,C((i-1)*4+4)+1));
10          B((i-1)*4+3) = bitxor(bitxor(bitxor(GF2p8Mul(13+1,C((i-1)*4+1)+1), ···
11              GF2p8Mul(9+1,C((i-1)*4+2)+1)),GF2p8Mul(14+1,C((i-1)*4+3)+1)), ···
12              GF2p8Mul(11+1,C((i-1)*4+4)+1));
13          B((i-1)*4+4) = bitxor(bitxor(bitxor(GF2p8Mul(11+1,C((i-1)*4+1)+1), ···
14              GF2p8Mul(13+1,C((i-1)*4+2)+1)),GF2p8Mul(9+1,C((i-1)*4+3)+1)), ···
15              GF2p8Mul(14+1,C((i-1)*4+4)+1));
16      end
17      end
```

附程 B-4 的函数 AESRevMixColumnEx 实现 AES 解密过程的轮函数中的列置换操作。

【附程 B-5】　AESRevShiftRowAndBitRepEx. m 文件。

```
1       function A = AESRevShiftRowAndBitRepEx(B,SboxInv)
2       Bb = [B(1) B(14) B(11) B(8) B(5) B(2) B(15) B(12) B(9) B(6) ···
3           B(3) B(16) B(13) B(10) B(7) B(4)];
4       A = zeros(1,16);
5       for i = 1:16
6           A(i) = SboxInv(floor(Bb(i)/16)+1,mod(Bb(i),16)+1);
7       end
8       end
```

附程 B-5 的函数 AESRevShiftRowAndBitRepEx 实现 AES 解密过程的轮函数中的行移位与字节替换操作。

【附程 B-6】　AESDec128Ex. m 文件。

```
1       function Y = AESDec128Ex(X,W,GF2p8Mul,SboxInv)
2       nr = 10;
3       B = AESRevAdd(X,W(nr*16+1:nr*16+16));
4       A = AESRevShiftRowAndBitRepEx(B,SboxInv);
5       for i = nr-1:-1:1
6           C = AESRevAdd(A,W(i*16+1:i*16+16));
7           B = AESRevMixColumnEx(C,GF2p8Mul);
8           A = AESRevShiftRowAndBitRepEx(B,SboxInv);
9       end
10      i = 0;
11      Y = AESRevAdd(A,W(i*16+1:i*16+16));
12      end
```

附程 B-6 为密钥长度为 128 位时的 AES 解密函数 AESDec128Ex,输入为密文 X、轮密钥 W 和 2 个查找表,输出为明文 Y。

【附程 B-7】 AESDec192Ex.m 文件。

```
1    function Y = AESDec192Ex(X,W,GF2p8Mul,SboxInv)
2    nr = 12;
3    B = AESRevAdd(X,W(nr * 16 + 1:nr * 16 + 16));
4    A = AESRevShiftRowAndBitRepEx(B,SboxInv);
5    for i = nr - 1: - 1:1
6        C = AESRevAdd(A,W(i * 16 + 1:i * 16 + 16));
7        B = AESRevMixColumnEx(C,GF2p8Mul);
8        A = AESRevShiftRowAndBitRepEx(B,SboxInv);
9    end
10   i = 0;
11   Y = AESRevAdd(A,W(i * 16 + 1:i * 16 + 16));
12   end
```

附程 B-7 为密钥长度为 192 位时的 AES 解密函数 AESDec192Ex，输入为密文 X、轮密钥 W 和 2 个查找表，输出为明文 Y。

【附程 B-8】 AESDec256Ex.m 文件。

```
1    function Y = AESDec256Ex(X,W,GF2p8Mul,SboxInv)
2    nr = 14;
3    B = AESRevAdd(X,W(nr * 16 + 1:nr * 16 + 16));
4    A = AESRevShiftRowAndBitRepEx(B,SboxInv);
5    for i = nr - 1: - 1:1
6        C = AESRevAdd(A,W(i * 16 + 1:i * 16 + 16));
7        B = AESRevMixColumnEx(C,GF2p8Mul);
8        A = AESRevShiftRowAndBitRepEx(B,SboxInv);
9    end
10   i = 0;
11   Y = AESRevAdd(A,W(i * 16 + 1:i * 16 + 16));
12   end
```

附程 B-8 为密钥长度为 256 位时的 AES 解密函数 AESDec256Ex，输入为密文 X、轮密钥 W 和 2 个查找表，输出为明文 Y。

【附程 B-9】 AESEncEx.m 文件。

```
1    function Y = AESEncEx(X,W,RoundTblOne,RoundTblTwo,…
2        RoundTblThr,RoundTblFou,RoundTblNrOne)
3    n = length(W);
4    switch n
5        case 176
6            Y = AESEnc128Ex(X,W,RoundTblOne,RoundTblTwo,…
7                RoundTblThr,RoundTblFou,RoundTblNrOne);
8        case 208
9            Y = AESEnc192Ex(X,W,RoundTblOne,RoundTblTwo,…
10               RoundTblThr,RoundTblFou,RoundTblNrOne);
11       case 240
12           Y = AESEnc256Ex(X,W,RoundTblOne,RoundTblTwo,…
13               RoundTblThr,RoundTblFou,RoundTblNrOne);
14       otherwise
15           disp('Input Error!');
```

```
16                    return;
17        end
18     end
```

附程 B-9 为优化后的 AES 加密函数 AESEncEx，输入为明文 X、轮密钥 W 和 5 个查找表，输出为密文 Y。

【附程 B-10】　AESDecEx. m 文件。

```
1     function Y = AESDecEx(X,W,GF2p8Mul,SboxInv)
2     n = length(W);
3     switch n
4        case 176
5             Y = AESDec128Ex(X,W,GF2p8Mul,SboxInv);
6        case 208
7             Y = AESDec192Ex(X,W,GF2p8Mul,SboxInv);
8        case 240
9             Y = AESDec256Ex(X,W,GF2p8Mul,SboxInv);
10       otherwise
11            disp('Input Error!');
12            return;
13    end
14    end
```

附程 B-10 为优化后的 AES 解密函数 AESDecEx，输入为密文 X、轮密钥 W 和 2 个查找表，输出为明文 Y。

【附程 B-11】　AES_S_EncEx. m 文件。

```
1     function C = AES_S_EncEx(P,K)
2     load RoundTblOne.mat;
3     load RoundTblTwo.mat;
4     load RoundTblThr.mat;
5     load RoundTblFou.mat;
6     load RoundTblNrOne.mat;
7     load RoundTblNrTwo.mat;
8     load RoundTblNrThr.mat;
9     load RoundTblNrFou.mat;
10    load Sbox.mat;
11    P1 = double(P); [M,N] = size(P1); P1 = transpose(P1);
12    X = transpose(P1(:)); Y = zeros(1,length(X));
13    IV0 = zeros(1,16); IV1 = zeros(1,16);
14    W = AESKey(K);
15    for i = 1:M * N/16
16       if i == 1
17            X((i - 1) * 16 + 1:i * 16) = bitxor(X((i - 1) * 16 + 1:i * 16),IV0);
18            Y((i - 1) * 16 + 1:i * 16) = AESEncEx(X((i - 1) * 16 + 1:i * 16),W, …
19             RoundTblOne,RoundTblTwo,RoundTblThr,RoundTblFou,RoundTblNrOne);
20            Y((i - 1) * 16 + 1:i * 16) = bitxor(Y((i - 1) * 16 + 1:i * 16),IV1);
21       else
22            X((i - 1) * 16 + 1:i * 16) = bitxor(X((i - 1) * 16 + 1:i * 16),Y((i - 2) * 16 + 1:(i - 1) * 16));
23            Y((i - 1) * 16 + 1:i * 16) = AESEncEx(X((i - 1) * 16 + 1:i * 16),W, …
```

```
24              RoundTblOne,RoundTblTwo,RoundTblThr,RoundTblFou,RoundTblNrOne);
25          Y((i-1)*16+1:i*16) = bitxor(Y((i-1)*16+1:i*16),X((i-2)*16+1:(i-1)*16));
26      end
27  end
28  C = reshape(Y,N,M); C = transpose(C);
29  end
```

附程 B-11 为优化后的 AES-S 图像加密函数 AES_S_EncEx,输入为明文图像 P 和密钥 K,输出为密文图像 C。

【附程 B-12】 AES_S_DecEx. m 文件。

```
1   function P = AES_S_DecEx(C,K)
2   load GF2p8Mul.mat;
3   load SboxInv.mat;
4   C1 = double(C);[M,N] = size(C1);C1 = transpose(C1);
5   Y = transpose(C1(:));X = zeros(1,length(Y));
6   IV0 = zeros(1,16);IV1 = zeros(1,16);
7   W = AESKey(K);
8   for i = 1:M*N/16
9       if i == 1
10          temp = AESDecEx(bitxor(Y((i-1)*16+1:i*16),IV1),W,GF2p8Mul,SboxInv);
11          X((i-1)*16+1:i*16) = bitxor(temp,IV0);
12      else
13          temp = AESDecEx(bitxor(Y((i-1)*16+1:i*16),temp),W,GF2p8Mul,SboxInv);
14          X((i-1)*16+1:i*16) = bitxor(temp,Y((i-2)*16+1:(i-1)*16));
15      end
16  end
17  P = reshape(X,N,M);P = transpose(P);
18  end
```

附程 B-12 为优化后的 AES-S 图像解密函数 AES_S_DecEx,输入为密文图像 C 和密钥 K,输出为解密后的图像 P。

【附程 B-13】 AES_D_EncEx. m 文件。

```
1   function C = AES_D_EncEx(P,K)
2   load RoundTblOne.mat;
3   load RoundTblTwo.mat;
4   load RoundTblThr.mat;
5   load RoundTblFou.mat;
6   load RoundTblNrOne.mat;
7   load RoundTblNrTwo.mat;
8   load RoundTblNrThr.mat;
9   load RoundTblNrFou.mat;
10  load Sbox.mat;
11  P1 = double(P);[M,N] = size(P1);P1 = transpose(P1);
12  X = transpose(P1(:));Y = zeros(1,length(X));
13  IV0 = zeros(1,16); IV1 = zeros(1,16);IV2 = zeros(1,16); IV3 = zeros(1,16);
14  W = AESKey(K);
15  for i = 1:M*N/16
16      if i == 1
```

```
17          X((i-1)*16+1:i*16) = bitxor(X((i-1)*16+1:i*16),IV0);
18          Y((i-1)*16+1:i*16) = AESEncEx(X((i-1)*16+1:i*16),W,···
19              RoundTblOne,RoundTblTwo,RoundTblThr,RoundTblFou,RoundTblNrOne);
20          Y((i-1)*16+1:i*16) = bitxor(Y((i-1)*16+1:i*16),IV1);
21       else
22          X((i-1)*16+1:i*16) = bitxor(X((i-1)*16+1:i*16),Y((i-2)*16+1:(i-1)*16));
23          Y((i-1)*16+1:i*16) = AESEncEx(X((i-1)*16+1:i*16),W,···
24              RoundTblOne,RoundTblTwo,RoundTblThr,RoundTblFou,RoundTblNrOne);
25          Y((i-1)*16+1:i*16) = bitxor(Y((i-1)*16+1:i*16),X((i-2)*16+1:(i-1)*16));
26       end
27    end
28    X = Y;
29    for i = M*N/16:-1:1
30       if i == M*N/16
31          X((i-1)*16+1:i*16) = bitxor(X((i-1)*16+1:i*16),IV2);
32          Y((i-1)*16+1:i*16) = AESEncEx(X((i-1)*16+1:i*16),W,···
33              RoundTblOne,RoundTblTwo,RoundTblThr,RoundTblFou,RoundTblNrOne);
34          Y((i-1)*16+1:i*16) = bitxor(Y((i-1)*16+1:i*16),IV3);
35       else
36          X((i-1)*16+1:i*16) = bitxor(X((i-1)*16+1:i*16),Y(i*16+1:(i+1)*16));
37          Y((i-1)*16+1:i*16) = AESEncEx(X((i-1)*16+1:i*16),W,···
38              RoundTblOne,RoundTblTwo,RoundTblThr,RoundTblFou,RoundTblNrOne);
39          Y((i-1)*16+1:i*16) = bitxor(Y((i-1)*16+1:i*16),X(i*16+1:(i+1)*16));
40       end
41    end
42    C = reshape(Y,N,M);C = transpose(C);
43    end
```

附程 B-13 为优化后的 AES-D 图像加密函数 AES_D_EncEx，输入为明文图像 P 和密钥 K，输出为密文图像 C。

【附程 B-14】　AES_D_DecEx.m 文件。

```
1     function P = AES_D_DecEx(C,K)
2     load GF2p8Mul.mat;load SboxInv.mat;
3     C1 = double(C);[M,N] = size(C1);C1 = transpose(C1);
4     Y = transpose(C1(:));X = zeros(1,length(Y));
5     IV0 = zeros(1,16);IV1 = zeros(1,16);IV2 = zeros(1,16);IV3 = zeros(1,16);
6     W = AESKey(K);
7     for i = M*N/16:-1:1
8        if i == M*N/16
9           temp = AESDecEx(bitxor(Y((i-1)*16+1:i*16),IV3),W,GF2p8Mul,SboxInv);
10          X((i-1)*16+1:i*16) = bitxor(temp,IV2);
11       else
12          temp = AESDecEx(bitxor(Y((i-1)*16+1:i*16),temp),W,GF2p8Mul,SboxInv);
13          X((i-1)*16+1:i*16) = bitxor(temp,Y(i*16+1:(i+1)*16));
14       end
15    end
16    Y = X;
17    for i = 1:M*N/16
18       if i == 1
19          temp = AESDecEx(bitxor(Y((i-1)*16+1:i*16),IV1),W,GF2p8Mul,SboxInv);
```

```
20          X((i - 1) * 16 + 1:i * 16) = bitxor(temp,IV0);
21       else
22          temp = AESDecEx(bitxor(Y((i - 1) * 16 + 1:i * 16),temp),W,GF2p8Mul,SboxInv);
23          X((i - 1) * 16 + 1:i * 16) = bitxor(temp,Y((i - 2) * 16 + 1:(i - 1) * 16));
24       end
25    end
26    P = reshape(X,N,M);P = transpose(P);
27 end
```

附程 B-14 为优化后的 AES-D 图像解密函数 AES_D_DecEx,输入为密文图像 C 和密钥 K,输出为解密后的图像 P。

【附程 B-15】 pc005a.m 文件。

```
1     % filename:pc005a.m
2     clc;clear;close all;iptsetpref('imshowborder','tight');
3     P1 = imread('Lena.tif');figure(1);imshow(P1);
4     P1 = double(P1);
5     K = [169,86,165,171,81,123,164,61,76,193,188,58,7,166,200,64];
6     % K = [34,39,200,159,176,191,211,236,14,98,70,55,182,78,199,124,…
7     %        124,96,100,120,235,158,64,60];
8     % K = [253,134,14,66,191,169,121,224,139,201,237,38,179,203,134,35,…
9     %        128,140,112,80,125,42,114,98,40,92,132,4,239,197,81,109];
10    tic;
11    C1 = AES_S_EncEx(P1,K);
12    toc;
13    figure(2);imshow(uint8(C1));
14    tic;
15    P2 = AES_S_DecEx(C1,K);
16    toc;
17    figure(3);imshow(uint8(P2));
```

附程 B-15 中的 pc005a.m 为优化后的 AES-S 系统加密/解密图像的测试程序。

【附程 B-16】 pc006a.m 文件。

```
1     % filename:pc006a.m
2     clc;clear;close all;iptsetpref('imshowborder','tight');
3     P1 = imread('Lena.tif');figure(1);imshow(P1);
4     P1 = double(P1);
5     % K = [169,86,165,171,81,123,164,61,76,193,188,58,7,166,200,64];
6     % K = [34,39,200,159,176,191,211,236,14,98,70,55,182,78,199,124,…
7     %        124,96,100,120,235,158,64,60];
8     K = [253,134,14,66,191,169,121,224,139,201,237,38,179,203,134,35,…
9          128,140,112,80,125,42,114,98,40,92,132,4,239,197,81,109];
10    tic;
11    C1 = AES_D_EncEx(P1,K);
12    toc;
13    figure(2);imshow(uint8(C1));
14    tic;
15    P2 = AES_D_DecEx(C1,K);
16    toc;
17    figure(3);imshow(uint8(P2));
```

附程 B-16 中的 pc006a.m 为优化后的 AES-D 系统加密/解密图像的测试程序。

参 考 文 献

[1] Shannon C E. A mathematical theory of communication[J]. Bell System Technical Journal, 1948, 27(3): 379-423.

[2] Shannon C E. Communication theory of secrecy systems[J]. Bell System Technical Journal, 1949, 28(4): 656-715.

[3] Matthews R. On the derivation of a "Chaotic" encryption algorithm[J]. Cryptologia, 1989, 8(8): 29-41.

[4] Baptista M S. Cryptography with chaos[J]. Physics Letters A, 1998, 240(1-2): 50-54.

[5] Fridrich J. Symmetric ciphers based on two-dimensional chaotic maps[J]. International Journal of Bifurcation & Chaos, 1998, 8(6): 1259-1284.

[6] Mao Y, Chen G, Lian S. A novel fast image encryption scheme based on 3D chaotic Baker maps[J]. International Journal of Bifurcation and Chaos, 2004, 14(10): 3613-3624.

[7] Chen G, Mao Y, Chui C K. A symmetric image encryption scheme based on 3D chaotic cat maps[J]. Chaos Solitons & Fractals, 2004, 21(3): 749-761.

[8] Lian S, Sun J, Wang Z. Security analysis of a chaos-based image encryption algorithm[J]. Physica A, 2005, 351(2): 645-661.

[9] Wang K, Pei W, Zou L, et al. On the security of 3D Cat map based symmetric image encryption scheme[J]. Physics Letters A, 2005, 343(6): 432-439.

[10] Pareek N K, Patidar V, Sud K K. Image encryption using chaotic logistic map[J]. Image and Vision Computing, 2006, 24(9): 926-934.

[11] Pisarchik A N, Flores-Carmona N J, Carpio-Valadez M. Encryption and decryption of images with chaotic map lattices[J]. Chaos, 2006, 16(3): 033118-1~6.

[12] Li S, Li C, Lo K-T, et al. Cryptanalysis of an image encryption scheme[J]. Journal of Electronic Imaging, 2006, 15(4): 043012-1~13.

[13] Gao H, Zhang Y, Liang S, et al. A new chaotic algorithm for image encryption[J]. Chaos, Solitons and Fractals, 2006, 29(2): 393-399.

[14] Xiang T, Wong K, Liao X. Selective image encryption using a spatiotemporal chaotic system[J]. Chaos, 2007, 17(2): 023115-1~12.

[15] Kwok H S, Tang W K S. A fast image encryption system based on chaotic maps with finite precision representation[J]. Chaos, Solitons and Fractals, 2007, 32(4): 1518-1529.

[16] Zeghid M, Machhout M, Khriji L, et al. A modified AES based algorithm for image encryption[J]. International Journal of Computer Science and Engineering, 2007, 1(1): 70-75.

[17] Zhang Y, Wang Y, Shen X. A chaos-based image encryption algorithm using alternate structure[J]. Science in China Series F: Information Sciences, 2007, 50(3): 334-341.

[18] Massoudi A, Lefebvre F, Vleeschouwer C D, et al. Quisquater. Overview on selective encryption of image and video: challenges and perspectives[J]. EURASIP Journal on Information Security, 2008, 1: 1-18.

[19] Arroyo D, Rhouma R, Alvarez G, et al. On the security of a new image encryption scheme based on chaotic map lattices[J]. Chaos, 2008, 18(3): 033112-1~7.

[20] Gao T, Chen Z. Image encryption based on a new total shuffling algorithm[J]. Chaos, Solitons &

Fractals,2008,38(1)：213-220.

[21] Behnia S，Akhshani A，Mahmodi H，et al. A novel algorithm for image encryption based on mixture of chaotic maps[J]. Chaos，Solitons & Fractals,2008,35(2)：408-419.

[22] Tong X，Cui M. Image encryption with compound chaotic sequence cipher shifting dynamically[J]. Image and Vision Computing,2008,26(6)：843-850.

[23] Wong K-W，Kwok B S，Law W. A fast image encryption scheme based on chaotic standard map[J]. Physics Letter A,2008,372(15)：2645-2652.

[24] Wong K-W，Kwok B S，Yuen C. An efficient diffusion approach for chaos-based image encryption[J]. Chaos，Solitons & Fractals,2009,41(5)：2652-2663.

[25] Wang Y，Wong K-W，Liao X，et al. A chaos-based image encryption algorithm with variable control parameters[J]. Chaos，Solitons & Fractals,2009,41(4)：1773-1783.

[26] Mazloom S，Eftekhari-Moghadam A M. Color image encryption based on coupled nonlinear chaotic map[J]. Chaos，Solitons & Fractals,2009,42(3)：1745-1754.

[27] Gangadhar C，Rao K D. Hyperchaos based image encryption[J]. International Journal of Bifurcation & Chaos,2009,19(11)：3833-3839.

[28] Tong X，Cui M. Image encryption scheme based on 3D baker with dynamical compound chaotic sequence cipher generator[J]. Signal Processing,2009,89(4)：480-491.

[29] Wang X，Yu Q. A block encryption algorithm based on dynamic sequences of multiple chaotic systems[J]. Communications in Nonlinear Science and Numerical Simulation,2009,14(2)：574-581.

[30] Wang X，Yang L，Liu R，et al. A chaotic image encryption algorithm based on perceptron model[J]. Nonlinear Dynamics,2010,62(3)：615-621.

[31] Tong X，Cui M. Feedback image encryption algorithm with compound chaotic stream cipher based on perturbation[J]. Science China Information Sciences,2010,53(1)：191-202.

[32] Ye G. Image scrambling encryption algorithm of pixel bit based on chaos map[J]. Pattern Recognition Letters,2010,31(5)：347-354.

[33] Liao X，Lai S，Zhou Q. A novel image encryption algorithm based on self-adaptive wave transmission[J]. Signal Processing,2010,90(9)：2714-2722.

[34] Yang H，Wong K-W，Liao X，et al. A fast image encryption and authentication scheme based on chaotic maps[J]. Communications in Nonlinear Science & Numerical Simulation,2010,15(11)：3507-3517.

[35] Ye G. Another constructed chaotic image encryption scheme based on Toeplitz matrix and Hankel matrix[J]. Fundamenta Informaticae,2010,101(4)：321-333.

[36] Wang Q，Zhang Q，Wei X，et al. Image encryption based on chaotic map and DNA coding[J]. Journal of Computational and Theoretical Nanoscience,2010,7(7)：388-393.

[37] Zhang G，Liu Q. A novel image encryption method based on total shuffling scheme[J]. Optics Communications,2011,284(12)：2775-2780.

[38] Jolfaei A，Mirghadri A. Image encryption using chaos and block cipher[J]. Computer and Information Science,2011,4(1)：172-185.

[39] Ye G. An image encryption scheme based on nonlinear wavelet function[J]. Journal of Computational and Theoretical Nanoscience,2011,8(4)：659-663.

[40] Patidar V，Pareek N K，Purohit G，et al. A robust and secure chaotic standard map based pseudorandom permutation-substitution scheme for image encryption[J]. Optics Communications,2011,284(19)：4331-4339.

[41] Ye R. A novel chaos-based image encryption scheme with an efficient permutation-diffusion mechanism[J]. Optics Communications,2011,284(22)：5290-5298.

[42] Fu C，Lin B，Miao Y，et al. A novel chaos-based bit-level permutation scheme for digital image encryption[J]. Optics Communications，2011，284(23)：5415-5423.

[43] Rao K D，Kumar K P，Krishna P V M. A new and secure cryptosystem for image encryption and decryption[J]. IETE Journal of Research，2011，57(2)：165-172.

[44] Zhu Z，Zhang W，Wong K，et al. A chaos-based symmetric image encryption scheme using a bit-level permutation[J]. Information Sciences，2011，181(6)：1171-1186.

[45] Zhu C，Sun K. Chaotic image encryption algorithm by correlating keys with plaintext[J]. Information Theory and Coding，2012，9(1)：73-79.

[46] Akhshani A，Akhavan A，Lim S-C，et al. An image encryption scheme based on quantum logistic map[J]. Communications in Nonlinear Science & Numerical Simulation，2012，17(12)：4653-4661.

[47] Kanso A，Ghebleh M. A novel image encryption algorithm based on a 3D chaotic map [J]. Communications in Nonlinear Science & Numerical Simulation，2012，17(7)：2943-2959.

[48] Wang X，Yang L. A novel chaotic image encryption scheme based on magic cube permutation and dynamic look-up table[J]. International Journal of Modern Physics B，2012，26(29)：1250139-1～14.

[49] Abd El-Latif A A，Li L，Wang N，et al. A new image encryption scheme for secure digital images based on combination of polynomial chaotic maps [J]. Research Journal of Applied Sciences，Engineering and Technology，2012，4(4)：322-328.

[50] Abdullah A H，Enayatifar R，Lee M. A hybrid generic algorithm and chaotic function model for image encryption[J]. International Journal of Electronics and Communications，2012，66(10)：806-816.

[51] Fu C，Chen J，Zou H，et al. A chaos-based digital image encryption scheme with an improved diffusion strategy[J]. Optics Express，2012，20(3)：2363-2378.

[52] Ye G，Wong K. An efficient chaotic image encryption algorithm based on a generalized Arnold map[J]. Nonlinear Dynamics，2012，69(4)：2079-2087.

[53] Mirzaei O，Yaghoobi M，Irani H. A new image encryption method：parallel sub-image encryption with hyper chaos[J]. Nonlinear Dynamics，2012，67(1)：557-566.

[54] Song C，Qiao Y，Zhang X. An image encryption scheme based on new spatiotemporal chaos[J]. Optik，2013，124(18)：3329-3334.

[55] Zhang Q，Guo L，Wei X. A novel image fusion encryption algorithm based on DNA sequence operation and hyper-chaotic system[J]. Optik，2013，124(18)：3596-3600.

[56] Zhou Y，Bao L，Chen C L P. Image encryption using a new parametric switching chaotic system[J]. Signal Processing，2013，93(11)：3039-3052.

[57] Abd El-Latif A A，Li L，Wang N，et al. A new approach to chaotic image encryption based on quantum chaotic system，exploiting color spaces[J]. Signal Processing，2013，93(11)：2986-3000.

[58] Yang Y，Xia J，Jia X，et al. Novel image encryption/decryption based on quantum Fourier transform and double phase encoding[J]. Quantum Information Processing，2013，12(11)：3477-3493.

[59] Ping P，Xu F，Wang Z. Color image encryption based on two-dimensional cellular automata[J]. International Journal of Modern Physics C，2013，24(10)：1350071-1～14.

[60] Behnia S，Akhavan A，Akhshani A，et al. Image encryption based on the Jacobian elliptic maps[J]. The Journal of Systems and Software，2013，86(9)：2429-2438.

[61] Zhang W，Wong K，Yu H，et al. An image encryption scheme using reverse 2-dimensional chaotic map and dependent diffusion[J]. Communications in Nonlinear Science & Numerical Simulation，2013，18(8)：2066-2080.

[62] Tong X. Design of an image encryption scheme based on a multiple chaotic map[J]. Communications in Nonlinear Science & Numerical Simulation，2013，18(7)：1725-1733.

[63] Zhou R，Wu Q，Zhang M，et al. Quantum image encryption and decryption algorithms based on

quantum image geometric transformations[J]. International Journal of Theoretical Physics, 2013, 52(6): 1802-1817.

[64] Nandeesh G S, Vijaya P A, Sathyanarayana M V. An image encryption using bit level permutation and dependent diffusion[J]. International Journal of Computer and Mobile Computing, 2013, 2(5): 145-154.

[65] Eyebe Fouda J S A, Effa J Y, Sabat S L, et al. A fast chaotic block cipher for image encryption[J]. Communications in Nonlinear Science & Numerical Simulation, 2014, 19(3): 578-588.

[66] Zhang Y, Xiao D. An image encryption scheme based on rotation matrix bit-level permutation and block diffusion[J]. Communications in Nonlinear Science & Numerical Simulation, 2014, 19(1): 74-82.

[67] Wang X, Xu D. A novel image encryption scheme based on Brownian motion and PWLCM chaotic system[J]. Nonlinear Dynamics, 2014, 75(1-2): 345-353.

[68] Zhang X, Zhao Z. Chaos-based image encryption with total shuffling and bidirectional diffusion[J]. Nonlinear Dynamics, 2014, 75(1-2): 319-330.

[69] Zhang Y, Wen W, Su M, et al. Cryptanalyzing a novel image fusion encryption algorithm based on DNA sequence operation and hyper-chaotic system[J]. Optik, 2014, 125(4): 1562-1564.

[70] Zhou Y, Bao L, Chen C L P. A new 1D chaotic system for image encryption[J]. Signal Processing, 2014, 97(7): 172-182.

[71] Norouzi B, Seyedzadeh S M, Mirzakuchaki S, et al. A novel image encryption based on hash function with only two-round diffusion process[J]. Multimedia Systems, 2014, 20(1): 45-64.

[72] Ye G. A block image encryption algorithm based on wave transmission and chaotic systems[J]. Nonlinear Dynamics, 2014, 75(3): 417-427.

[73] Wang X, Wang Q. A novel image encryption algorithm based on dynamic S-boxes constructed by chaos[J]. Nonlinear Dynamics, 2014, 75(3): 567-576.

[74] Yang G, Jina H, Bai N. Image encryption using the chaotic Josephus matrix[J]. Mathematical Problems in Engineering, 2014, 1: 1-13.

[75] Hussain I, Gondal M A. An extended image encryption using chaotic coupled map and S-box transformation[J]. Nonlinear Dynamics, 2014, 76(2): 1355-1363.

[76] Wu Y, Zhou Y, Agaian S, et al. A symmetric image cipher using wave perturbations[J]. Signal Processing, 2014, 102(9): 122-131.

[77] Cheng P, Yang H, Wei P, et al. A fast image encryption algorithm based on chaotic and lookup table[J]. Nonlinear Dynamics, 2015, 79(3): 2121-2131.

[78] Hua T, Chen J, Pei D, et al. Quantum image encryption algorithm based on image correlation decomposition[J]. International Journal of Theoretical Physics, 2015, 54(2): 526-537.

[79] Wang X, Xu D. A novel image encryption scheme using chaos and Langton's Ant cellular automaton[J]. Nonlinear Dynamics, 2015, 79(4): 2449-2456.

[80] Zhou N, Hua T, Gong L, et al. Quantum image encryption based on generalized Arnold transform and double random-phase encoding[J]. Quantum Information Processing, 2015, 14(4): 1193-1213.

[81] Wang X, Wang Q, Zhang Y. A fast image algorithm based on rows and columns switch[J]. Nonlinear Dynamics, 2015, 79(2): 1141-1149.

[82] Som S, Dutta S, Singha R, et al. Confusion and diffusion of color images with multiple chaotic maps and chaos-based pseudorandom binary number generator[J]. Nonlinear Dynamics, 2015, 80(1-2): 615-627.

[83] Murillo-Escobar M A, Cruz-Hernandez C, Abundiz-Perez F, et al. A RGB image encryption algorithm based on total plain image characteristics and chaos[J]. Signal Processing, 2015, 109: 119-131.

[84] Hua Z，Zhou Y，Pun C，et al. 2D Sine Logistic modulation map for image encryption[J]. Information Sciences，2015，297：80-94.

[85] Liu H J，Abdurahman Kadir. Asymmetric color image encryption scheme using 2D discrete-time map[J]. Signal Processing，2015，113：104-112.

[86] Khan M，Shah T. An efficient chaotic image encryption scheme［J］. Neural Computing and Applications，2015，26(5)：1137-1148.

[87] Tong X，Wang Z，Zhang M，et al. An image encryption algorithm based on the perturbed high-dimensional chaotic map[J]. Nonlinear Dynamics，2015，80(3)：1493-1508.

[88] Zhao T，Ran Q，Chi Y. Image encryption based on nonlinear encryption system and public-key cryptography[J]. Optics Communications，2015，338：64-72，2015.

[89] Seyedzadeh S M，Norouzi B，Mosavi M R，et al. A novel color image encryption algorithm based on spatial permutation and quantum chaotic map[J]. Nonlinear Dynamics，2015，81：511-529.

[90] Chen J，Zhu Z，Fu C，et al. A fast chaos-based image encryption scheme with a dynamic state variables selection mechanism[J]. Communications in Nonlinear Science & Numerical Simulation，2015，20：846-860.

[91] Hua Z，Zhou Y. Image encryption using 2D Logistic-adjusted-Sine map［J］. Information Sciences，2016，339(C)：237-253.

[92] Zhang X，Fan X，Wang J，et al. A chaos-based image encryption scheme using 2D rectangular transform and dependent substitution［J］. Multimedia Tools and Applications，2016，75（4）：1745-1763.

[93] Assad S E，Farajallah M. A new chaos-based image encryption system[J]. Signal Processing：Image Communication，2016，41(C)：144-157.

[94] Zhang J，Hou D，Ren H. Image encryption algorithm based on dynamic DNA coding and Chen's hyperchaotic system[J]. Mathematical Problems in Engineering，2016，11：1-11.

[95] Murugan B，Gounder A G N. Image encryption scheme based on block-based confusion and multiple levels of diffusion[J]. IET Computer Vision，2016，10(6)：593-602.

[96] Diaconu A. Circular inter-intra pixels bit-level permutation and chaos-based image encryption[J]. Information Sciences，2016，355-356：314-327.

[97] Guesmi R，Farah M A B，Kachouri A，et al. A novel chaos-based image encryption using DNA sequence operation and Secure Hash Algorithm SHA-2［J］. Nonlinear Dynamics，2016，83（3）：1123-1136.

[98] Parvin Z，Seyedarabi H，Shamsi M. A new secure and sensitive image encryption scheme based on new substitution with chaotic function［J］. Multimedia Tools and Applications，2016，75（17）：10631-10648.

[99] Wu X，Wang D，Kurths J，et al. A novel lossless color image encryption scheme using 2D DWT and 6D hyperchaotic system[J]. Information Sciences，2016，349-350：137-153.

[100] Rostami M J，Saryazdi S，Nezamabadi-pour H，et al. Chaos-based image encryption using sum operation modulo 4 and 256[J]. IETE Journal of Research，2016，62(2)：179-188.

[101] Zhu H，Zhang X，Yu H，et al. A novel image encryption scheme using the composite discrete chaotic system[J]. Entropy，2016，18(8)：276.

[102] Devaraj P，Kavitha C. An image encryption scheme using dynamic S-boxes[J]. Nonlinear Dynamics，2016，86(2)：927-940.

[103] Li X，Li C，Lee I. Chaotic image encryption using pseudo-random masks and pixel mapping［J］. Signal Processing，2016，125(C)：48-63.

[104] Liang H，Tao X，Zhou N. Quantum image encryption based on generalized affine transform and

logistic map[J]. Quantum Information Processing,2016,15(7)：2701-2724.

[105] Yang Y，Tian J，Lei H，et al. Novel quantum image encryption using one-dimensional quantum cellular automata[J]. Information Sciences,2016,345：257-270.

[106] Liu Y，Wang J，Fan J，et al. Image encryption algorithm based on chaotic system and dynamic S-boxes composed of DNA sequences［J］. Multimedia Tools and Applications，2016，75（8）：4363-4382.

[107] Ye G，Zhao H,Chai H. Chaotic image encryption algorithm using wave-line permutation and block diffusion[J]. Nonlinear Dynamics,2016,83(4)：2067-2077.

[108] Chai X，Chen Y,Broyde L. A novel chaos-based image encryption algorithm using DNA sequence operations[J]. Optics and Lasers in Engineering,2017,88：197-213.

[109] Çavuşoğlu U，Kaçar S，Pehlivan I，et al. Secure image encryption algorithm design using a novel chaos based S-Box[J]. Chaos,Solitons & Fractals,2017,95：92-101.

[110] Hu T，Liu Y,Gong L，et al. Chaotic image cryptosystem using DNA deletion and DNA insertion[J]. Signal Processing,2017,134(C)：234-243.

[111] Pak C，Huang L. A new color image encryption using combination of the 1D chaotic map[J]. Signal Processing,2017,138：129-137.

[112] Chai X，Gan Z,Yang K,et al. An image encryption algorithm based on the memristive hyperchaotic system，cellular automata and DNA sequence operations［J］. Signal Processing：Image Communication,2017,52(C)：6-19.

[113] Wang X，Liu C. A novel and effective image encryption algorithm based on chaos and DNA encoding[J]. Multimedia Tools and Applications,2017,76(5)：6229-6245.

[114] Li C，Luo G，Qin K，et al. An image encryption scheme based on chaotic tent map[J]. Nonlinear Dynamics,2017,87(1)：127-133.

[115] Li P，Zhao Y. A simple encryption algorithm for quantum color image[J]. International Journal of Theoretical Physics,2017,56(6)：1961-1982.

[116] Zhu H，Zhang X，Yu H，et al. An image encryption algorithm based on compound homogeneous hyper-chaotic system[J]. Nonlinear Dynamics,2017,89(1)：61079.

[117] Chai X，Yang K,Gan Z. A new chaos-based image encryption algorithm with dynamic key selection mechanisms[J]. Multimedia Tools and Applications,2017,76(7)：9907-9927.

[118] Chai X. An image encryption algorithm based on bit level Brownian motion and new chaotic systems [J]. Multimedia Tools and Applications,2017,76(1)：1159-1175.

[119] Hu T，Liu Y,Gong L,et al. An image encryption scheme combining chaos with cycle operation for DNA sequences[J]. Nonlinear Dynamics,2017,87(1)：51-66.

[120] Belazi A，Khan M，Abd El-Latif A A，et al. Efficient cryptosystem approaches：S-boxes and permutation-substitution-based encryption[J]. Nonlinear Dynamics,2017,87(1)：337-361.

[121] 张勇. 混沌数字图像加密[M]. 北京：清华大学出版社,2016.

[122] Zhang Y. Proceedings of IEEE International Conference on Computer Science and Information Technology［C］. Chengdu：IEEE,2010：422-425.

[123] Zhang Y. Proceedings of Cross Strait Quad-Regional Radio Science and Wireless Technology Conference[C]. Harbin：IEEE,2011：1251-1255.

[124] Zhang Y，Xia J,Cai P，et al. Plaintext related two-level secret key image encryption scheme[J]. TELKOMNIKA,2012,10(6)：1254-1262.

[125] Zhang Y. Two-level secret key image encryption method based on piecewise linear map and Logistic map[J]. Applied Mechanics and Materials,2013,241-244：2728-2731.

[126] Zhang Y. Proceedings of International Conference on Sensor Network Security Technology and

Privacy Communication System[C]. Harbin：IEEE,2013：201-205.

[127] Zhang Y. Plaintext related image encryption scheme using chaotic map[J]. TELKOMNIKA,2014, 12(1)：635-643.

[128] Zhang Y. Cryptanalysis of an image encryption algorithm based on chaotic modulation of Arnold dual scrambling and DNA computing[J]. Advanced Science Focus,2014,2(1)：67-82.

[129] Zhang Y. Comments on "Color image encryption using Choquet fuzzy integral and hyper chaotic system"[J]. Optik,2014,125(19)：5560-5565.

[130] Zhang Y. A chaotic system based image encryption algorithm using plaintext-related confusion[J]. TELKOMNIKA,2014,12(11)：7952-7962.

[131] Zhang Y. An improvement on "A novel and fast chaotic cryptosystem for image encryption"[J]. Journal of Computational and Theoretical Nanoscience,2015,12(8)：1709-1719.

[132] Zhang Y. Cryptanalysis of a novel image fusion encryption algorithm based on DNA sequence operation and hyper-chaotic system[J]. Optik,2015,126(2)：223-229.

[133] Zhang Y. Comments on "An image encryption scheme based on rotation matrix bit-level permutation and block diffusion"[J]. American Journal of Circuits,Systems and Signal Processing. 2015,1(3)：105-113.

[134] Zhang Y. The image encryption algorithm with plaintext-related shuffling[J]. IETE Technical Review,2016,33(3)：310-322.

[135] Zhang Y, Hou W. Proceedings of IEEE Information Technology, Networking, Electronic and Automation Control Conference[C]. Chongqing：IEEE,2016：293-297.

[136] Zhang Y. Comments on "DNA coding and chaos-based image encryption algorithm"[J]. Journal of Computational and Theoretical Nanoscience,2016,13(7)：4025-4035.

[137] Zhang Y, Tang Y. A plaintext-related image encryption algorithm based on chaos[J]. Multimedia Tools and Applications[J]. 2018,77(6)：6647-6669.

[138] Zhang Y, Li X, Hou W. Proceedings of International Conference on Image, Vision and Computing[C]. Chengdu：IEEE,2017：624-628.

[139] Zhang Y, Zhang Q, Liao H, et al. Proceedings of International Conference on Computing Intelligence and Information System[C]. Nanjing：IEEE,2017：1-7.

[140] Zhang Y. The unified image encryption algorithm based on chaos and cubic S-Box[J]. Information Sciences,2018,450C：361-377.